大文字	小文字	読みかた	大文字	小文字	読みかた
Ρ	ρ ϱ	ロー Rho	Φ	ϕ φ	ファイ，フィー Phi
Σ	σ	シグマ Sigma	Χ	χ	カイ Chi
Τ	τ	タウ Tau	Ψ	ψ	プサイ，プシー Psi
ϒ	υ	ウプシロン Upsilon	Ω	ω	オメガ Omega

ギリシャ文字については，

- 岩崎　務 著，『ギリシアの文字と言葉』，小峰書店（2004 年）
- 谷川 政美 著，『ギリシア文字の第一歩』，国際語学社（2001 年）
- 山中　元 著，『ギリシャ文字の第一歩』（新版），国際語学社（2004 年）
- 稲葉 茂勝 著，こどもくらぶ 編『世界のアルファベットとカリグラフィー』，彩流社（2015 年）

を参考にさせていただいた．興味のある読者は参照されたい．

なお，ギリシャ文字はひとつに定まった正しい書き順があるわけではない．
ここでは書きやすいと思われる筆順を一例として掲載した．
綺麗で読みやすいギリシャ文字が書けるよう意識してみよう．

linear algebra

手を動かしてまなぶ

線形代数

藤岡 敦 著

裳華房

LINEAR ALGEBRA THROUGH WRITING

by

ATSUSHI FUJIOKA

SHOKABO
TOKYO

序文

　数学は現代社会の多方面にわたって用いられているが，大学初年級でまなぶ微分積分と線形代数はその基礎となる．本書はそのうちの線形代数の教科書あるいは自習書として書かれたものである．線形代数に関する教科書はすでに出つくしているかのようにも思えるが，ここで本書の特徴を述べておこう．

　数学をまなぶうえで大切な姿勢として「行間を埋める」ことがあげられる．

　数学の教科書では，P という仮定から Q という結論が導かれるまでにいたる推論の過程は必ずしも丁寧に書かれているとは限らず，省略されていることが多い．そうした省略に対して無頓着であることは正しい理解を妨げる危険な行為であり，読者には省略された「行間」にある推論の過程を補い「埋める」ことが望まれる．本書ではそうした「行間を埋める」ことを助けるために，次の工夫を行った．

- 読者自身で手を動かして解いてほしい例題や，読者が見落としそうな証明や計算が省略されているところに「✍」の記号を設けた．
- とくに本文に設けられた「✍」の記号について，その「行間埋め」の具体的なやり方を裳華房のウェブサイト

  `https://www.shokabo.co.jp/author/1564/1564support.pdf`

  に別冊で公開した．
- ふり返りの記号として「⇨」を使い，すでに定義された概念などを復習できるようにしたり，証明を省略した定理などについて参考文献にあたれるようにした．例えば，[⇨［佐武］p.111] は「参考文献（270 ページ）の文献［佐武］111 ページを見よ」という意味である．また，各節の終わりに用意した問題が本文のどこの内容と対応しているかを示した．

- 例題や各節の終わりの問題について，くり返し解いて確認するためのチェックボックスを設けた.
- 省略されがちな式変形の理由づけを記号「⊙」を用いて示した.
- 各節のはじめに「ポイント」を，各章の終わりに「まとめ」を設けた. 抽象的な概念の理解を助けるための図も多数用意した.
- 節末問題は確認問題，基本問題，チャレンジ問題の 3 段構成とした.
- 巻末には節末問題の略解やヒントがあるが，丁寧で詳細な解答を裳華房のウェブサイト

  `https://www.shokabo.co.jp/author/1564/1564answer.pdf`

  から無料でダウンロードできるようにした. 自習学習に役立ててほしい.

本書は前半部分の第 1 章から第 4 章までの 12 節と後半部分の第 5 章から第 8 章までの 12 節，あわせて全 8 章，全 24 節で構成されている. 大学の授業などで教科書として使用する場合には，各節が 1 回分の授業内容に相当し，前半部分と後半部分がそれぞれ半期分となっている. 大学では半期で週 1 回 90 分の授業を 15 回行うことが多いが，15 回すべてを講義にあてることは少なく，中間試験や復習，あるいは演習などを行ったり，進度もまちまちであるので，半期分の内容を 12 節に収めた.

執筆に当たり，関西大学数学教室の同僚諸氏や同大学で非常勤講師として数学教育に携わる諸先生から有益な助言や示唆をいただいた. また東京工業大学の梅原雅顕教授，山田光太郎教授には執筆をお勧めいただき，貴重な経験をあたえていただいた. 最後に(株)裳華房編集部の小野達也氏，久米大郎氏には終始大変お世話になり，真志田桐子氏は本書にふさわしい素敵な装いをあたえてくれた. この場を借りて心より御礼申し上げたい.

2015 年 11 月

藤岡　敦

目 次

1 行列

§0 はじめに──「線形」という言葉

世の中に現れるさまざまな現象を大まかに捉えようとする場合，しばしば行うことはそのような現象を真っ直ぐなものや真っ平らなものとみなしたり，簡単な比例関係とみなしたりすることであろう．例えば，地球が丸いことは誰もが認める事実ではあっても，普段の生活では地図などに示される平面の一部として周囲を理解しておけば十分である．

また，定期的にアルバイトをするとしたら，当面の間は毎月いくらの収入があるだろうといった見積もりを立てることだろう．このような考え方を数学の言葉では「線形的に近似する」などといい，線形代数はその基本となるものである．元々は「線形でない」ものを「線形的な」もので「近似する」といった場面で活かされるのである．

第 1 章では，そのような近似として現れる数学的対象の中で最も基本的な「行列」について述べよう．

§1 行列の定義

§1のポイント

- **行列**とは数を長方形状に並べたものである.
- すべての成分が0の行列を**零行列**という.
- 行と列の個数が等しい行列を**正方行列**という.
- 特別な正方行列として, **単位行列**, **対角行列**, **スカラー行列**, **上三角行列**, **下三角行列**があげられる.
- **単位行列**は**クロネッカーのデルタ**を用いて, 簡単に表すことができる.
- 転置をとっても変わらない正方行列を**対称行列**という.
- **行ベクトル**, **列ベクトル**をあわせて**数ベクトル**という.
- すべての成分が0の数ベクトルを**零ベクトル**という.

1・1 行列とは

自然数 $i = 1, 2, \cdots, m$ および $j = 1, 2, \cdots, n$ に対して, 数 a_{ij} が対応しているとする. このとき, mn 個の数 $a_{11}, a_{12}, \cdots, a_{mn}$ を丸括弧(かっこ)(　) や角括弧 [　] を用いて長方形状に

$$\begin{pmatrix} a_{11} & a_{12} & \cdots & a_{1n} \\ a_{21} & a_{22} & \cdots & a_{2n} \\ \vdots & \vdots & \ddots & \vdots \\ a_{m1} & a_{m2} & \cdots & a_{mn} \end{pmatrix}, \quad \begin{bmatrix} a_{11} & a_{12} & \cdots & a_{1n} \\ a_{21} & a_{22} & \cdots & a_{2n} \\ \vdots & \vdots & \ddots & \vdots \\ a_{m1} & a_{m2} & \cdots & a_{mn} \end{bmatrix} \tag{1.1}$$

と並べたものを $m \times n$ **行列**または m **行** n **列の行列**という. 行列の行と列の個数の組を**型**または**サイズ**といい, (1.1) の行列を (m, n) **型の行列**ともいう. また, a_{ij} の i や j を**添字**(そえじ)という.

以下, 本書では行列は丸括弧 (　) を用いて表すことにする.

例 1.1 行列 $\begin{pmatrix} 1 & 2 & 3 \\ 4 & 5 & 6 \end{pmatrix}$ は 2×3 行列である. ◆

(1.1) の行列を A とおいたとき,

$$A = (a_{ij})_{m \times n} \tag{1.2}$$

とも書き, 添字の $m \times n$ を省略して, (a_{ij}) と書くこともある. また,

$$a_{ij}, \quad \begin{pmatrix} a_{i1} & a_{i2} & \cdots & a_{in} \end{pmatrix}, \quad \begin{pmatrix} a_{1j} \\ a_{2j} \\ \vdots \\ a_{mj} \end{pmatrix} \tag{1.3}$$

をそれぞれ A の (i, j) **成分**, **第 i 行**, **第 j 列**という (**図 1.1**).

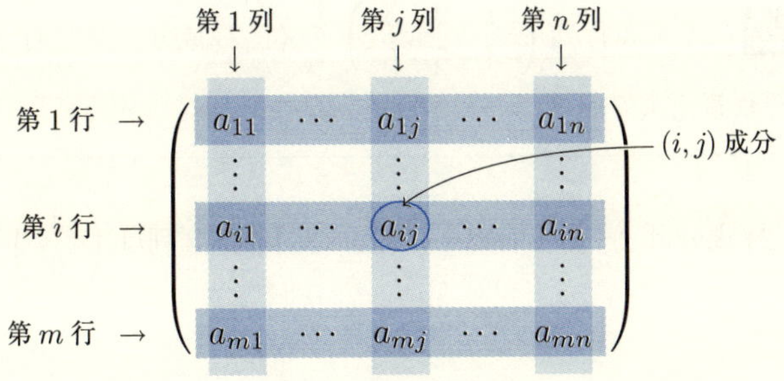

図 1.1 成分, 行, 列

なお, 行列の第 i 行は成分と成分の間にコンマを入れて,

$$(a_{i1}, a_{i2}, \cdots, a_{in}) \tag{1.4}$$

のように書くこともある. また, 1×1 行列は $\begin{pmatrix} a \end{pmatrix}$ と表されるが, 数 a と同一視し, 単に a と書くことが多い.

$A = (a_{ij})_{m \times n}$ を $m \times n$ 行列, $B = (b_{kl})_{p \times q}$ を $p \times q$ 行列とする. A と B が同じ型で, 対応する成分がそれぞれ等しいとき, すなわち, $m = p$ かつ $n = q$ で, 任意の $i = 1, 2, \cdots, m$ および $j = 1, 2, \cdots, n$ に対して $a_{ij} = b_{ij}$ が成り立つとき,

$$A = B \tag{1.5}$$

と記し，A と B は**等しい**という（**図 1.2**）．$A=B$ でないときは

$$A \neq B \tag{1.6}$$

と記す．

$$\begin{pmatrix} a & b & c \\ d & e & f \end{pmatrix} = \begin{pmatrix} p & q & r \\ s & t & u \end{pmatrix}$$

$$\Updownarrow^{1)}$$

$$a=p,\ b=q,\ c=r,\ d=s,\ e=t,\ f=u$$

図 1.2　等しい 2×3 行列

例題 1.1　2×3 行列 $\begin{pmatrix} 1 & 2 & 3 \\ 4 & 5 & 6 \end{pmatrix}$ の $(1,2)$ 成分，第1行，第3列をそれぞれ答えよ．　□□□

解　$(1,2)$ 成分は 2，第1行は $\begin{pmatrix} 1 & 2 & 3 \end{pmatrix}$，第3列は $\begin{pmatrix} 3 \\ 6 \end{pmatrix}$ となる．

◇

1・2　零行列

すべての成分が 0 の $m \times n$ 行列を $O_{m,n}$ または O と書き，**零行列**（れい）という．

例 1.2　3行2列の零行列は次のようになる．

$$O_{3,2} = \overbrace{\begin{pmatrix} 0 & 0 \\ 0 & 0 \\ 0 & 0 \end{pmatrix}}^{2\text{列}} \left.\vphantom{\begin{pmatrix} 0 \\ 0 \\ 0 \end{pmatrix}}\right\} 3\text{行} \tag{1.7}$$

◆

---

1) 一般に，2つの命題 P，Q に対して，P ならば Q であることを $P \Longrightarrow Q$ と表し，P と Q が同値であることを $P \Longleftrightarrow Q$ と表す．

1・3　正方行列と特別な例

$A = (a_{ij})_{n \times n}$ を $n \times n$ 行列とするとき，A を n **次の正方行列**または n **次行列**，成分 a_{11}，a_{22}，$\cdots$，a_{nn} を A の**対角成分**という．

正方行列 A が

$$a_{ij} = 0 \quad (i \neq j) \tag{1.8}$$

をみたすとき，A を**対角行列**という．正方行列 A が

$$a_{ij} = 0 \quad (i \neq j), \qquad a_{11} = a_{22} = \cdots = a_{nn} \tag{1.9}$$

をみたすとき，A を**スカラー行列**という．正方行列 A が

$$a_{ij} = 0 \quad (i > j) \tag{1.10}$$

をみたすとき，A を**上三角行列**という．正方行列 A が

$$a_{ij} = 0 \quad (i < j) \tag{1.11}$$

をみたすとき，A を**下三角行列**という（**図 1.3**）．

$$\begin{pmatrix} a_{11} & & 0 \\ & \ddots & \\ 0 & & a_{nn} \end{pmatrix}, \quad \begin{pmatrix} a_{11} & & 0 \\ & \ddots & \\ 0 & & a_{11} \end{pmatrix}, \quad \begin{pmatrix} a_{11} & \cdots & a_{1n} \\ & \ddots & \vdots \\ 0 & & a_{nn} \end{pmatrix}, \quad \begin{pmatrix} a_{11} & & 0 \\ \vdots & \ddots & \\ a_{n1} & \cdots & a_{nn} \end{pmatrix}$$

対角行列　　スカラー行列　　上三角行列　　下三角行列

(対角成分以外の成分がすべて 0 であることを大きな 0 を用いて表す.)

図 1.3　対角行列，スカラー行列，上三角行列，下三角行列

例題 1.2　2 次の正方行列 A を $A = \begin{pmatrix} a & b \\ c & d \end{pmatrix}$ と表す.

(1)　A の対角成分を答えよ.

(2)　A が対角行列，スカラー行列，上三角行列，下三角行列となるとき，A をそれぞれ具体的に表せ.

解　(1) a, d

(2) 対角行列, スカラー行列, 上三角行列, 下三角行列の順にそれぞれ

$$\begin{pmatrix} a & 0 \\ 0 & d \end{pmatrix}, \begin{pmatrix} a & 0 \\ 0 & a \end{pmatrix} \text{ または } \begin{pmatrix} d & 0 \\ 0 & d \end{pmatrix}, \begin{pmatrix} a & b \\ 0 & d \end{pmatrix}, \begin{pmatrix} a & 0 \\ c & d \end{pmatrix} \tag{1.12}$$

となる.　◇

対角成分がすべて 1 の n 次スカラー行列を E_n または E と書き, **n 次単位行列**という. n 次単位行列は I_n や I と書くこともある.

例 1.3　1 次, 2 次, 3 次の単位行列はそれぞれ

$$E_1 = \begin{pmatrix} 1 \end{pmatrix} = 1, \quad E_2 = \begin{pmatrix} 1 & 0 \\ 0 & 1 \end{pmatrix}, \quad E_3 = \begin{pmatrix} 1 & 0 & 0 \\ 0 & 1 & 0 \\ 0 & 0 & 1 \end{pmatrix} \tag{1.13}$$

となる.　◆

1・4　クロネッカーのデルタ

$i, j = 1, 2, \cdots, n$ に対して,

$$\delta_{ij} = \begin{cases} 1 & (i = j) \\ 0 & (i \neq j) \end{cases} \tag{1.14}$$

により, 0 または 1 の値をとる記号 δ_{ij} を定める. δ_{ij} を**クロネッカーのデルタ**という.

例題 1.3　$i, j = 1, 2$ のとき, クロネッカーのデルタ δ_{ij} の値を求めよ.

解

$$\delta_{11} = \delta_{22} = 1, \qquad \delta_{12} = \delta_{21} = 0. \tag{1.15}$$

◇

クロネッカーのデルタを用いると，n 次単位行列 E_n は $E_n = (\delta_{ij})_{n \times n}$ と表すことができる．例えば，2 次単位行列は

$$E_2 = \begin{pmatrix} \delta_{11} & \delta_{12} \\ \delta_{21} & \delta_{22} \end{pmatrix} = \begin{pmatrix} 1 & 0 \\ 0 & 1 \end{pmatrix} \tag{1.16}$$

となる．

1・5　転置行列

$m \times n$ 行列 A の行と列を入れ替えて得られる $n \times m$ 行列を ${}^tA$，A^t または ${}^TA$ などと書き，A の**転置行列**という[2]．すなわち，

$$A = \begin{pmatrix} a_{11} & a_{12} & \cdots & a_{1n} \\ a_{21} & a_{22} & \cdots & a_{2n} \\ \vdots & \vdots & \ddots & \vdots \\ a_{m1} & a_{m2} & \cdots & a_{mn} \end{pmatrix} \tag{1.17}$$

のとき，

$${}^tA = \begin{pmatrix} a_{11} & a_{21} & \cdots & a_{m1} \\ a_{12} & a_{22} & \cdots & a_{m2} \\ \vdots & \vdots & \ddots & \vdots \\ a_{1n} & a_{2n} & \cdots & a_{mn} \end{pmatrix} \tag{1.18}$$

である．定義より，

$${}^t({}^tA) = A \tag{1.19}$$

が成り立つ．なお，転置行列をつくることを「転置をとる」ともいう．

例題 1.4　2×3 行列 $\begin{pmatrix} 1 & 2 & 3 \\ 4 & 5 & 6 \end{pmatrix}$ の転置行列を求めよ．

---

2) 転置を表す t または T は「転置する」という意味の英単語 “transpose”［トランスポーズ］の頭文字である．

解　求める転置行列は 3×2 行列 $\begin{pmatrix} 1 & 4 \\ 2 & 5 \\ 3 & 6 \end{pmatrix}$ となる. ◇

1・6 対称行列

n 次の正方行列の転置行列は再び n 次の正方行列となる. よって, 次のような正方行列を考えることができる.

定義 1.1

${}^tA = A$ が成り立つ正方行列 A を**対称行列**という.

例 1.4　次の 3 つの正方行列はすべて対称行列である.

$$\begin{pmatrix} 1 \end{pmatrix}, \quad \begin{pmatrix} 1 & 2 \\ 2 & 3 \end{pmatrix}, \quad \begin{pmatrix} 1 & 2 & 3 \\ 2 & 4 & 5 \\ 3 & 5 & 6 \end{pmatrix} \tag{1.20}$$

◆

定義 1.1 より, 対称行列について, 次の定理 1.1 が成り立つ.

定理 1.1

$A = (a_{ij})_{n \times n}$ を n 次の正方行列とする. A が対称行列であるための必要十分条件は

$$a_{ij} = a_{ji} \quad (i, j = 1, 2, \cdots, n) \tag{1.21}$$

である.

1・7 行ベクトルと列ベクトル

$1 \times n$ 行列を **n 次の行ベクトル**, $m \times 1$ 行列を **m 次の列ベクトル**といい, 行ベクトル, 列ベクトルをあわせて**数ベクトル**という.

例 1.5　2次，3次，4次の行ベクトルはそれぞれ

$$\begin{pmatrix} a & b \end{pmatrix}, \quad \begin{pmatrix} a & b & c \end{pmatrix}, \quad \begin{pmatrix} a & b & c & d \end{pmatrix} \tag{1.22}$$

と表される[3)]．また，2次，3次，4次の列ベクトルはそれぞれ

$$\begin{pmatrix} a \\ b \end{pmatrix}, \quad \begin{pmatrix} a \\ b \\ c \end{pmatrix}, \quad \begin{pmatrix} a \\ b \\ c \\ d \end{pmatrix} \tag{1.23}$$

と表される．◆

すべての成分が0の数ベクトルを**零**（れい）**ベクトル**という．零ベクトルは零行列の特別な場合であるが，$\mathbf{0}$ と書くことが多い．本書でもベクトルと名前のつくものを簡単に書くときは，このように太文字（ボールド体）[4)] を用いることにする．

§1の問題

確認問題

問 1.1　3×2 行列 $\begin{pmatrix} 7 & 8 \\ 9 & 10 \\ 11 & 12 \end{pmatrix}$ の $(2,1)$ 成分，第2行，第1列をそれぞれ答えよ．　□□□ [⇨ 1・1]

---

3) 行ベクトルは成分と成分の間にコンマを入れて，

$$(a, b), \quad (a, b, c), \quad (a, b, c, d)$$

のように書くこともある．

4) 太文字を手書きするときは，原則として文字の左側を2重にする．例えば，

$$0, a, b, c, d, e, n, v, x, y, z, \mathrm{R}, \mathrm{C}$$

はそれぞれ

$$\mathbb{0},\ \mathbb{a},\ \mathbb{b},\ \mathbb{c},\ \mathbb{d},\ \mathbb{e},\ \mathbb{n},\ \mathbb{v},\ \mathbb{x},\ \mathbb{y},\ \mathbb{z},\ \mathbb{R},\ \mathbb{C}$$

と書き表す．

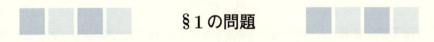

問 1.2　3 次の正方行列 A を $A = \begin{pmatrix} a_{11} & a_{12} & a_{13} \\ a_{21} & a_{22} & a_{23} \\ a_{31} & a_{32} & a_{33} \end{pmatrix}$ と表す.

(1) A の対角成分を答えよ.

(2) A が対角行列，スカラー行列，上三角行列，下三角行列となるとき，A をそれぞれ具体的に表せ.

□□□ [⇨ **1・3**]

問 1.3　クロネッカーのデルタ δ_{ij} $(i, j = 1, 2, \cdots, n)$ について，$i, j = 1, 2, 3$ のとき，δ_{ij} の値を求めよ.

□□□ [⇨ **1・4**]

問 1.4　3×2 行列 $\begin{pmatrix} 5 & 4 \\ 3 & 2 \\ 1 & 0 \end{pmatrix}$ の転置行列を求めよ.

□□□ [⇨ **1・5**]

基本問題

問 1.5　次の (1), (2) の等式が成り立つように a, b, c の値を求めよ.

(1) $\begin{pmatrix} a^2+b^2 & ab+bc \\ ab+bc & b^2+c^2 \end{pmatrix} = \begin{pmatrix} 1 & 0 \\ 0 & 4 \end{pmatrix}$

(2) $\begin{pmatrix} a^2+b^2 & 1 & 2ca \\ 1 & 1 & 1 \\ 2ca & 1 & b^2+c^2 \end{pmatrix} = \begin{pmatrix} 1 & 2bc & 1 \\ 2bc & c^2+a^2 & 2ab \\ 1 & 2ab & 1 \end{pmatrix}$

□□□ [⇨ **1・1**]

問 1.6　A を (i, j) 成分が次の (1)〜(4) により定められる 3 次の正方行列とする. A をそれぞれ具体的に表せ.

(1) $a_{ij} = i + j$　(2) $a_{ij} = ij$　(3) $a_{ij} = (-1)^{i+j}$　(4) $a_{ij} = (-1)^{ij}$

□□□ [⇨ **1・3**]

問 1.7　次の問に答えよ.

(1) 対称行列の定義を書け.

(2) 次の（ア），（イ）の行列が対称行列となるように a の値を求めよ．

（ア）$\begin{pmatrix} 1 & a \\ a^2 & a^3 \end{pmatrix}$　（イ）$\begin{pmatrix} 1 & a & a^2 \\ a^3 & a^4 & a^5 \\ a^6 & a^7 & a^8 \end{pmatrix}$

□□□ [⇨ 1・6]

問 1.8 数物系　次の (1)〜(3) の行列の (i,j) 成分をクロネッカーのデルタを用いて表せ．

(1) $\begin{pmatrix} 1 & 0 & 0 \\ 0 & 2 & 0 \\ 0 & 0 & 3 \end{pmatrix}$　(2) $\begin{pmatrix} 0 & 1 & 0 \\ 0 & 0 & 1 \\ 0 & 0 & 0 \end{pmatrix}$　(3) $\begin{pmatrix} 0 & 0 & 0 \\ 1 & 0 & 0 \\ 0 & 1 & 0 \end{pmatrix}$

□□□ [⇨ 1・4]

チャレンジ問題

問 1.9 数物系　m, n を自然数とすると，等式

$$\frac{2}{\pi}\int_0^{\pi} \sin mx \sin nx \, dx = \delta_{mn}$$

が成り立つことを示せ．

□□□ [⇨ 1・4]

§2 行列の演算

§2のポイント

- 2つの同じ型の行列に対して，**和**を定めることができる．
- 行列の各成分に同じスカラーを掛けることにより，**スカラー倍**を定めることができる．
- 行列の和やスカラー倍は**交換律**，**結合律**，**分配律**などをみたす．
- 転置をとると符号が変わる正方行列を**交代行列**という．
- 列と行の個数が等しい2つの行列に対して，**積**を定めることができる．
- 行列の積は結合律や分配律はみたすが，交換律は必ずしもみたさない．
- 正方行列に対して，その**べき乗**を定めることができる．
- 何乗かすると零行列となる正方行列を**べき零行列**という．

行列は単に数を並べたものだけではなく，和やスカラー倍，さらに積といった演算を考えることができる．なお，スカラーとは数のことで，ベクトルと対比させて，線形代数でよく使われる用語である．

2・1 行列の和とスカラー倍

まず，行列の和とスカラー倍を定義しよう．$A = (a_{ij})_{m\times n}$ および $B = (b_{ij})_{m\times n}$ をともに $m \times n$ 行列とする．このとき，A と B の**和** $A + B$ を

$$A + B = (a_{ij} + b_{ij})_{m\times n} \tag{2.1}$$

により定める．すなわち，$A + B$ は (i, j) 成分が $a_{ij} + b_{ij}$ の $m \times n$ 行列である．

また，c をスカラー（数）とし，A の c による**スカラー倍** cA を

$$cA = (ca_{ij})_{m\times n} \tag{2.2}$$

により定める．すなわち，cA は (i, j) 成分が ca_{ij} の $m \times n$ 行列である．

例題 2.1　次の計算をせよ．

$$\begin{pmatrix} 0 & 1 & 2 \\ 1 & 2 & 0 \end{pmatrix} + 3\begin{pmatrix} 4 & 5 & 6 \\ 7 & 8 & 9 \end{pmatrix} \tag{2.3}$$

□□□

解　$$(\text{与式}) = \begin{pmatrix} 0 & 1 & 2 \\ 1 & 2 & 0 \end{pmatrix} + \begin{pmatrix} 12 & 15 & 18 \\ 21 & 24 & 27 \end{pmatrix} = \begin{pmatrix} 12 & 16 & 20 \\ 22 & 26 & 27 \end{pmatrix}. \tag{2.4}$$

◇

行列の和とスカラー倍に関して，次の定理 2.1 が成り立つ．これは第 5 章以降で扱うベクトル空間がみたすべき基本的性質である．

定理 2.1

A，B，C を $m \times n$ 行列，c，d をスカラーとすると，次の (1)〜(8) が成り立つ．

(1) $A + B = B + A$（**和の交換律**）

(2) $(A + B) + C = A + (B + C)$（**和の結合律**）

(3) $A + O_{m,n} = O_{m,n} + A = A$

(4) $c(dA) = (cd)A$（**スカラー倍の結合律**）

(5) $(c + d)A = cA + dA$（**分配律 I**）

(6) $c(A + B) = cA + cB$（**分配律 II**）

(7) $1A = A$

(8) $0A = O_{m,n}$

注意 2.1　和の結合律より，$(A + B) + C$ および $A + (B + C)$ は括弧を省略して，ともに $A + B + C$ と書いても構わない．また，$m \times n$ 行列 A に対して

$$A + (-1)A = O_{m,n} \tag{2.5}$$

が成り立つが，$(-1)A$ を $-A$ と書く．さらに，$A + (-B)$ を $A - B$ と書く．これらの注意については，通常の数の足し算，引き算と同様である．

2・2　交代行列

ここで，対称行列［⇨**定義 1.1**］と対になるものとして，交代行列を定義しておこう．

定義 2.1

${}^tA = -A$ が成り立つ正方行列 A を**交代行列**または**反対称行列**という．

例 2.1　次の 3 つの正方行列はすべて交代行列である．

$$\begin{pmatrix} 0 \end{pmatrix}, \quad \begin{pmatrix} 0 & 1 \\ -1 & 0 \end{pmatrix}, \quad \begin{pmatrix} 0 & 1 & 2 \\ -1 & 0 & 3 \\ -2 & -3 & 0 \end{pmatrix} \tag{2.6}$$

◆

交代行列について，次の定理 2.2 が成り立つ．

定理 2.2

$A = (a_{ij})_{n \times n}$ を n 次の正方行列とする．A が交代行列であるための必要十分条件は

$$a_{ij} = -a_{ji} \quad (i, j = 1, 2, \cdots, n) \tag{2.7}$$

であり，交代行列の対角成分はすべて 0 である．

証明　交代行列の定義式 ${}^tA = -A$ を成分で表したものが (2.7) となるから，必要十分条件は (2.7) となる．最後の部分については，A が交代行列のとき，対角成分に注目すると，

$$a_{ii} = -a_{ii} \quad (i = 1, 2, \cdots, n) \tag{2.8}$$

で，これを解くと，

$$2a_{ii} = 0 \tag{2.9}$$

より，

$$a_{ii} = 0 \tag{2.10}$$

となるので示された．◇

2・3　行列の積

次に，行列の積を定義しよう．$A = (a_{ij})_{l\times m}$ を $l\times m$ 行列，$B = (b_{jk})_{m\times n}$ を $m\times n$ 行列とする．このとき，A と B の**積** AB を

$$AB = (c_{ik})_{l\times n}, \quad c_{ik} = \sum_{j=1}^{m} a_{ij}b_{jk} \quad (i = 1, 2, \cdots, l,\ k = 1, 2, \cdots, n) \tag{2.11}$$

により定める．すなわち，AB は (i,k) 成分が c_{ik} の $l\times n$ 行列である．**A の列の個数と B の行の個数が等しいときに積 AB が定義される**ことに注意しよう．

行列の積をなぜ (2.11) のように定義するかを理解するには，§ 18 で扱う線形写像の合成写像に対する表現行列が必要となる［⇨ **問 18.3**］．いまは，**図 2.1** のように覚えておくとよい．

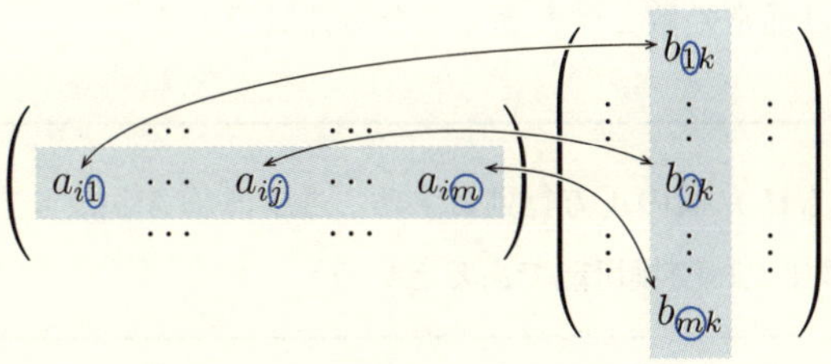

図 2.1　順に掛けて，すべて足す

例題 2.2　次の計算をせよ．

(1) $\begin{pmatrix} 0 & 1 & 2 \\ 1 & 2 & 0 \end{pmatrix}\begin{pmatrix} 3 \\ 4 \\ 5 \end{pmatrix}$　(2) $\begin{pmatrix} 1 \\ 2 \end{pmatrix}\begin{pmatrix} 3 & 4 \end{pmatrix}$　(3) $\begin{pmatrix} 5 & 6 \end{pmatrix}\begin{pmatrix} 7 \\ 8 \end{pmatrix}$

□□□

解　(1)
$$(\text{与式}) = \begin{pmatrix} 0\cdot 3 + 1\cdot 4 + 2\cdot 5 \\ 1\cdot 3 + 2\cdot 4 + 0\cdot 5 \end{pmatrix} = \begin{pmatrix} 14 \\ 11 \end{pmatrix}. \tag{2.12}$$

(2)
$$(\text{与式}) = \begin{pmatrix} 1\cdot 3 & 1\cdot 4 \\ 2\cdot 3 & 2\cdot 4 \end{pmatrix} = \begin{pmatrix} 3 & 4 \\ 6 & 8 \end{pmatrix}. \tag{2.13}$$

(3)
$$(\text{与式}) = \begin{pmatrix} 5\cdot 7 + 6\cdot 8 \end{pmatrix} = \begin{pmatrix} 83 \end{pmatrix} = 83. \tag{2.14}$$

◇

行列の積の基本的な性質として，（積の演算が可能な型の）単位行列を掛けても変わらないことが挙げられる．すなわち，A を $m \times n$ 行列とすると，

$$E_m A = A E_n = A \tag{2.15}$$

である．また，（積の演算が可能な型の）零行列を掛けたものは零行列となる．

A，B をともに n 次の正方行列とすると，2 種類の積 AB および BA はともに n 次の正方行列である．しかし，この 2 つは**必ずしも等しくなるとは限らない**．これは通常の数とは大きく異なる性質である．

定義 2.2

A，B をともに n 次の正方行列とする．$AB = BA$ が成り立つとき，A と B は**可換**または**交換可能**であるという．

例 2.2　$A = \begin{pmatrix} 1 & 0 \\ 0 & 2 \end{pmatrix}$，$B = \begin{pmatrix} 3 & 0 \\ 0 & 4 \end{pmatrix}$ とすると，

$$AB = \begin{pmatrix} 1 & 0 \\ 0 & 2 \end{pmatrix}\begin{pmatrix} 3 & 0 \\ 0 & 4 \end{pmatrix} = \begin{pmatrix} 3 & 0 \\ 0 & 8 \end{pmatrix}, \tag{2.16}$$

$$BA=\begin{pmatrix}3&0\\0&4\end{pmatrix}\begin{pmatrix}1&0\\0&2\end{pmatrix}=\begin{pmatrix}3&0\\0&8\end{pmatrix}. \tag{2.17}$$

$AB=BA$ だから，A と B は可換である．◆

例 2.3　$A=\begin{pmatrix}1&0\\0&0\end{pmatrix}$，$B=\begin{pmatrix}1&2\\3&4\end{pmatrix}$ とすると，

$$AB=\begin{pmatrix}1&0\\0&0\end{pmatrix}\begin{pmatrix}1&2\\3&4\end{pmatrix}=\begin{pmatrix}1&2\\0&0\end{pmatrix}, \tag{2.18}$$

$$BA=\begin{pmatrix}1&2\\3&4\end{pmatrix}\begin{pmatrix}1&0\\0&0\end{pmatrix}=\begin{pmatrix}1&0\\3&0\end{pmatrix}. \tag{2.19}$$

$AB\neq BA$ だから，A と B は可換でない．可換でないことを**非可換**であるともいう．◆

行列の積に関して次の定理 2.3 が成り立つ［⇨［佐武］pp.8–9］．なお，以下では**和や積を考えるときは，行列の型は演算が可能なものとする**．

定理 2.3

A，B，C を行列とすると，次の (1)～(4) が成り立つ．

(1) $(AB)C=A(BC)$（**積の結合律**）

(2) $(A+B)C=AC+BC$（**分配律 I**）

(3) $A(B+C)=AB+AC$（**分配律 II**）

(4) c をスカラーとすると，$(cA)B=A(cB)=c(AB)$

注意 2.2　積の結合律より，$(AB)C$ および $A(BC)$ は括弧を省略して，ともに ABC と書いても構わない．通常の数の掛け算と同様である．

次の定理 2.4 の証明より，スカラー行列［⇨(1.9)］は行列の積に関して，スカラー倍と同じ役割を果たすことがわかる．これがスカラー行列という名前の由来である．

定理 2.4

任意の n 次のスカラー行列と任意の n 次の正方行列は可換である.

証明　n 次のスカラー行列はスカラー c と n 次の単位行列 E を用いて, cE と表されることに注意する. また, A を n 次の正方行列とする.

定理 2.3 の (4) より,

$$(cE)A = c(EA) = cA. \tag{2.20}$$

同様に,

$$A(cE) = c(AE) = cA. \tag{2.21}$$

よって, $(cE)A = A(cE)$ が成り立つので, cE と A は可換である.　◇

2・4　べき乗

積の結合律より, 正方行列のべき乗を考えることができる. すなわち, A を正方行列とし, $n = 0, 1, 2, \cdots$ のとき, A を n 回掛けたものを A^n と書き, A の **n 乗**という. ただし, $A^0 = E$ と約束する. このとき, 通常の数の掛け算と同様に, **指数法則**

$$A^m A^n = A^{m+n}, \quad (A^m)^n = A^{mn} \quad (m, n = 0, 1, 2, \cdots) \tag{2.22}$$

が成り立つ.

通常の数ではべき乗が 0 ならば, もとの数も 0 であるが, 行列の場合は必ずしもそうであるとは限らない.

定義 2.3

A を正方行列とする. ある自然数 n に対して $A^n = O$ となるとき, A を**べき零行列**という.

例題 2.3　正方行列 $A = \begin{pmatrix} 0 & 1 \\ 0 & 0 \end{pmatrix}$ はべき零行列であることを示せ.

□□□

解

$$A^2 = \begin{pmatrix} 0 & 1 \\ 0 & 0 \end{pmatrix}^2 = \begin{pmatrix} 0 & 1 \\ 0 & 0 \end{pmatrix}\begin{pmatrix} 0 & 1 \\ 0 & 0 \end{pmatrix} = \begin{pmatrix} 0 & 0 \\ 0 & 0 \end{pmatrix} = O. \tag{2.23}$$

よって，$A^2 = O$ なので $\begin{pmatrix} 0 & 1 \\ 0 & 0 \end{pmatrix}$ はべき零行列である.　◇

2・5　行列の演算と転置行列

最後に，行列の演算と転置行列の関係について述べておこう．次の定理 2.5 の証明は，行列を成分表示して直接計算することによって示すことができる（✍）.

定理 2.5

A，B を行列とすると，次の (1)～(3) が成り立つ.

(1) ${}^t(A+B) = {}^tA + {}^tB$

(2) ${}^t(AB) = {}^tB\,{}^tA$

(3) c をスカラーとすると，${}^t(cA) = c\,{}^tA$

注意 2.3　定理 2.5 の (2) については，左辺と右辺で A，B の順序が逆になるので，注意が必要である.

§2の問題

確認問題

問 2.1　次の計算をせよ.

$$3\begin{pmatrix} 4 & 7 \\ 5 & 8 \\ 6 & 9 \end{pmatrix} + \begin{pmatrix} 0 & 1 \\ 1 & 2 \\ 2 & 0 \end{pmatrix}$$

□□□ [⇨ 2・1]

問 2.2　次の計算をせよ.

(1) $\begin{pmatrix} 3 & 4 & 5 \end{pmatrix}\begin{pmatrix} 0 & 1 \\ 1 & 2 \\ 2 & 0 \end{pmatrix}$　(2) $\begin{pmatrix} 3 \\ 4 \end{pmatrix}\begin{pmatrix} 1 & 2 \end{pmatrix}$　(3) $\begin{pmatrix} 7 & 8 \end{pmatrix}\begin{pmatrix} 5 \\ 6 \end{pmatrix}$

□□□ [⇨ 2・3]

問 2.3　正方行列 $A = \begin{pmatrix} 0 & a & b \\ 0 & 0 & c \\ 0 & 0 & 0 \end{pmatrix}$ はべき零行列であることを示せ.

□□□ [⇨ 2・4]

基本問題

問 2.4　次の問に答えよ.

(1) 2つの行列が可換であることの定義を書け.

(2) 2つの行列

$$\begin{pmatrix} 1 & a \\ 0 & a^2 \end{pmatrix}, \quad \begin{pmatrix} a^2 & a \\ 0 & 1 \end{pmatrix}$$

が可換となるように a の値を求めよ.　□□□ [⇨ 2・3]

問 2.5　n 次の正方行列 A, B に対して, $[A, B] = AB - BA$ とおき, これを A と B の**交換子積**という. 交換子積に関して, 次の (1)～(3) が成り立つことを示せ．ただし，A，B，C はすべて n 次の正方行列で，O は n 次の零行列である．

(1) $[A,B]=-[B,A]$（**交代性**または**反対称性**）

(2) $[A,A]=O$

(3) $[[A,B],C]+[[B,C],A]+[[C,A],B]=O$（**ヤコビの恒等式**）

□□□ [⇨ **2・3**]

補足　ヤコビの恒等式は，括弧の中身が巡回的に入れ替わっていることに注意しておくと覚えやすい（**図 2.2**）．

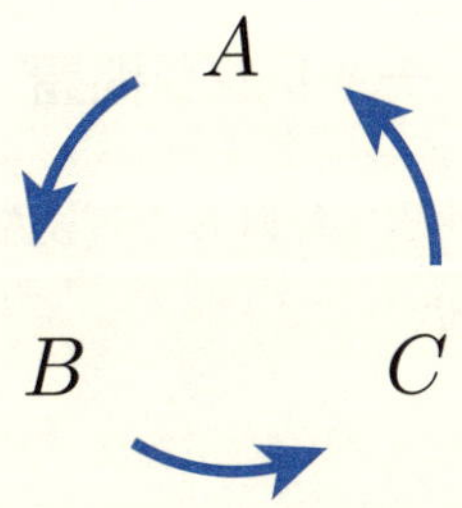

図 2.2　巡回的

問 2.6　2 次の正方行列 $A=\begin{pmatrix} a & b \\ c & d \end{pmatrix}$ に対して，**ケイリー - ハミルトンの定理**

$$A^2-(a+d)A+(ad-bc)E=O$$

が成り立つことを示せ．　□□□ [⇨ **2・4**]

問 2.7　数物系　次の問に答えよ．

(1) 対称行列の定義を書け．

(2) 交代行列の定義を書け．

(3) 任意の正方行列は対称行列と交代行列の和で一意的に表されることを，次の（ア），（イ）の手順で示せ．

（ア）正方行列 A が対称行列 X と交代行列 Y の和で，

$$A = X + Y \cdots\cdots ①$$

と表されると仮定する．このとき，①の両辺の転置をとることにより，

$${}^tA = X - Y \cdots\cdots ②$$

が成り立つ．①と②を連立させることにより，X，Y を A および ${}^tA$ を用いて表せ．

（イ）（ア）で A および ${}^tA$ を用いて表した X，Y は，実際にそれぞれ対称行列，交代行列であることを示せ．　□□□ [⇨2・5]

チャレンジ問題

問 2.8　数物系　A をべき零行列 B と可換な正方行列とすると，AB はべき零行列であることを示せ．　□□□ [⇨2・4]

§3 行列の分割

§3のポイント

- 行列を**ブロック**に分割すると，計算が簡単になる場合がある．
- 連立1次方程式は係数行列と列ベクトルを用いて，行列の積で表すことができる．
- 連立1次方程式は列ベクトルの1次結合のみたす方程式としても表すことができる．

3・1 行列のブロック

行列 $\begin{pmatrix} 1 & 2 & 3 \\ 4 & 5 & 6 \\ 7 & 8 & 9 \end{pmatrix}$ は，例えば

$$\left(\begin{array}{cc|c} 1 & 2 & 3 \\ \hline 4 & 5 & 6 \\ 7 & 8 & 9 \end{array}\right) = \begin{pmatrix} A_{11} & A_{12} \\ A_{21} & A_{22} \end{pmatrix} \tag{3.1}$$

のように行列の**ブロック**に分割することができる．ただし，各ブロックは

$$A_{11} = \begin{pmatrix} 1 & 2 \end{pmatrix},\ A_{12} = 3,\ A_{21} = \begin{pmatrix} 4 & 5 \\ 7 & 8 \end{pmatrix},\ A_{22} = \begin{pmatrix} 6 \\ 9 \end{pmatrix} \tag{3.2}$$

である．行列をこのように分割すると，計算が簡単になる場合がある．

3・2 分割による演算

まず，2つの同じ型の行列を同じように分割すれば，行列の和はブロックごとの和に帰着される．すなわち，次の定理3.1が成り立つ．

定理 3.1

A, B を同じ型の行列とし,

$$A = \begin{pmatrix} A_{11} & A_{12} & \cdots & A_{1q} \\ A_{21} & A_{22} & \cdots & A_{2q} \\ \vdots & \vdots & \ddots & \vdots \\ A_{p1} & A_{p2} & \cdots & A_{pq} \end{pmatrix}, \quad B = \begin{pmatrix} B_{11} & B_{12} & \cdots & B_{1q} \\ B_{21} & B_{22} & \cdots & B_{2q} \\ \vdots & \vdots & \ddots & \vdots \\ B_{p1} & B_{p2} & \cdots & B_{pq} \end{pmatrix} \tag{3.3}$$

と分割しておく．ただし，各 $i = 1, 2, \cdots, p$ および $j = 1, 2, \cdots, q$ に対して，A_{ij} と B_{ij} は同じ型の行列とする．このとき，

$$A + B = \begin{pmatrix} A_{11}+B_{11} & A_{12}+B_{12} & \cdots & A_{1q}+B_{1q} \\ A_{21}+B_{21} & A_{22}+B_{22} & \cdots & A_{2q}+B_{2q} \\ \vdots & \vdots & \ddots & \vdots \\ A_{p1}+B_{p1} & A_{p2}+B_{p2} & \cdots & A_{pq}+B_{pq} \end{pmatrix} \tag{3.4}$$

と表せる．

例題 3.1　A を $k \times l$ 行列，B を $m \times n$ 行列とする．分割された $(k+m) \times (l+n)$ 行列に対する次の計算をせよ．

$$\begin{pmatrix} A & O_{k,n} \\ O_{m,l} & B \end{pmatrix} + \begin{pmatrix} A & O_{k,n} \\ O_{m,l} & 2B \end{pmatrix} \tag{3.5}$$

□□□

解　

$$(\text{与式}) = \begin{pmatrix} A+A & O_{k,n}+O_{k,n} \\ O_{m,l}+O_{m,l} & B+2B \end{pmatrix} = \begin{pmatrix} 2A & O_{k,n} \\ O_{m,l} & 3B \end{pmatrix}. \tag{3.6}$$

◇

また，分割された行列の積については，次の定理 3.2 が成り立つ［⇨［佐武］pp.9–10］.

定理 3.2

A を $l \times m$ 行列，B を $m \times n$ 行列とし，

$$A = \begin{pmatrix} A_{11} & A_{12} & \cdots & A_{1q} \\ A_{21} & A_{22} & \cdots & A_{2q} \\ \vdots & \vdots & \ddots & \vdots \\ A_{p1} & A_{p2} & \cdots & A_{pq} \end{pmatrix}, \quad B = \begin{pmatrix} B_{11} & B_{12} & \cdots & B_{1r} \\ B_{21} & B_{22} & \cdots & B_{2r} \\ \vdots & \vdots & \ddots & \vdots \\ B_{q1} & B_{q2} & \cdots & B_{qr} \end{pmatrix} \tag{3.7}$$

と分割しておく．ただし，次の (1), (2) をみたすとする．

(1) 各 $i = 1, 2, \cdots, p$，$j = 1, 2, \cdots, q$ および $k = 1, 2, \cdots, r$ に対して，A_{ij} の列の個数と B_{jk} の行の個数は等しい．

(2) 各 $i = 1, 2, \cdots, p$，$k = 1, 2, \cdots, r$ に対して，$A_{i1}B_{1k}$，$A_{i2}B_{2k}$，$\cdots$，$A_{iq}B_{qk}$ は同じ型の行列である．

このとき，

$$AB = \begin{pmatrix} C_{11} & C_{12} & \cdots & C_{1r} \\ C_{21} & C_{22} & \cdots & C_{2r} \\ \vdots & \vdots & \ddots & \vdots \\ C_{p1} & C_{p2} & \cdots & C_{pr} \end{pmatrix}, \quad C_{ik} = \sum_{j=1}^{q} A_{ij}B_{jk} \tag{3.8}$$

と表せる．

定理 3.2 では分割の仕方から，積 $A_{ij}B_{jk}$ が定められ，さらに，j についての和 $\sum_{j=1}^{q} A_{ij}B_{jk}$ が定められることに注意しよう．また，このように分割されていれば，積は (2.11) で定義した行列の積と同じように計算できる．

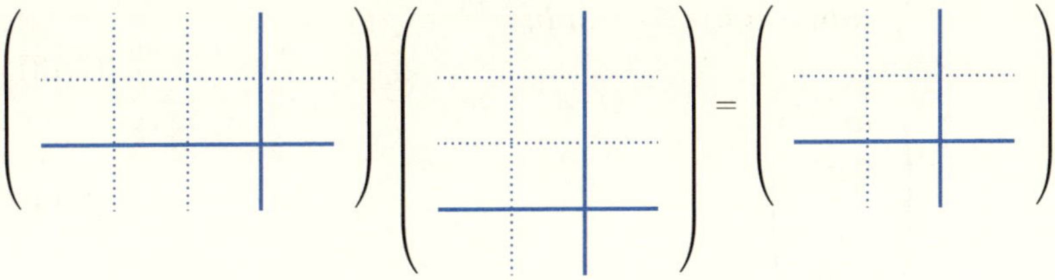

図 3.1　分割による 3×4 行列と 4×3 行列の積のイメージ

例 3.1　A_1, B_1 を m 次の正方行列，A_2, B_2 を n 次の正方行列とし，$(m+n)$ 次の正方行列 A, B を

$$A = \begin{pmatrix} A_1 & O_{m,n} \\ O_{n,m} & A_2 \end{pmatrix}, \quad B = \begin{pmatrix} B_1 & O_{m,n} \\ O_{n,m} & B_2 \end{pmatrix} \tag{3.9}$$

により定める．このとき，定理 3.2 より，

$$AB = \begin{pmatrix} A_1B_1 & O_{m,n} \\ O_{n,m} & A_2B_2 \end{pmatrix}, \quad BA = \begin{pmatrix} B_1A_1 & O_{m,n} \\ O_{n,m} & B_2A_2 \end{pmatrix} \tag{3.10}$$

が成り立ち，とくに，A と B が可換 [⇨**定義 2.2**] であることと，A_1 と B_1 および A_2 と B_2 がそれぞれ可換であることは同値である．◆

例 3.2　$A = (a_{ij})_{l\times m}$ を $l \times m$ 行列，$B = (b_{jk})_{m\times n}$ を $m \times n$ 行列とし，A を行ベクトル，B を列ベクトルに分割しておく．すなわち，

$$A = \begin{pmatrix} \boldsymbol{a}_1 \\ \boldsymbol{a}_2 \\ \vdots \\ \boldsymbol{a}_l \end{pmatrix}, \quad \boldsymbol{a}_i = \begin{pmatrix} a_{i1} & a_{i2} & \cdots & a_{im} \end{pmatrix} \quad (i = 1, 2, \cdots, l), \tag{3.11}$$

$$B = \begin{pmatrix} \boldsymbol{b}_1 & \boldsymbol{b}_2 & \cdots & \boldsymbol{b}_n \end{pmatrix}, \quad \boldsymbol{b}_k = \begin{pmatrix} b_{1k} \\ b_{2k} \\ \vdots \\ b_{mk} \end{pmatrix} \quad (k = 1, 2, \cdots, n) \tag{3.12}$$

と表しておくと，定理 3.2 より，

$$AB = \begin{pmatrix} \boldsymbol{a}_1\boldsymbol{b}_1 & \boldsymbol{a}_1\boldsymbol{b}_2 & \cdots & \boldsymbol{a}_1\boldsymbol{b}_n \\ \boldsymbol{a}_2\boldsymbol{b}_1 & \boldsymbol{a}_2\boldsymbol{b}_2 & \cdots & \boldsymbol{a}_2\boldsymbol{b}_n \\ \vdots & \vdots & \ddots & \vdots \\ \boldsymbol{a}_l\boldsymbol{b}_1 & \boldsymbol{a}_l\boldsymbol{b}_2 & \cdots & \boldsymbol{a}_l\boldsymbol{b}_n \end{pmatrix} = \begin{pmatrix} A\boldsymbol{b}_1 & A\boldsymbol{b}_2 & \cdots & A\boldsymbol{b}_n \end{pmatrix} \tag{3.13}$$

$$= \begin{pmatrix} \boldsymbol{a}_1B \\ \boldsymbol{a}_2B \\ \vdots \\ \boldsymbol{a}_lB \end{pmatrix} \tag{3.14}$$

となる．◆

例題 3.2　A を $m \times n$ 行列とする．分割された $(m+n)$ 次の正方行列 $\begin{pmatrix} E_m & A \\ O_{n,m} & E_n \end{pmatrix}$ の 2 乗を計算せよ．　□□□

解

$$\begin{pmatrix} E_m & A \\ O_{n,m} & E_n \end{pmatrix}^2 = \begin{pmatrix} E_m & A \\ O_{n,m} & E_n \end{pmatrix}\begin{pmatrix} E_m & A \\ O_{n,m} & E_n \end{pmatrix} = \begin{pmatrix} E_m & 2A \\ O_{n,m} & E_n \end{pmatrix}. \tag{3.15}$$

◇

3・3　連立 1 次方程式と行列

連立 1 次方程式と行列，およびその分割との関連について簡単に述べておこう．まず，連立 1 次方程式は行列を用いて表されることに注意しよう．例えば，連立 1 次方程式

$$\begin{cases} 2x + 3y = 13 \\ x + 2y = 8 \end{cases} \tag{3.16}$$

は行列についての等式

$$\begin{pmatrix} 2 & 3 \\ 1 & 2 \end{pmatrix}\begin{pmatrix} x \\ y \end{pmatrix} = \begin{pmatrix} 13 \\ 8 \end{pmatrix} \tag{3.17}$$

と同値である．実際，(3.17) の左辺の積を計算し，右辺の成分と比較すればよい（✍）．より一般に，a_{11}，a_{12}，$\cdots$，a_{mn}，b_1，b_2，$\cdots$，b_m を定数とし，m 個の方程式からなる n 個の未知変数 x_1，x_2，$\cdots$，x_n についての連立 1 次方程式

$$\begin{cases} a_{11}x_1 + a_{12}x_2 + \cdots + a_{1n}x_n = b_1 \\ a_{21}x_1 + a_{22}x_2 + \cdots + a_{2n}x_n = b_2 \\ \qquad\qquad\vdots \\ a_{m1}x_1 + a_{m2}x_2 + \cdots + a_{mn}x_n = b_m \end{cases} \tag{3.18}$$

を考えよう．

$m \times n$ 行列 A，n 次の列ベクトル $\boldsymbol{x}$，m 次の列ベクトル $\boldsymbol{b}$ をそれぞれ

$$A = (a_{ij})_{m \times n} = \begin{pmatrix} a_{11} & a_{12} & \cdots & a_{1n} \\ a_{21} & a_{22} & \cdots & a_{2n} \\ \vdots & \vdots & \ddots & \vdots \\ a_{m1} & a_{m2} & \cdots & a_{mn} \end{pmatrix}, \ \boldsymbol{x} = \begin{pmatrix} x_1 \\ x_2 \\ \vdots \\ x_n \end{pmatrix}, \ \boldsymbol{b} = \begin{pmatrix} b_1 \\ b_2 \\ \vdots \\ b_m \end{pmatrix} \tag{3.19}$$

により定めると，上の連立 1 次方程式は

$$A\boldsymbol{x} = \boldsymbol{b} \tag{3.20}$$

と表される．このとき，A を**係数行列**という．

係数行列 A を

$$A = \begin{pmatrix} \boldsymbol{a}_1 & \boldsymbol{a}_2 & \cdots & \boldsymbol{a}_n \end{pmatrix}, \quad \boldsymbol{a}_j = \begin{pmatrix} a_{1j} \\ a_{2j} \\ \vdots \\ a_{mj} \end{pmatrix} \quad (j = 1, 2, \cdots, n) \tag{3.21}$$

と列ベクトルに分割しておくと，(3.20) の連立 1 次方程式は

$$x_1\boldsymbol{a}_1 + x_2\boldsymbol{a}_2 + \cdots + x_n\boldsymbol{a}_n = \boldsymbol{b} \tag{3.22}$$

と表される．この式の左辺

$$x_1\boldsymbol{a}_1 + x_2\boldsymbol{a}_2 + \cdots + x_n\boldsymbol{a}_n \tag{3.23}$$

を，ベクトル $\boldsymbol{a}_1$，$\boldsymbol{a}_2$，$\cdots$，$\boldsymbol{a}_n$ の **1 次結合**または**線形結合**という．

例 3.3　n 次の列ベクトル $\boldsymbol{e}_1$，$\boldsymbol{e}_2$，$\cdots$，$\boldsymbol{e}_n$ を

$$\boldsymbol{e}_1 = \begin{pmatrix} 1 \\ 0 \\ \vdots \\ 0 \end{pmatrix}, \ \boldsymbol{e}_2 = \begin{pmatrix} 0 \\ 1 \\ \vdots \\ 0 \end{pmatrix}, \ \cdots, \ \boldsymbol{e}_n = \begin{pmatrix} 0 \\ 0 \\ \vdots \\ 1 \end{pmatrix} \tag{3.24}$$

により定める．すなわち，$i = 1, 2, \cdots, n$ に対して，$\boldsymbol{e}_i$ は $(i, 1)$ 成分が 1 で，$i \neq j$ のとき $(j, 1)$ 成分が 0 の列ベクトルである．このとき，n 次の単位行列 E_n は

$$E_n = \begin{pmatrix} \boldsymbol{e}_1 & \boldsymbol{e}_2 & \cdots & \boldsymbol{e}_n \end{pmatrix} \tag{3.25}$$

と分割することができる.

また，任意の n 次の列ベクトルは $\boldsymbol{e}_1$，$\boldsymbol{e}_2$，$\cdots$，$\boldsymbol{e}_n$ の 1 次結合で表される．実際，

$$\begin{pmatrix} x_1 \\ x_2 \\ \vdots \\ x_n \end{pmatrix} = x_1\boldsymbol{e}_1 + x_2\boldsymbol{e}_2 + \cdots + x_n\boldsymbol{e}_n \tag{3.26}$$

である.　◆

§3の問題

確認問題

問 3.1　A を $k \times l$ 行列，B を $k \times n$ 行列，C を $m \times n$ 行列とする．分割された $(k+m) \times (l+n)$ 行列に対する次の計算をせよ.

$$\begin{pmatrix} A & B \\ O_{m,l} & C \end{pmatrix} + \begin{pmatrix} A & -B \\ O_{m,l} & -2C \end{pmatrix}$$

□□□ [⇨ 3・2]

問 3.2　A を $m \times n$ 行列とする．分割された $(m+n)$ 次の正方行列 $\begin{pmatrix} E_m & A \\ O_{n,m} & E_n \end{pmatrix}$ の 3 乗を計算せよ.　□□□ [⇨ 3・2]

基本問題

問 3.3　4 次の正方行列 I，J，K を

$$I = \begin{pmatrix} 0 & -1 & 0 & 0 \\ 1 & 0 & 0 & 0 \\ 0 & 0 & 0 & -1 \\ 0 & 0 & 1 & 0 \end{pmatrix}, \quad J = \begin{pmatrix} 0 & 0 & -1 & 0 \\ 0 & 0 & 0 & 1 \\ 1 & 0 & 0 & 0 \\ 0 & -1 & 0 & 0 \end{pmatrix}$$

$$K = \begin{pmatrix} 0 & 0 & 0 & -1 \\ 0 & 0 & -1 & 0 \\ 0 & 1 & 0 & 0 \\ 1 & 0 & 0 & 0 \end{pmatrix}$$

により定める．I，J，K を 2 次の正方行列を用いて分割することにより，積 I^2，J^2，K^2，IJ，JI，JK，KJ，KI，IK を計算せよ．

□□□ [⇨ 3・2]

問 3.4　A_{12}，A_{13}，A_{22}，A_{23}，A_{33}，B_{11}，B_{12}，B_{13}，B_{23}，B_{33}，C_{11}，C_{12}，C_{13}，C_{22}，C_{23} を n 次の正方行列，O を n 次の零行列とする．次の計算をせよ．

$$\begin{pmatrix} O & A_{12} & A_{13} \\ O & A_{22} & A_{23} \\ O & O & A_{33} \end{pmatrix} \begin{pmatrix} B_{11} & B_{12} & B_{13} \\ O & O & B_{23} \\ O & O & B_{33} \end{pmatrix} \begin{pmatrix} C_{11} & C_{12} & C_{13} \\ O & C_{22} & C_{23} \\ O & O & O \end{pmatrix}$$

□□□ [⇨ 3・2]

問 3.5　数物系　a，b を異なる数，X_{11}，X_{12}，X_{21}，X_{22} をそれぞれ m 次の正方行列，$m \times n$ 行列，$n \times m$ 行列，n 次の正方行列とし，$(m+n)$ 次の正方行列 A および X を

$$A = \begin{pmatrix} aE_m & O_{m,n} \\ O_{n,m} & bE_n \end{pmatrix}, \quad X = \begin{pmatrix} X_{11} & X_{12} \\ X_{21} & X_{22} \end{pmatrix}$$

により定める．A と X が可換となるのは X_{12} および X_{21} が零行列のときであることを示せ．

□□□ [⇨ 3・2]

チャレンジ問題

問 3.6　数物系　A を n 次の正方行列とする．任意の n 次の列ベクトル $\boldsymbol{x}$ に対して，

$$A\boldsymbol{x} = \boldsymbol{0}$$

が成り立つならば，A は零行列であることを示せ．ただし，$\boldsymbol{0}$ は n 次の零ベクトルである．

□□□ [⇨ 3・3]

第1章のまとめ

行列

特別な正方行列：

$A = (a_{ij})_{n\times n}$

対角行列	$a_{ij} = 0 \ (i \neq j)$
スカラー行列	$a_{ij} = 0 \ (i \neq j)$ $a_{11} = a_{22} = \cdots = a_{nn}$
上三角行列	$a_{ij} = 0 \ (i > j)$
下三角行列	$a_{ij} = 0 \ (i < j)$

単位行列：　$E_n = (\delta_{ij})_{n\times n}$（$\delta_{ij}$：クロネッカーのデルタ）

対称行列：　${}^tA = A$

交代行列：　${}^tA = -A$

行列の演算

- **和**：$A = (a_{ij})_{m\times n}$，$B = (b_{ij})_{m\times n}$ のとき
$$A + B = (a_{ij} + b_{ij})_{m\times n}$$
- **スカラー倍**：c がスカラー，$A = (a_{ij})_{m\times n}$ のとき
$$cA = (ca_{ij})_{m\times n}$$
- **積**：$A = (a_{ij})_{l\times m}$，$B = (b_{jk})_{m\times n}$ のとき
$$AB = (c_{ik})_{l\times n}, \qquad c_{ik} = \sum_{j=1}^{m} a_{ij}b_{jk}$$
- 行列を**ブロック**に分割して上と同様に和や積を計算することができる．

2 連立 1 次方程式

§4 基本変形

§4 のポイント

- **拡大係数行列**の行に関する基本変形を行って，連立 1 次方程式を解く方法を**掃き出し法**という．
- 行列は基本変形を何回か行うことにより，**階段行列**や**階数標準形**に変形することができる．
- 行列の**階数**は行や列の個数を超えることはない．

a_{11}，a_{12}，$\cdots$，a_{mn}，b_1，b_2，$\cdots$，b_m を定数とし，m 個の方程式からなる n 個の未知変数 x_1，x_2，$\cdots$，x_n についての連立 1 次方程式

$$\begin{cases} a_{11}x_1 + a_{12}x_2 + \cdots + a_{1n}x_n = b_1 \\ a_{21}x_1 + a_{22}x_2 + \cdots + a_{2n}x_n = b_2 \\ \qquad\qquad\vdots \\ a_{m1}x_1 + a_{m2}x_2 + \cdots + a_{mn}x_n = b_m \end{cases} \tag{4.1}$$

は，次の (1)～(3) の変形を行うことにより，解くことができる．

$$\begin{cases} \text{(1) 1 つの式に 0 でない定数を掛ける.} \\ \text{(2) 2 つの式を入れ替える.} \\ \text{(3) 1 つの式に，他の式の 0 でない定数を掛けたものを加える.} \end{cases} \tag{4.2}$$

上の変形を次の具体的な例でみてみよう.

例 4.1　連立 1 次方程式

$$\begin{cases} 2x + 3y = 13 & \cdots\text{①} \\ x + 2y = 8 & \cdots\cdots\text{②} \end{cases} \tag{4.3}$$

を考える. ①−②×2 より,

$$\begin{cases} -y = -3 & \cdots\cdots\cdots\text{③} \\ x + 2y = 8 & \cdots\cdots\text{②} \end{cases} \tag{4.4}$$

③×(−1) より,

$$\begin{cases} y = 3 & \cdots\cdots\cdots\cdots\text{④} \\ x + 2y = 8 & \cdots\cdots\text{②} \end{cases} \tag{4.5}$$

②−④×2 より,

$$\begin{cases} y = 3 & \cdots\cdots\cdots\cdots\text{④} \\ x = 2 & \cdots\cdots\cdots\cdots\text{⑤} \end{cases} \tag{4.6}$$

④と⑤を入れ替えると，連立 1 次方程式の解は以下となる.

$$\begin{cases} x = 2 \\ y = 3 \end{cases} \tag{4.7}$$

◆

4・1　基本変形と掃き出し法

再び連立 1 次方程式 (4.1) に戻ろう. $m \times n$ 行列 A, n 次の列ベクトル $\boldsymbol{x}$, m 次の列ベクトル $\boldsymbol{b}$ をそれぞれ

$$A = (a_{ij})_{m \times n} = \begin{pmatrix} a_{11} & a_{12} & \cdots & a_{1n} \\ a_{21} & a_{22} & \cdots & a_{2n} \\ \vdots & \vdots & \ddots & \vdots \\ a_{m1} & a_{m2} & \cdots & a_{mn} \end{pmatrix}, \ \boldsymbol{x} = \begin{pmatrix} x_1 \\ x_2 \\ \vdots \\ x_n \end{pmatrix}, \ \boldsymbol{b} = \begin{pmatrix} b_1 \\ b_2 \\ \vdots \\ b_m \end{pmatrix} \tag{4.8}$$

により定めると，(4.1) は

$$A\boldsymbol{x} = \boldsymbol{b} \tag{4.9}$$

と表される．ここで，係数行列 A [⇨ 3・3] と $\boldsymbol{b}$ を並べた $m \times (n+1)$ 行列を $(A|\boldsymbol{b})$ と書き，**拡大係数行列**という．これを行列の成分で書くと，

$$\left(\begin{array}{cccc|c} a_{11} & a_{12} & \cdots & a_{1n} & b_1 \\ a_{21} & a_{22} & \cdots & a_{2n} & b_2 \\ \vdots & \vdots & \ddots & \vdots & \vdots \\ a_{m1} & a_{m2} & \cdots & a_{mn} & b_n \end{array}\right) \tag{4.10}$$

と表せる．

変形 (4.2) に記した (1)～(3) は拡大係数行列の変形に置き換えることができる．すなわち，連立1次方程式は拡大係数行列に対する次の (1)～(3) の変形を行うことにより，解くことができる．

$$\begin{cases} \text{(1) 1 つの行に 0 でない定数を掛ける.} \\ \text{(2) 2 つの行を入れ替える.} \\ \text{(3) 1 つの行に，他の行の 0 でない定数を掛けたものを加える.} \end{cases} \tag{4.11}$$

この (1)～(3) の変形を**行に関する基本変形**または**初等変形**という．また，このようにして連立1次方程式を解く方法を**掃き出し法**または**ガウスの消去法**という．

それでは，例 4.1 の連立1次方程式を掃き出し法により，実際に解いてみよう．行列に対してどのような基本変形を行ったのかという手続きは**図 4.1**～**図 4.3** のように書くことにする．

$$\begin{pmatrix} \cdots & & \cdots \\ a_{i1} & \cdots & a_{ij} & \cdots & a_{in} \\ \cdots & & \cdots \end{pmatrix} \xrightarrow{\text{第}i\text{行}\times c} \begin{pmatrix} \cdots & & \cdots \\ \textcircled{c}a_{i1} & \cdots & \textcircled{c}a_{ij} & \cdots & \textcircled{c}a_{in} \\ \cdots & & \cdots \end{pmatrix}$$

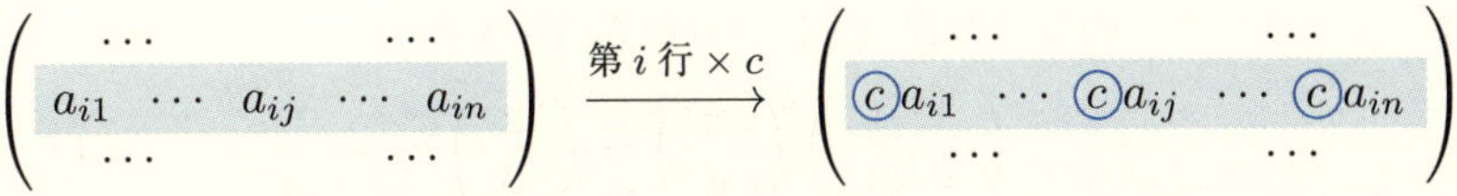

図 4.1 第 i 行を c 倍する

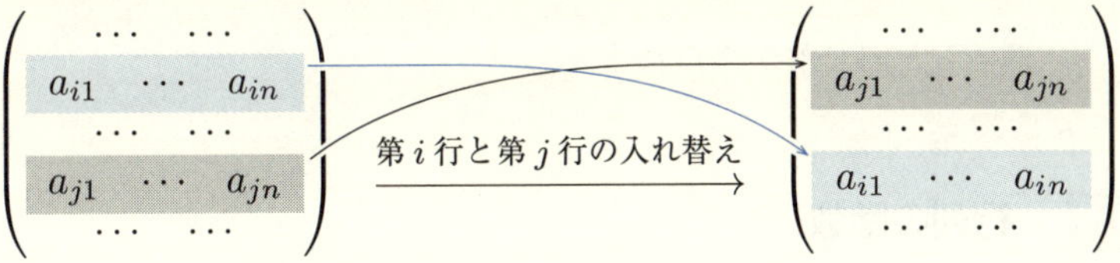

図 4.2 第 i 行と第 j 行を入れ替える

$$\begin{pmatrix} \cdots & & \cdots \\ a_{i1} & \cdots & a_{in} \\ \cdots & & \cdots \\ a_{j1} & \cdots & a_{jn} \\ \cdots & & \cdots \end{pmatrix} \xrightarrow[c\text{倍}]{\text{第}i\text{行}+\text{第}j\text{行}\times c} \begin{pmatrix} \cdots & & \cdots \\ a_{i1}\boxed{+ca_{j1}} & \cdots & a_{in}\boxed{+ca_{jn}} \\ \cdots & & \cdots \\ a_{j1} & \cdots & a_{jn} \\ \cdots & & \cdots \end{pmatrix}$$

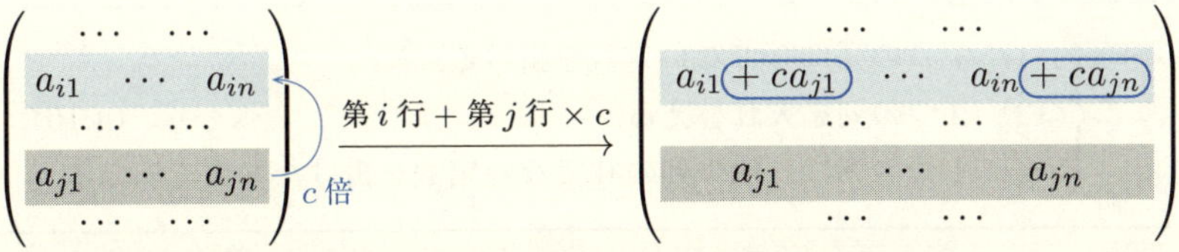

図 4.3 第 i 行に第 j 行の c 倍を加える

例 4.2 例 4.1 の連立 1 次方程式において,拡大係数行列をつくる.

$$\begin{cases} 2x + 3y = 13 \\ x + 2y = 8 \end{cases} \iff \left(\begin{array}{cc|c} 2 & 3 & 13 \\ 1 & 2 & 8 \end{array} \right) \tag{4.12}$$

拡大係数行列の行に関する基本変形を行うと,

$$\left(\begin{array}{cc|c} 2 & 3 & 13 \\ 1 & 2 & 8 \end{array} \right) \xrightarrow{\text{第}1\text{行}-\text{第}2\text{行}\times 2} \left(\begin{array}{cc|c} 0 & -1 & -3 \\ 1 & 2 & 8 \end{array} \right) \xrightarrow{\text{第}1\text{行}\times(-1)}$$

$$\left(\begin{array}{cc|c} 0 & 1 & 3 \\ 1 & 2 & 8 \end{array} \right) \xrightarrow{\text{第}2\text{行}-\text{第}1\text{行}\times 2} \left(\begin{array}{cc|c} 0 & 1 & 3 \\ 1 & 0 & 2 \end{array} \right) \xrightarrow{\text{第}1\text{行と第}2\text{行の入れ替え}}$$

$$\left(\begin{array}{cc|c} 1 & 0 & 2 \\ 0 & 1 & 3 \end{array} \right). \tag{4.13}$$

よって，基本変形の最後の行列を再び方程式に戻すと，

$$\begin{pmatrix} 1 & 0 \\ 0 & 1 \end{pmatrix}\begin{pmatrix} x \\ y \end{pmatrix} = \begin{pmatrix} 2 \\ 3 \end{pmatrix} \tag{4.14}$$

より，

$$x = 2, \qquad y = 3 \tag{4.15}$$

となり，例 4.1 と同じ解が得られる. ◆

4・2 行列の階数

行列の基本変形は列に関しても行うことができる．すなわち，次の (1)′〜(3)′ の変形を**列に関する基本変形**という．

$$\begin{cases} (1)' \ 1\text{つの列に}0\text{でない定数を掛ける．} \\ (2)' \ 2\text{つの列を入れ替える．} \\ (3)' \ 1\text{つの列に，他の列の}0\text{でない定数を掛けたものを加える．} \end{cases} \tag{4.16}$$

行に関する基本変形と列に関する基本変形を合わせて，**基本変形**という．

A を $m \times n$ 行列とすると，A は基本変形を何回か行うことにより，

$$\begin{pmatrix} E_r & O_{r,n-r} \\ O_{m-r,r} & O_{m-r,n-r} \end{pmatrix} = \begin{matrix} r\left\{ \vphantom{\begin{matrix}1\\1\\ \vdots \\1\end{matrix}} \right. \\ m-r\left\{ \vphantom{\begin{matrix}1\\1\\ \vdots \\1\end{matrix}} \right. \end{matrix} \left(\begin{array}{cccc|cccc} \multicolumn{4}{c|}{\overbrace{\hphantom{1 \ 0 \ \cdots \ 0}}^{r}} & \multicolumn{4}{c}{\overbrace{\hphantom{0 \ 0 \ \cdots \ 0}}^{n-r}} \\ 1 & 0 & \cdots & 0 & 0 & 0 & \cdots & 0 \\ 0 & 1 & \cdots & 0 & 0 & 0 & \cdots & 0 \\ \vdots & \vdots & \ddots & \vdots & \vdots & \vdots & \ddots & \vdots \\ 0 & 0 & \cdots & 1 & 0 & 0 & \cdots & 0 \\ \hline 0 & 0 & \cdots & 0 & 0 & 0 & \cdots & 0 \\ 0 & 0 & \cdots & 0 & 0 & 0 & \cdots & 0 \\ \vdots & \vdots & \ddots & \vdots & \vdots & \vdots & \ddots & \vdots \\ 0 & 0 & \cdots & 0 & 0 & 0 & \cdots & 0 \end{array} \right) \tag{4.17}$$

という形に変形できる．このとき，r を A の**階数**といい，

$$r = \operatorname{rank} A \tag{4.18}$$

と書く．ただし，零行列の階数は 0 と約束する．階数はその行列がどれくらい零行列に近いかを表す量といえる．また，(4.17) を A の**階数標準形**という．

なお，階数および階数標準形は基本変形の仕方によらず，1 つに定まることがわかる［⇨［佐武］p.111］[1]．

階数の定義より，次の定理 4.1 が成り立つ．

定理 4.1

A を $m\times n$ 行列とすると，

$$\operatorname{rank}A\le m,\qquad \operatorname{rank}A\le n. \tag{4.19}$$

例題 4.1　行列 $\begin{pmatrix} 2 & 3 & 13 \\ 1 & 2 & 8 \end{pmatrix}$ の階数標準形および階数を求めよ．

□□□

解　例 4.2 の計算より，行に関する基本変形を行うと，行列 $\begin{pmatrix} 2 & 3 & 13 \\ 1 & 2 & 8 \end{pmatrix}$ は行列 $\begin{pmatrix} 1 & 0 & 2 \\ 0 & 1 & 3 \end{pmatrix}$ に変形できる．

さらに，列に関する基本変形を行うと，

$$\begin{pmatrix} 1 & 0 & 2 \\ 0 & 1 & 3 \end{pmatrix} \xrightarrow[\text{第 3 列} - \text{第 2 列} \times 3]{\text{第 3 列} - \text{第 1 列} \times 2} \left.\begin{pmatrix} 1 & 0 & 0 \\ 0 & 1 & 0 \end{pmatrix}\right\} \text{階数 } 2. \tag{4.20}$$

基本変形の最後の行列は階数標準形で，階数は 2 である．◇

なお，階数を求めるだけならば，行に関する基本変形のみで十分で，階数標準形まで求める必要はない．

---

1) 数学では，すでに定められた概念から新たな概念を定める際に，いったん別の概念を経由することがあるが，このときに別の概念が複数定まってしまうことがある．それにもかかわらず，最終的に定まる概念がきちんと 1 つに確定するとき，定義は**well-defined**（ウェル ディファインド）であるという．

例 4.3　4×5 行列に対して行に関する基本変形を行い，行列

$$\begin{pmatrix} 1 & * & * & * & * \\ 0 & 1 & * & * & * \\ 0 & 0 & 0 & 1 & * \\ 0 & 0 & 0 & 0 & 0 \end{pmatrix} \left.\vphantom{\begin{matrix} 1 \\ 0 \\ 0 \end{matrix}}\right\} \text{階数 } 3 \tag{4.21}$$

が得られたとする．ただし，$*$ は任意の数を表す．このとき，この行列の階数は3である．上のような形の行列を**階段行列**という．◆

例題 4.2　次の $\boxed{}$ をうめよ．

行列 $\begin{pmatrix} a & 1 \\ 1 & a \end{pmatrix}$ の行に関する基本変形を行うと，

$$\begin{pmatrix} a & 1 \\ 1 & a \end{pmatrix} \xrightarrow{\boxed{①}} \begin{pmatrix} 0 & 1-a^2 \\ 1 & a \end{pmatrix} \xrightarrow{\boxed{②}} \begin{pmatrix} 1 & a \\ 0 & 1-a^2 \end{pmatrix}. \tag{4.22}$$

$a = \pm 1$ のとき，基本変形の最後の行列は階段行列 $\begin{pmatrix} 1 & a \\ 0 & 0 \end{pmatrix}$ なので，階数は $\boxed{③}$ である．

$a \neq \pm 1$ のとき，さらに行に関する基本変形を行うと，$1 - a^2 \neq 0$ に注意して

$$\begin{pmatrix} 1 & a \\ 0 & 1-a^2 \end{pmatrix} \xrightarrow{\boxed{④}} \begin{pmatrix} 1 & a \\ 0 & 1 \end{pmatrix}. \tag{4.23}$$

よって，階数は $\boxed{⑤}$ である．　□□□

解　①　第1行 − 第2行 $\times a$　②　第1行と第2行の入れ替え　③　1
④　第2行 $\times \frac{1}{1-a^2}$　⑤　2　◇

注意 4.1　例題 4.2 において，さらに基本変形を行うと，$a = \pm 1$ のとき，

$$\begin{pmatrix} 1 & a \\ 0 & 0 \end{pmatrix} \xrightarrow{\text{第2列} - \text{第1列} \times a} \begin{pmatrix} 1 & 0 \\ 0 & 0 \end{pmatrix}, \tag{4.24}$$

$a \neq \pm 1$ のとき，

$$\begin{pmatrix} 1 & a \\ 0 & 1 \end{pmatrix} \xrightarrow{\text{第 1 行} - \text{第 2 行} \times a} \begin{pmatrix} 1 & 0 \\ 0 & 1 \end{pmatrix} \tag{4.25}$$

となり，階数標準形が得られる．

§4の問題

確認問題

問 4.1　次の (1)〜(3) の行列の階数標準形および階数を求めよ．

(1) $\begin{pmatrix} 1 & 2 \\ 3 & 4 \\ 5 & 6 \end{pmatrix}$　(2) $\begin{pmatrix} 0 & 1 & 0 \\ 1 & 0 & 1 \\ 0 & 1 & 0 \end{pmatrix}$　(3) $\begin{pmatrix} a & 1 & 1 \\ 1 & a & 1 \\ 1 & 1 & a \end{pmatrix}$

□□□ [⇨ 4・2]

問 4.2　次の □ をうめよ．

行列 $\begin{pmatrix} a & 1 & 0 \\ 1 & a & 1 \\ 0 & 1 & a \end{pmatrix}$ の行に関する基本変形を行うと，

$$\begin{pmatrix} a & 1 & 0 \\ 1 & a & 1 \\ 0 & 1 & a \end{pmatrix} \xrightarrow{\boxed{①}} \begin{pmatrix} 0 & 1-a^2 & -a \\ 1 & a & 1 \\ 0 & 1 & a \end{pmatrix} \xrightarrow{\boxed{②}} \begin{pmatrix} 1 & a & 1 \\ 0 & 1-a^2 & -a \\ 0 & 1 & a \end{pmatrix}$$

$$\xrightarrow[\text{第 2 行} - \boxed{④}]{\text{第 1 行} - \boxed{③}} \begin{pmatrix} 1 & 0 & 1-a^2 \\ 0 & 0 & -2a+a^3 \\ 0 & 1 & a \end{pmatrix} \xrightarrow{\boxed{⑤}} \begin{pmatrix} 1 & 0 & 1-a^2 \\ 0 & 1 & a \\ 0 & 0 & -2a+a^3 \end{pmatrix}.$$

ここで，基本変形の最後の行列の (3, 3) 成分を因数分解すると，

$$-2a + a^3 = a(a^2 - 2).$$

$a = 0, \pm\sqrt{2}$ のとき，基本変形の最後の行列は階段行列 $\begin{pmatrix} 1 & 0 & 1-a^2 \\ 0 & 1 & a \\ 0 & 0 & 0 \end{pmatrix}$

なので，階数は $\boxed{⑥}$ である．

$a \neq 0, \pm\sqrt{2}$ のとき，さらに基本変形を行うと，

$$\begin{pmatrix} 1 & 0 & 1-a^2 \\ 0 & 1 & a \\ 0 & 0 & a(a^2-2) \end{pmatrix} \xrightarrow{\boxed{⑦}} \begin{pmatrix} 1 & 0 & 1-a^2 \\ 0 & 1 & a \\ 0 & 0 & 1 \end{pmatrix}$$

よって，階数は ⑧ である．　□□□ [⇨ **4・2**]

基本問題

問 4.3　次の問に答えよ．

(1) 2 次の正方行列に対する階数標準形をすべて書け．

(2) 2 次の正方行列に対する階段行列をすべて書け．なお，任意の数は $*$ を用いて表せ．　□□□ [⇨ **4・2**]

チャレンジ問題

問 4.4　数物系　A を階数が 1 の n 次の正方行列とする．このとき，零ベクトルではない n 次の列ベクトル $\boldsymbol{a}$ および $\boldsymbol{b}$ が存在し，$A = \boldsymbol{a}\,{}^t\boldsymbol{b}$ と表されることを示せ．　□□□ [⇨ **4・2**]

§5 連立１次方程式

§5のポイント

- 連立１次方程式は拡大係数行列と係数行列の階数が等しいときに限り，解をもつ．
- 連立１次方程式は拡大係数行列と係数行列の階数が係数行列の列の個数に等しいときに限り，**一意的な解**をもつ．
- **同次連立１次方程式**は
  - ▷ **自明な解**をもつ．
  - ▷ 係数行列の基本変形を行って解けばよい．
  - ▷ 係数行列の階数がその列の個数に等しいときに限り，自明な解のみをもつ．
  - ▷ 係数行列の行の個数が列の個数よりも小さいとき，**自明でない解**をもつ．

5・1 連立１次方程式の解の存在および一意性

Aを$m \times n$行列，$\boldsymbol{x}$をn次の列ベクトル，$\boldsymbol{b}$をm次の列ベクトルとし，連立１次方程式

$$A\boldsymbol{x} = \boldsymbol{b} \tag{5.1}$$

を考えよう．このような方程式を考える際には，次の (1)，(2) が最も基本的な問いかけとなる．

(1) そもそも解は存在するのか，しないのか．
(2) 解が存在するとしたら，それは一意的なのか，
あるいはいくつも存在するのか．

(5.1) の解の存在や一意性については，係数行列Aおよび拡大係数行列$(A|\boldsymbol{b})$の階数を用いて，次のように述べることができる．

定理 5.1

(5.1) の解が存在するための必要十分条件は

$$\operatorname{rank}(A|\boldsymbol{b}) = \operatorname{rank} A. \tag{5.2}$$

さらに，(5.1) の解が一意的に存在するための必要十分条件は

$$\operatorname{rank}(A|\boldsymbol{b}) = \operatorname{rank} A = n. \tag{5.3}$$

ただし，n は係数行列 A の列の個数である．

証明　まず，拡大係数行列 $(A|\boldsymbol{b})$ の行に関する基本変形を行い，必要ならば変数の入れ替えに相当する列の入れ替えを行うと，$(A|\boldsymbol{b})$ は

$$m\left\{\begin{array}{r} r\{ \\ m-r\{ \end{array}\right. \overbrace{\left(\begin{array}{c|c|c} \overbrace{E_r}^{r} & \overbrace{B}^{n-r} & \boldsymbol{c} \\ \hline O_{m-r,r} & O_{m-r,n-r} & \boldsymbol{d} \end{array}\right)}^{n+1} \tag{5.4}$$

と変形することができる．ただし，$r = \operatorname{rank} A$ で，E_r は r 次の単位行列，B は $r \times (n-r)$ 行列，$\boldsymbol{c}$ は r 次の列ベクトル，$\boldsymbol{d}$ は $(m-r)$ 次の列ベクトルである．$\boldsymbol{d}$ は $(m-r) \times 1$ 行列であるから，$\boldsymbol{d}$ の階数は 1 または 0 であることに注意すると，

$$\operatorname{rank}(A|\boldsymbol{b}) = \operatorname{rank} A + 1 \quad \text{または} \quad \operatorname{rank} A \tag{5.5}$$

と表せる．

- $\operatorname{rank}(A|\boldsymbol{b}) = \operatorname{rank} A + 1$ のとき

(5.4) はさらに行に関する基本変形を行うと，

$$\left(\begin{array}{c|c|c} E_r & B & \boldsymbol{c} \\ \hline & & 1 \\ & & 0 \\ O_{m-r,r} & O_{m-r,n-r} & \vdots \\ & & 0 \end{array}\right) \begin{array}{l} \\ \leftarrow \text{第}\ (r+1)\ \text{行} \\ \\ \\ \\ \end{array} \tag{5.6}$$

と変形することができる．よって，(5.6) の第 $(r+1)$ 行に注目し方程式に戻

$$\left(\begin{array}{cc|c|c} 1 & 0 & a & p \\ 0 & 1 & b & q \\ \hline 0 & 0 & 0 & \varepsilon \\ 0 & 0 & 0 & 0 \\ 0 & 0 & 0 & 0 \end{array}\right) \Longleftrightarrow \left\{\begin{array}{rcl} x \qquad + az &=& p \\ y + bz &=& q \\ 0 \qquad &=& \varepsilon \end{array}\right.$$

ε は 0 または 1

図 5.1　拡大係数行列の基本変形と連立 1 次方程式

すと，$0 = 1$ となっており，これは矛盾である．したがって，(5.1) の解は存在しない．

- $\mathrm{rank}\,(A|\boldsymbol{b}) = \mathrm{rank}\,A$ のとき

$\boldsymbol{d} = \boldsymbol{0}$ となるので，(5.1) の解は存在する．さらに，(5.1) の解が一意的となるのは $(E_r|B)$ の部分が単位行列となるとき，すなわち，$r = n$ のときである．

◇

では，例として，解が一意的に存在する場合からあげよう．

例 5.1　連立 1 次方程式

$$\begin{pmatrix} 1 & 2 \\ 3 & 4 \\ 5 & 6 \end{pmatrix}\begin{pmatrix} x_1 \\ x_2 \end{pmatrix} = \begin{pmatrix} 1 \\ 1 \\ 1 \end{pmatrix} \tag{5.7}$$

を掃き出し法［⇨ **4・1**］により解く．

係数行列を A，$\boldsymbol{b} = \begin{pmatrix} 1 \\ 1 \\ 1 \end{pmatrix}$ とし，拡大係数行列 $(A|\boldsymbol{b})$ の行に関する基本変形を行うと，

$$(A|\boldsymbol{b}) = \left(\begin{array}{cc|c} 1 & 2 & 1 \\ 3 & 4 & 1 \\ 5 & 6 & 1 \end{array}\right) \xrightarrow[\text{第 3 行} - \text{第 1 行} \times 5]{\text{第 2 行} - \text{第 1 行} \times 3} \left(\begin{array}{cc|c} 1 & 2 & 1 \\ 0 & -2 & -2 \\ 0 & -4 & -4 \end{array}\right) \xrightarrow{\text{第 2 行} \times (-\frac{1}{2})}$$

$$\left(\begin{array}{cc|c} 1 & 2 & 1 \\ 0 & 1 & 1 \\ 0 & -4 & -4 \end{array}\right) \xrightarrow[\text{第 3 行} + \text{第 2 行} \times 4]{\text{第 1 行} - \text{第 2 行} \times 2} \left(\begin{array}{cc|c} 1 & 0 & -1 \\ 0 & 1 & 1 \\ 0 & 0 & 0 \end{array}\right). \tag{5.8}$$

よって，方程式に戻すと

$$\begin{pmatrix} 1 & 0 \\ 0 & 1 \\ 0 & 0 \end{pmatrix} \begin{pmatrix} x_1 \\ x_2 \end{pmatrix} = \begin{pmatrix} -1 \\ 1 \\ 0 \end{pmatrix} \tag{5.9}$$

より，解は

$$x_1 = -1, \qquad x_2 = 1. \tag{5.10}$$

補足　係数行列および拡大係数行列の階数はともに 2 で，これは係数行列の列の個数に等しい．よって，$\mathrm{rank}\,(A|\boldsymbol{b}) = \mathrm{rank}\,A = 2$ が成り立つので，(5.7) の解は (5.10) のみであることがわかる．◆

次に，解が存在しない場合と一意的でない場合について，具体的な例で考えてみよう．

例題 5.1　掃き出し法により，次の (1), (2) の連立 1 次方程式を解け．また，係数行列および拡大係数行列について，それぞれの階数を求めよ．

(1) $\begin{pmatrix} 1 & 2 & 3 & 0 \\ 2 & 3 & 0 & 1 \\ 0 & 1 & 6 & -1 \end{pmatrix} \begin{pmatrix} x_1 \\ x_2 \\ x_3 \\ x_4 \end{pmatrix} = \begin{pmatrix} 1 \\ 0 \\ 1 \end{pmatrix}$

(2) $\begin{pmatrix} 1 & 2 & 3 & 0 \\ 2 & 3 & 0 & 1 \\ 0 & 1 & 6 & -1 \end{pmatrix} \begin{pmatrix} x_1 \\ x_2 \\ x_3 \\ x_4 \end{pmatrix} = \begin{pmatrix} 1 \\ 0 \\ 2 \end{pmatrix}$

□□□

解　(1) 係数行列を A，$\boldsymbol{b} = \begin{pmatrix} 1 \\ 0 \\ 1 \end{pmatrix}$ とし，拡大係数行列 $(A|\boldsymbol{b})$ の行に関する基本変形を行うと，

$$(A|\boldsymbol{b}) = \left(\begin{array}{cccc|c} 1 & 2 & 3 & 0 & 1 \\ 2 & 3 & 0 & 1 & 0 \\ 0 & 1 & 6 & -1 & 1 \end{array}\right) \xrightarrow{\text{第 2 行} - \text{第 1 行} \times 2} \left(\begin{array}{cccc|c} 1 & 2 & 3 & 0 & 1 \\ 0 & -1 & -6 & 1 & -2 \\ 0 & 1 & 6 & -1 & 1 \end{array}\right)$$

$$\xrightarrow{\text{第 2 行} + \text{第 3 行}} \left(\begin{array}{cccc|c} 1 & 2 & 3 & 0 & 1 \\ 0 & 0 & 0 & 0 & -1 \\ 0 & 1 & 6 & -1 & 1 \end{array}\right). \tag{5.11}$$

基本変形の最後の行列の第 2 行に注目し方程式に戻すと，$0 = -1$ となっており，これは矛盾である．よって，解は存在しない．また，係数行列の階数は 2 で，拡大係数行列の階数は 3 である．

補足　$\mathrm{rank}\,(A|\boldsymbol{b}) \neq \mathrm{rank}\,A$ なので，定理 5.1 の (5.2) をみたさない．よって，解は存在しない．

(2) 係数行列を A，$\boldsymbol{b} = \begin{pmatrix} 1 \\ 0 \\ 2 \end{pmatrix}$ とし，拡大係数行列 $(A|\boldsymbol{b})$ の行に関する基本変形を行うと，

$$(A|\boldsymbol{b}) = \left(\begin{array}{cccc|c} 1 & 2 & 3 & 0 & 1 \\ 2 & 3 & 0 & 1 & 0 \\ 0 & 1 & 6 & -1 & 2 \end{array}\right) \xrightarrow{\text{第 2 行} - \text{第 1 行} \times 2} \left(\begin{array}{cccc|c} 1 & 2 & 3 & 0 & 1 \\ 0 & -1 & -6 & 1 & -2 \\ 0 & 1 & 6 & -1 & 2 \end{array}\right)$$

$$\xrightarrow[\text{第 2 行} + \text{第 3 行}]{\text{第 1 行} - \text{第 3 行} \times 2} \left(\begin{array}{cccc|c} 1 & 0 & -9 & 2 & -3 \\ 0 & 0 & 0 & 0 & 0 \\ 0 & 1 & 6 & -1 & 2 \end{array}\right). \tag{5.12}$$

よって，方程式に戻すと，

$$\begin{cases} x_1 - 9x_3 + 2x_4 = -3 \\ x_2 + 6x_3 - x_4 = 2. \end{cases} \tag{5.13}$$

したがって，c_1，c_2 を任意の定数として，$x_3 = c_1$，$x_4 = c_2$ とおくと，解は

$$x_1 = -3 + 9c_1 - 2c_2,\ x_2 = 2 - 6c_1 + c_2,\ x_3 = c_1,\ x_4 = c_2. \tag{5.14}$$

また，係数行列および拡大係数行列の階数はともに 2 である．

補足　$\mathrm{rank}\,(A|\boldsymbol{b}) = \mathrm{rank}\,A(= 2)$ だが，これは係数行列 A の列の個数 $n = 4$ に等しくない．よって，定理 5.1 の (5.2) はみたすが (5.3) はみたさないため，解は存在するが，一意的ではない．　◇

注意 5.1　例題 5.1 の (2) の計算からもわかるように，連立 1 次方程式 (5.1) において，

$$\mathrm{rank}\,(A|\boldsymbol{b}) = \mathrm{rank}\,A < n \tag{5.15}$$

が成り立つとき，解は $(n - \mathrm{rank}\,A)$ 個の任意の定数を用いて表される．例題5.1の（2）では $n - \mathrm{rank}\,A = 4 - 2 = 2$ 個の任意定数 c_1，c_2 を用いて解を表した．

5・2　同次連立1次方程式

特別な連立1次方程式として，(5.1) において $\boldsymbol{b} = \boldsymbol{0}$ の場合，すなわち，

$$A\boldsymbol{x} = \boldsymbol{0} \tag{5.16}$$

の場合を考えよう．

(5.16) の形の連立1次方程式は**同次**または**斉次**（せいじ）であるという．このとき，

$$\mathrm{rank}\,(A|\boldsymbol{0}) = \mathrm{rank}\,A \tag{5.17}$$

なので，定理5.1より，(5.16) の解は存在する．実は，この場合は明らかに $\boldsymbol{x} = \boldsymbol{0}$ は (5.16) の解となるので，$\boldsymbol{x} = \boldsymbol{0}$ を**自明な解**という．§19以降では固有空間という集合を求める際に，自明でない解をもつ同次連立1次方程式を解くことが必要となる．

拡大係数行列 $(A|\boldsymbol{0})$ の行に関する基本変形を行っても，$\boldsymbol{0}$ の部分はまったく変わらないので，(5.16) を解く場合は係数行列 A にのみ行に関する基本変形を行えばよい．

例題 5.2　掃き出し法により，同次連立1次方程式

$$\begin{pmatrix} 1 & 2 & 3 & 0 \\ 2 & 3 & 0 & 1 \\ 0 & 1 & 6 & -1 \end{pmatrix} \begin{pmatrix} x_1 \\ x_2 \\ x_3 \\ x_4 \end{pmatrix} = \begin{pmatrix} 0 \\ 0 \\ 0 \end{pmatrix} \tag{5.18}$$

を解け．　□□□

解　係数行列の行に関する基本変形を行うと，

$$\begin{pmatrix} 1 & 2 & 3 & 0 \\ 2 & 3 & 0 & 1 \\ 0 & 1 & 6 & -1 \end{pmatrix} \xrightarrow{\text{第 2 行} - \text{第 1 行} \times 2} \begin{pmatrix} 1 & 2 & 3 & 0 \\ 0 & -1 & -6 & 1 \\ 0 & 1 & 6 & -1 \end{pmatrix}$$

$$\xrightarrow[\text{第 2 行} + \text{第 3 行}]{\text{第 1 行} - \text{第 3 行} \times 2} \begin{pmatrix} 1 & 0 & -9 & 2 \\ 0 & 0 & 0 & 0 \\ 0 & 1 & 6 & -1 \end{pmatrix}. \tag{5.19}$$

よって，方程式に戻すと，

$$\begin{pmatrix} 1 & 0 & -9 & 2 \\ 0 & 0 & 0 & 0 \\ 0 & 1 & 6 & -1 \end{pmatrix} \begin{pmatrix} x_1 \\ x_2 \\ x_3 \\ x_4 \end{pmatrix} = \begin{pmatrix} 0 \\ 0 \\ 0 \end{pmatrix} \tag{5.20}$$

なので，

$$\begin{cases} x_1 - 9x_3 + 2x_4 = 0 \\ x_2 + 6x_3 - x_4 = 0. \end{cases} \tag{5.21}$$

したがって，c_1，c_2 を任意の定数として，$x_3 = c_1$，$x_4 = c_2$ とおくと，解は

$$x_1 = 9c_1 - 2c_2, \quad x_2 = -6c_1 + c_2, \quad x_3 = c_1, \quad x_4 = c_2. \tag{5.22}$$

◇

同次連立1次方程式の解の存在や一意性については，さらに次の定理5.2が成り立つ．

定理 5.2

A を $m \times n$ 行列とすると，同次連立1次方程式 $A\boldsymbol{x} = \boldsymbol{0}$ について，次の (1), (2) が成り立つ．

(1) $A\boldsymbol{x} = \boldsymbol{0}$ の解が自明な解のみであるための必要十分条件は

$$\operatorname{rank} A = n. \tag{5.23}$$

(2) $m < n$ ならば，$A\boldsymbol{x} = \boldsymbol{0}$ の自明でない解が存在する．

証明 (1) 定理5.1の一意性に関する必要十分条件より，明らかである．
(2) 階数の性質（定理4.1）と仮定 $m < n$ より，

$$\operatorname{rank} A \leq m < n. \tag{5.24}$$

よって，条件 (5.23) が満たされないので，$A\boldsymbol{x} = \boldsymbol{0}$ の自明でない解が存在する． ◇

次に示すように，連立 1 次方程式 (5.1) の解が 1 つ見つかれば，その他のすべての解は対応する同次連立 1 次方程式 (5.16) の解を，見つけた解に加えることによって得られる．この事実は微分方程式への応用を考える際に重要である．

定理 5.3

$\boldsymbol{x}_0$ を (5.1) の 1 つの解とする．このとき，(5.1) の任意の解は $\boldsymbol{x}_0$ と (5.16) の解 $\boldsymbol{x}_1$ を用いて，$\boldsymbol{x}_0 + \boldsymbol{x}_1$ と表される．

証明　まず，$\boldsymbol{x}_1$ を (5.16) の解とすると，

$$A(\boldsymbol{x}_0 + \boldsymbol{x}_1) = A\boldsymbol{x}_0 + A\boldsymbol{x}_1 = \boldsymbol{b} + \boldsymbol{0} = \boldsymbol{b}. \tag{5.25}$$

よって，$\boldsymbol{x}_0 + \boldsymbol{x}_1$ は (5.1) をみたすので (5.1) の解となることが確認できる．

逆に，$\boldsymbol{x}$ を (5.1) の任意の解と仮定すると，

$$A(\boldsymbol{x} - \boldsymbol{x}_0) = A\boldsymbol{x} - A\boldsymbol{x}_0 = \boldsymbol{b} - \boldsymbol{b} = \boldsymbol{0}. \tag{5.26}$$

よって，$\boldsymbol{x} - \boldsymbol{x}_0$ は (5.16) の解となるから，これを $\boldsymbol{x}_1$ とおくと，

$$\boldsymbol{x} = \boldsymbol{x}_0 + \boldsymbol{x}_1. \tag{5.27}$$

したがって，(5.1) の任意の解は (5.1) の 1 つの解 $\boldsymbol{x}_0$ と (5.16) の解 $\boldsymbol{x}_1$ の和で表される． ◇

例 5.2　例題 5.1 の（2）において，解は

$$\boldsymbol{x} = \begin{pmatrix} x_1 \\ x_2 \\ x_3 \\ x_4 \end{pmatrix} = \underbrace{\begin{pmatrix} -3 \\ 2 \\ 0 \\ 0 \end{pmatrix} + c_1 \begin{pmatrix} 9 \\ -6 \\ 1 \\ 0 \end{pmatrix} + c_2 \begin{pmatrix} -2 \\ 1 \\ 0 \\ 1 \end{pmatrix}} = \boldsymbol{x}_0 + \boldsymbol{x}_1 \tag{5.28}$$

と表されるが，$\underbrace{\quad}$ の部分の第 1 項が 1 つの解 $\boldsymbol{x}_0$，第 2 項と第 3 項が対応する同次連立 1 次方程式の解 $\boldsymbol{x}_1$ である． ◆

§5の問題

確認問題

問 5.1　掃き出し法により，次の (1)～(3) の連立1次方程式を解け．また，係数行列および拡大係数行列について，それぞれの階数を求めよ．

(1) $$\begin{pmatrix} 1 & 2 \\ 3 & 4 \\ 5 & 6 \end{pmatrix} \begin{pmatrix} x_1 \\ x_2 \end{pmatrix} = \begin{pmatrix} 1 \\ 0 \\ 0 \end{pmatrix}$$

(2) $$\begin{pmatrix} 1 & 1 & -2 \\ 1 & -2 & 1 \\ -2 & 1 & 1 \end{pmatrix} \begin{pmatrix} x_1 \\ x_2 \\ x_3 \end{pmatrix} = \begin{pmatrix} 0 \\ 3 \\ -3 \end{pmatrix}$$

(3) $$\begin{pmatrix} 1 & 2 & 3 & 4 \\ 2 & 3 & 4 & 1 \\ 0 & 1 & 2 & 7 \end{pmatrix} \begin{pmatrix} x_1 \\ x_2 \\ x_3 \\ x_4 \end{pmatrix} = \begin{pmatrix} 1 \\ 0 \\ 1 \end{pmatrix}$$

□□□ [⇨ **5・1**]

問 5.2　掃き出し法により，次の同次連立1次方程式を解け．

$$\begin{pmatrix} 1 & 2 & 3 & 4 \\ 2 & 3 & 4 & 1 \\ 0 & 1 & 2 & 7 \end{pmatrix} \begin{pmatrix} x_1 \\ x_2 \\ x_3 \\ x_4 \end{pmatrix} = \begin{pmatrix} 0 \\ 0 \\ 0 \end{pmatrix}$$

□□□ [⇨ **5・2**]

基本問題

問 5.3　p，q，r を定数とする．連立1次方程式

$$\begin{pmatrix} -2 & 1 & 1 \\ 1 & -2 & 1 \\ 1 & 1 & -2 \end{pmatrix} \begin{pmatrix} x_1 \\ x_2 \\ x_3 \end{pmatrix} = \begin{pmatrix} p \\ q \\ r \end{pmatrix}$$

の解が存在するための p，q，r の条件を求めよ．　□□□ [⇨ **5・1**]

チャレンジ問題

問 5.4　数物系　a_1, a_2 を定数とする．未知関数 $x = x(t)$ に対する方程式

$$\frac{d^2x}{dt^2} + a_1\frac{dx}{dt} + a_2 x = 0 \qquad (*)$$

を2階の**定数係数線形常微分方程式**という．$y_1 = x$, $y_2 = \dfrac{dx}{dt}$ とおくと，$(*)$ は行列を用いて，

$$\begin{pmatrix} \dfrac{dy_1}{dt} \\ \dfrac{dy_2}{dt} \end{pmatrix} = A \begin{pmatrix} y_1 \\ y_2 \end{pmatrix}$$

と表すことができる．A を具体的に成分を用いて書け．

□□□ [⇨ 5・1]

§6　正則行列

§6のポイント

- 逆行列をもつ正方行列を**正則**であるという（**正則性**）.
- 行列の正則性はいろいろな条件にいい換えることができる.
- **正則行列**の逆行列は行に関する基本変形を用いて求めることができる.

6・1　逆行列と正則行列

通常の数の掛け算では，0 ではない数 a に掛けて 1 となる数を a の逆数といい，これを a^{-1} と書く．行列に対しても同じようなことを考えよう．

まず，どのような数 a に 1 を掛けても，a は a のままであることに注意しよう．行列の世界で，このような数の 1 に相当するものは単位行列 E_n である．また，2 つの行列 A と B の積 AB および BA が定義され，$AB = BA$ となるためには A と B の行や列の個数はすべて等しくなければならない．そこで，次のように定義する．

定義 6.1

n 次の正方行列 A に対して，

$$AB = BA = E_n \tag{6.1}$$

となる n 次の正方行列 B が存在するとき，

$$B = A^{-1} \tag{6.2}$$

と書き，これを A の**逆行列**という．このとき，A は**正則**または**可逆**であるといい，A を**正則行列**とよぶ.

なお，もとの正方行列が零行列ではないとしても，必ずしもその逆行列が存在するとは限らない．このことを次の例でみてみよう．

例 6.1　正方行列 $A = \begin{pmatrix} 1 & 1 \\ 1 & 1 \end{pmatrix}$ の逆行列は存在しないことを背理法により示そう．

まず，A の逆行列が存在すると仮定し，それを $\begin{pmatrix} p & q \\ r & s \end{pmatrix}$ とおくと，

$$E_2 = \begin{pmatrix} 1 & 0 \\ 0 & 1 \end{pmatrix} = \begin{pmatrix} 1 & 1 \\ 1 & 1 \end{pmatrix}\begin{pmatrix} p & q \\ r & s \end{pmatrix} = \begin{pmatrix} p+r & q+s \\ p+r & q+s \end{pmatrix} \tag{6.3}$$

となり，$(1,1)$ 成分と $(2,1)$ 成分，あるいは $(1,2)$ 成分と $(2,2)$ 成分に注目すると，$p+r=1=0$，あるいは $q+s=0=1$ となっているので矛盾である．よって，A の逆行列は存在しない．◆

なお，2 次の正方行列については，次の定理 6.1 が成り立つことがわかる［⇨ 例 9.4］．

定理 6.1

2 次の正方行列 $\begin{pmatrix} a & b \\ c & d \end{pmatrix}$ の逆行列が存在するための必要十分条件は $ad-bc \neq 0$ で，このとき，

$$\begin{pmatrix} a & b \\ c & d \end{pmatrix}^{-1} = \frac{1}{ad-bc}\begin{pmatrix} d & -b \\ -c & a \end{pmatrix}. \tag{6.4}$$

(6.4) で現れた式 $ad-bc$ は § 8 で扱う行列式を表すので，注意しておこう．正方行列の逆行列は必ずしも存在するとは限らないが，存在する場合は，そ

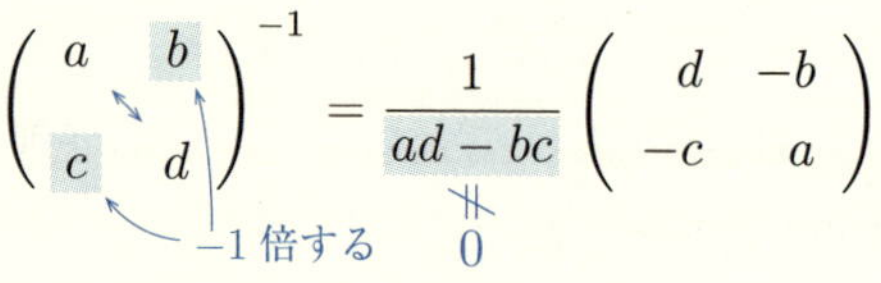

図 6.1　2 次行列の逆行列

れは一意的である．

定理 6.2

正方行列の逆行列が存在するならば，それは一意的である．

証明　A を n 次の正則行列とし，B，C をその逆行列とすると，

$$B = BE_n \overset{\because\, C = A^{-1}}{=} B(AC) \overset{\because\, 積の結合律}{=} (BA)C \overset{\because\, B = A^{-1}}{=} E_nC = C. \tag{6.5}$$

よって，

$$B = C \tag{6.6}$$

なので，逆行列は 1 つしかない，すなわち，一意的であることがわかる．◇

なお，逆行列は (6.1) により定義したが，実は次の定理 6.3 が成り立つ [⇨ 注意 9.1]．

定理 6.3

A を n 次の正方行列とする．$AB = E_n$ または $BA = E_n$ の**少なくとも一方をみたす** n 次の正方行列 B が存在するならば，B は A の逆行列 A^{-1} である．

6・2　正則性と同値な条件

正方行列が正則であるという性質，すなわち，正方行列の**正則性**はいろいろな条件に置き換えることができる．

定理 6.4

A を n 次の正方行列とすると，次の (1)～(5) は互いに同値である．

(1) A は正則である．

(2) $\operatorname{rank} A = n$

(3) A の階数標準形は単位行列である.

(4) 同次連立 1 次方程式 $A\boldsymbol{x} = \boldsymbol{0}$ の解は自明な解のみである.

(5) 任意の n 次の列ベクトル $\boldsymbol{b}$ に対して，連立 1 次方程式 $A\boldsymbol{x} = \boldsymbol{b}$ の解が一意的に存在する.

証明　(1) ⇒ (4) ⇒ (2) ⇒ (3) ⇒ (5) ⇒ (1) の順に示す.

(1) ⇒ (4)　仮定より，A の逆行列 A^{-1} が存在する. $\boldsymbol{x}$ が同次連立 1 次方程式

$$A\boldsymbol{x} = \boldsymbol{0} \tag{6.7}$$

の解であるとし，この式の両辺に左から A^{-1} を掛けると，

$$A^{-1}(A\boldsymbol{x}) = A^{-1}\boldsymbol{0}. \tag{6.8}$$

ここで，右辺は零ベクトルで，

$$(\text{左辺}) \overset{\because\ \text{積の結合律}}{=} (A^{-1}A)\boldsymbol{x} = E_n\boldsymbol{x} = \boldsymbol{x}. \tag{6.9}$$

よって，

$$\boldsymbol{x} = \boldsymbol{0}. \tag{6.10}$$

すなわち，$\boldsymbol{x}$ は (6.7) の自明な解となる.

(4) ⇒ (2)　定理 5.2 の (1) より正しい.

(2) ⇒ (3)　階数標準形の定義 (4.17) より，明らかである.

(3) ⇒ (5)　(3) を仮定すると，$A\boldsymbol{x} = \boldsymbol{b}$ の拡大係数行列 $(A|\boldsymbol{b})$ は行に関する基本変形により，$(E_n|\boldsymbol{b}')$ となることに注意すればよい.

(5) ⇒ (1)　n 次の列ベクトル $\boldsymbol{e}_1$，$\boldsymbol{e}_2$，$\cdots$，$\boldsymbol{e}_n$ を (3.24) のように，

$$\boldsymbol{e}_1 = \begin{pmatrix} 1 \\ 0 \\ \vdots \\ 0 \end{pmatrix}, \quad \boldsymbol{e}_2 = \begin{pmatrix} 0 \\ 1 \\ \vdots \\ 0 \end{pmatrix}, \quad \cdots, \quad \boldsymbol{e}_n = \begin{pmatrix} 0 \\ 0 \\ \vdots \\ 1 \end{pmatrix} \tag{6.11}$$

により定める. 仮定より，n 個の連立 1 次方程式

$$A\boldsymbol{x} = \boldsymbol{e}_1, \quad A\boldsymbol{x} = \boldsymbol{e}_2, \quad \cdots, \quad A\boldsymbol{x} = \boldsymbol{e}_n \tag{6.12}$$

の解

$$\boldsymbol{x} = \boldsymbol{c}_1, \quad \boldsymbol{x} = \boldsymbol{c}_2, \quad \cdots, \quad \boldsymbol{x} = \boldsymbol{c}_n \tag{6.13}$$

がそれぞれ一意的に存在する．このとき，

$$A\begin{pmatrix} \boldsymbol{c}_1 & \boldsymbol{c}_2 & \cdots & \boldsymbol{c}_n \end{pmatrix} = \begin{pmatrix} \boldsymbol{e}_1 & \boldsymbol{e}_2 & \cdots & \boldsymbol{e}_n \end{pmatrix} = E_n. \tag{6.14}$$

よって，定理 6.3 より，

$$A^{-1} = \begin{pmatrix} \boldsymbol{c}_1 & \boldsymbol{c}_2 & \cdots & \boldsymbol{c}_n \end{pmatrix}. \tag{6.15}$$

したがって，A は正則となる．◇

注意 6.1　定理 6.4 の (5) ⇒ (1) の証明より，基本変形を用いて正則行列の逆行列を求められることがわかる．すなわち，$i = 1, 2, \cdots, n$ に対して $(A|\boldsymbol{e}_i)$ は行に関する基本変形を行うと，$(E_n|\boldsymbol{c}_i)$ に変形されるから，$(A|E_n)$ は行に関する基本変形を行うと，$(E_n|A^{-1})$ に変形される．

例題 6.1　正則行列 $A = \begin{pmatrix} 1 & 1 & 0 \\ 1 & 1 & 1 \\ 0 & 1 & 1 \end{pmatrix}$ の逆行列 A^{-1} を求めよ．

□□□

解　$(A|E_3)$ の行に関する基本変形を行うと，

$$(A|E_3) = \left(\begin{array}{ccc|ccc} 1 & 1 & 0 & 1 & 0 & 0 \\ 1 & 1 & 1 & 0 & 1 & 0 \\ 0 & 1 & 1 & 0 & 0 & 1 \end{array}\right) \xrightarrow{\text{第 2 行} - \text{第 1 行}} \left(\begin{array}{ccc|ccc} 1 & 1 & 0 & 1 & 0 & 0 \\ 0 & 0 & 1 & -1 & 1 & 0 \\ 0 & 1 & 1 & 0 & 0 & 1 \end{array}\right)$$

$$\xrightarrow{\text{第 1 行} - \text{第 3 行}} \left(\begin{array}{ccc|ccc} 1 & 0 & -1 & 1 & 0 & -1 \\ 0 & 0 & 1 & -1 & 1 & 0 \\ 0 & 1 & 1 & 0 & 0 & 1 \end{array}\right) \xrightarrow{\text{第 2 行と第 3 行の入れ替え}}$$

$$\left(\begin{array}{ccc|ccc} 1 & 0 & -1 & 1 & 0 & -1 \\ 0 & 1 & 1 & 0 & 0 & 1 \\ 0 & 0 & 1 & -1 & 1 & 0 \end{array}\right) \xrightarrow[\text{第 2 行} - \text{第 3 行}]{\text{第 1 行} + \text{第 3 行}} \left(\begin{array}{ccc|ccc} 1 & 0 & 0 & 0 & 1 & -1 \\ 0 & 1 & 0 & 1 & -1 & 1 \\ 0 & 0 & 1 & -1 & 1 & 0 \end{array}\right)$$

$$= (E_3|A^{-1}). \tag{6.16}$$

よって，

$$A^{-1} = \begin{pmatrix} 0 & 1 & -1 \\ 1 & -1 & 1 \\ -1 & 1 & 0 \end{pmatrix}. \tag{6.17}$$

◇

6・3　正則行列の基本的な性質

最後に，正則行列に関する基本的な性質について述べた次の定理 6.5 を紹介しておこう．

定理 6.5

A，B をともに n 次の正則行列とすると，次の（1）～（3）が成り立つ．

（1）$(A^{-1})^{-1} = A$

（2）$({}^tA)^{-1} = {}^t(A^{-1})$

（3）$(AB)^{-1} = B^{-1}A^{-1}$

証明　（1）逆行列の定義より，

$$AA^{-1} = E_n. \tag{6.18}$$

よって，定理 6.3 において，A を A^{-1}，B を A と置き換えると，A^{-1} の逆行列は A となり，（1）が成り立つ．

（2）(6.18) の両辺の転置をとると，定理 2.5 の（2）より，

$${}^t(A^{-1}){}^tA = E_n. \tag{6.19}$$

よって，定理 6.3 より，（2）が成り立つ．

（3）AB に右から $B^{-1}A^{-1}$ を掛けると，

$$(AB)(B^{-1}A^{-1}) \overset{\because\ \text{積の結合律}}{=} A(BB^{-1})A^{-1} = AE_nA^{-1} = AA^{-1} = E_n \tag{6.20}$$

なので，

$$(AB)(B^{-1}A^{-1}) = E_n. \tag{6.21}$$

よって，定理 6.3 より，（3）が成り立つ．　◇

注意 6.2　定理 6.5 の (2) より，$({}^tA)^{-1}$ および ${}^t(A^{-1})$ はともに ${}^tA^{-1}$ と書いても構わない．

§6の問題

確認問題

問 6.1　次の問に答えよ．

(1) 正則行列の定義を書け．

(2) 次の（ア），（イ）の正則行列の逆行列を求めよ．

（ア）$\begin{pmatrix} 1 & a & b \\ 0 & 1 & c \\ 0 & 0 & 1 \end{pmatrix}$　（イ）$\begin{pmatrix} 1 & 1 & 1 \\ 1 & 1 & 2 \\ 1 & 2 & 1 \end{pmatrix}$　□□□ [⇨ 6・2]

基本問題

問 6.2　n 次の正方行列 A_{11}，A_{12}，A_{22}，X_{11}，X_{12}，X_{21}，X_{22} を用いて，$2n$ 次の正方行列 A および X を

$$A = \begin{pmatrix} A_{11} & A_{12} \\ O & A_{22} \end{pmatrix}, \quad X = \begin{pmatrix} X_{11} & X_{12} \\ X_{21} & X_{22} \end{pmatrix}$$

により定める．

(1) 積 AX を計算せよ．

(2) A_{11} および A_{22} がともに正則ならば，A は正則であることを示し，さらに A の逆行列を求めよ．　□□□ [⇨ 6・1]

問 6.3　次の問に答えよ．

(1) A を n 次の正方行列とする．自然数 m に対して，

$$(E_n - A)(E_n + A + A^2 + \cdots + A^{m-1})$$

を計算せよ．

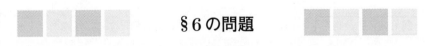

(2) べき零行列の定義を書け.

(3) A が n 次のべき零行列ならば, $E_n - A$ は正則であることを示せ.

□□□ [⇨ 6・1]

問 6.4 数物系 $A = (a_{ij})_{n\times n}$ を n 次の正方行列とする. 任意の $i, j = 1, 2, \cdots, n$ に対して

$$|a_{ij}| < \frac{1}{n}$$

が成り立つならば, $E_n + A$ は正則であることを次の □ をうめることにより示せ.

証明 定理 6.4 より, $E_n + A$ が正則であることを示すには, ① 連立 1 次方程式

$$(E_n + A)\begin{pmatrix} x_1 \\ x_2 \\ \vdots \\ x_n \end{pmatrix} = \mathbf{0} \qquad (*)$$

の解が ② な解のみであることを示せばよい. このことを ③ により示す.

$(*)$ の解 x_1, x_2, $\cdots$, x_n に対して, それらの絶対値 $|x_1|$, $|x_2|$, $\cdots$, $|x_n|$ の中で最大のものを $|x_{i_0}|$ とし, $|x_{i_0}| > 0$ であると仮定する. $(*)$ の第 ④ 行に注目すると,

$$x_{i_0} + \sum_{j=1}^{n} a_{i_0 j} x_j = 0$$

なので,

$$|x_{i_0}| = \left| \sum_{j=1}^{n} a_{i_0 j} x_j \right| \overset{\because\ \text{三角不等式}}{\boxed{⑤}} \sum_{j=1}^{n} |a_{i_0 j} x_j| = \sum_{j=1}^{n} |a_{i_0 j}||x_j|$$

$$\overset{\because\ |a_{i_0 j}| < \frac{1}{n},\ |x_{i_0}| > 0}{\boxed{⑥}} \frac{1}{n}\sum_{j=1}^{n} |x_j| \overset{\because\ |x_j| \leq |x_{i_0}|}{\leq} \boxed{⑦}.$$

よって，$|x_{i_0}| < |x_{i_0}|$ となり，矛盾である．

　したがって，$|x_{i_0}| = 0$ なので，

$$x_1 = x_2 = \cdots = x_n = \boxed{⑧}.$$

すなわち，$(*)$ の解は $\boxed{②}$ な解のみである．　□□□ [⇨6・2]

チャレンジ問題

問 6.5　数物系　A を n 次の正方行列とする．$E_n + A$ が正則ならば，

$$E_n + (E_n - A)(E_n + A)^{-1}$$

も正則であることを示せ．　□□□ [⇨6・1]

第2章のまとめ

行列の基本変形

- 第 i 行（列）を c 倍する．
- 第 i 行（列）と第 j 行（列）を入れ替える．
- 第 i 行（列）に第 j 行（列）の c 倍を加える．

階数

基本変形を何回か行うことにより，行列 A が**階数標準形**

$$\begin{pmatrix} E_r & O_{r,n-r} \\ O_{m-r,r} & O_{m-r,n-r} \end{pmatrix}$$

に変形できるとき，r を A の**階数**といい，

$$r = \operatorname{rank} A$$

と書く．

連立1次方程式

$$A\boldsymbol{x} = \boldsymbol{b} \qquad (*)$$

$(*)$ の解が（一意的に）存在する．$\iff$ $\operatorname{rank}(A|\boldsymbol{b}) = \operatorname{rank} A$

（$=$（A の列の個数））

正則行列

- A：n 次正方行列

  A：**正則** $\iff$ $AB = BA = E_n$ となる B（**逆行列**）が存在する．
- 2次正則行列 $\begin{pmatrix} a & b \\ c & d \end{pmatrix}$（$ad - bc \neq 0$）の逆行列：

$$\begin{pmatrix} a & b \\ c & d \end{pmatrix}^{-1} = \frac{1}{ad - bc}\begin{pmatrix} d & -b \\ -c & a \end{pmatrix}$$

- 逆行列の求め方：行に関する基本変形を行う．

$$(A|E_n) \to (E_n|A^{-1})$$

- A，B：n 次正則行列

  $\Longrightarrow \quad (A^{-1})^{-1} = A,\quad ({}^tA)^{-1} = {}^t(A^{-1}),\quad (AB)^{-1} = B^{-1}A^{-1}$

3 行列式

§7 置換

§7のポイント

- n 個の数 1, 2, $\cdots$, n の並べ替えを n **文字の置換**という.
- 2 つの置換に対して, **積**を定めることができる.
- 任意の置換はいくつかの**互換**の積で表すことができる.
- 置換の**符号**は**偶置換**, **奇置換**に対して, それぞれ 1, -1 である.

7・1 置換とは

§8で行列式を定義するための準備として, 置換について述べよう. 置換とは要するに並べ替えのことであるが, 集合や写像の概念が現れるので, 少々難しく感じるかもしれない. しかし, 本書の範囲で行列式の計算を行う分には, 置換そのものよりも §8や §9で扱う行列式の定義から導かれる性質の方が重要なので, それほど深入りはしない.

自然数 n を固定しておき, n 個の数 1, 2, $\cdots$, n を並べ替えることを考えよう. このような並べ替えを n **文字の置換**という. n 文字の置換が 1 つあたえられているとし，これを σ と表すことにする．σ により 1，2，$\cdots$，n が k_1，k_2，$\cdots$，k_n と並べ替えられるとき，

$$\sigma = \begin{pmatrix} 1 & 2 & \cdots & n \\ k_1 & k_2 & \cdots & k_n \end{pmatrix} \tag{7.1}$$

もしくは

$$\sigma(i) = k_i \quad (i = 1, 2, \cdots, n) \tag{7.2}$$

と書く．

例 7.1　**図 7.1** で表される並べ替えは 7 文字の置換を表し，これを σ とおくと，

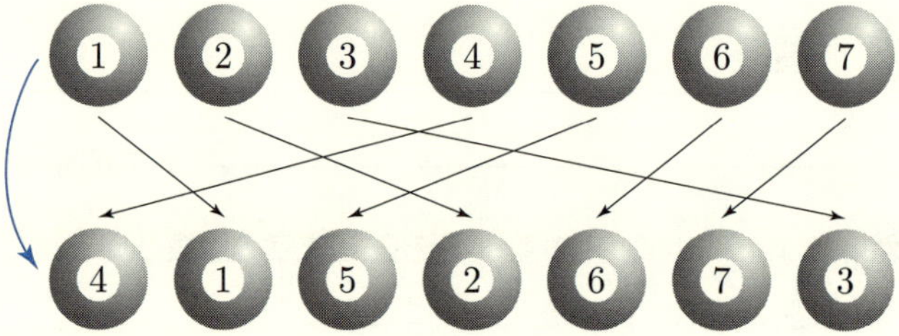

図 7.1　並べ替え

$$\sigma = \begin{pmatrix} 1 & 2 & 3 & 4 & 5 & 6 & 7 \\ 4 & 1 & 5 & 2 & 6 & 7 & 3 \end{pmatrix} \tag{7.3}$$

であり，また，

$$\sigma(1) = 4,\ \sigma(2) = 1,\ \sigma(3) = 5,\ \sigma(4) = 2,\ \sigma(5) = 6,\ \sigma(6) = 7,\ \sigma(7) = 3 \tag{7.4}$$

である．◆

σ を (7.1) で表される n 文字の置換とすると，置換の定義より，$i, j = 1, 2, \cdots, n$ に対して，$i \neq j$ ならば $k_i \neq k_j$ であるし，$k_i = k_j$ ならば $i = j$ であることに注意しよう．

また，置換に対して用いる記号 $\begin{pmatrix} 1 & 2 & \cdots & n \\ k_1 & k_2 & \cdots & k_n \end{pmatrix}$ は $2 \times n$ 行列を表

していることにも注意しよう．この記号を用いる際には，並べ替えた後の数字が並べ替える前の数字の真下に書いてさえあればよく，また，いくつかの数字が変わらないときは，変わらない部分を省略して書くこともある．

例 7.2　1，2，3，4 を 4，2，1，3 と並べ替える 4 文字の置換は

$$\begin{pmatrix} 1 & 2 & 3 & 4 \\ 4 & 2 & 1 & 3 \end{pmatrix} = \begin{pmatrix} 2 & 1 & 4 & 3 \\ 2 & 4 & 3 & 1 \end{pmatrix} = \begin{pmatrix} 1 & 4 & 3 \\ 4 & 3 & 1 \end{pmatrix} \tag{7.5}$$

などと表す．◆

7・2　恒等置換

各 $i = 1, 2, 3, \cdots, n$ が並べ替えで変わらないような n 文字の置換を**恒等置換**または**単位置換**といい，ε と書くことにする．すなわち，

$$\varepsilon = \begin{pmatrix} 1 & 2 & \cdots & n \\ 1 & 2 & \cdots & n \end{pmatrix} \tag{7.6}$$

である．

7・3　置換の積

σ および τ をともに n 文字の置換とすると，τ で並べ替えた後，σ で並べ替えるという置換を考えることができる．この置換を $\sigma\tau$ と書くことにすると，

$$(\sigma\tau)(i) = \sigma(\tau(i)) \quad (i = 1, 2, \cdots, n) \tag{7.7}$$

である（**図 7.2**）．$\sigma\tau$ を σ と τ の**積**という．置換の積は結合律をみたす．す

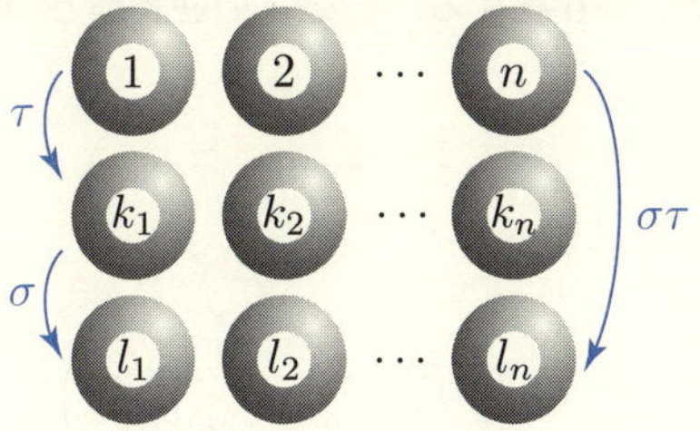

図 7.2　置換の積

なわち，σ，τ，ρ を n 文字の置換とすると，

$$(\sigma\tau)\rho = \sigma(\tau\rho) \tag{7.8}$$

が成り立つ．よって，$(\sigma\tau)\rho$ および $\sigma(\tau\rho)$ はともに $\sigma\tau\rho$ と書いても構わない．

例題 7.1　次の置換 σ，τ に対して，積 $\sigma\tau$ を求めよ．

$$\sigma = \begin{pmatrix} 1 & 2 & 3 & 4 \\ 4 & 2 & 1 & 3 \end{pmatrix}, \quad \tau = \begin{pmatrix} 1 & 2 & 3 & 4 \\ 3 & 4 & 2 & 1 \end{pmatrix} \tag{7.9}$$

□□□

解

$$(\sigma\tau)(1) = \sigma(\tau(1)) = \sigma(3) = 1, \quad (\sigma\tau)(2) = \sigma(\tau(2)) = \sigma(4) = 3, \tag{7.10}$$

$$(\sigma\tau)(3) = \sigma(\tau(3)) = \sigma(2) = 2, \quad (\sigma\tau)(4) = \sigma(\tau(4)) = \sigma(1) = 4. \tag{7.11}$$

よって，

$$\sigma\tau = \begin{pmatrix} 1 & 2 & 3 & 4 \\ 1 & 3 & 2 & 4 \end{pmatrix} = \begin{pmatrix} 2 & 3 \\ 3 & 2 \end{pmatrix}. \tag{7.12}$$

◇

7・4　逆置換

σ を n 文字の置換とする．並べ替えたものを逆にもとに戻すと何も変わらないので，

$$\sigma\tau = \tau\sigma = \varepsilon \tag{7.13}$$

となる n 文字の置換 τ が存在する．τ を σ の**逆置換**といい，σ^{-1} と書く．すなわち，

$$\sigma = \begin{pmatrix} 1 & 2 & \cdots & n \\ k_1 & k_2 & \cdots & k_n \end{pmatrix} \tag{7.14}$$

のとき，

$$\sigma^{-1} = \begin{pmatrix} k_1 & k_2 & \cdots & k_n \\ 1 & 2 & \cdots & n \end{pmatrix} \tag{7.15}$$

である（**図 7.3**）．

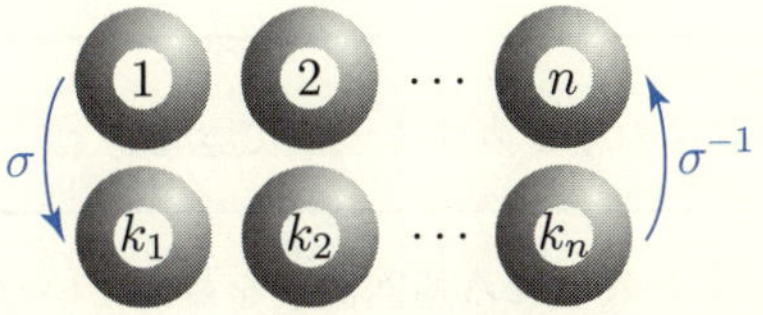

図 7.3　逆置換

7・5　巡回置換と互換

n 個の数 1, 2, $\cdots$, n の中から r 個の数 k_1, k_2, k_3, $\cdots$, k_r を選んでおき，これらを k_2, k_3, k_4, $\cdots$, k_r, k_1 と並べ替え，その他の数はまったく変えない n 文字の置換

$$\begin{pmatrix} k_1 & k_2 & \cdots & k_r \\ k_2 & k_3 & \cdots & k_1 \end{pmatrix} \tag{7.16}$$

を

$$\begin{pmatrix} k_1 & k_2 & \cdots & k_r \end{pmatrix} \tag{7.17}$$

と書き，**巡回置換**という（**図 7.4 左**）．このとき，次の定理 7.1 が成り立つ［⇨［佐武］p.44］．

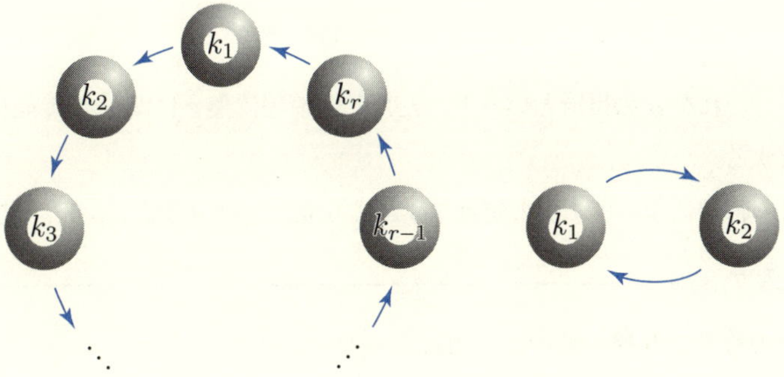

図 7.4　巡回置換と互換

定理 7.1

任意の置換は巡回置換の積で表すことができる．

さらに，$\begin{pmatrix} k_1 & k_2 \end{pmatrix}$ と表される巡回置換を**互換**という（**図 7.4 右**）．このとき，次の定理 7.2 が成り立つ．

定理 7.2

任意の置換はいくつかの互換の積で表すことができる．

証明　定理 7.1 を用いて置換を巡回置換の積で表しておくと，巡回置換に関して

$$\begin{pmatrix} k_1 & k_2 & \cdots & k_r \end{pmatrix} = \begin{pmatrix} k_1 & k_r \end{pmatrix}\begin{pmatrix} k_1 & k_{r-1} \end{pmatrix}\cdots\begin{pmatrix} k_1 & k_3 \end{pmatrix}\begin{pmatrix} k_1 & k_2 \end{pmatrix} \tag{7.18}$$

が成り立つ．実際，左辺については巡回置換の定義，右辺については互換の定義と置換の積の定義を用いると，両辺ともに同じ置換を表すことが確かめられる（✍）．　◇

7・6　置換の符号

置換 σ が m 個の互換の積で表されるとする．このとき，

$$\operatorname{sgn}\sigma = (-1)^m \tag{7.19}$$

とおき，これを σ の**符号**という[1]．ただし，恒等置換 ε に関しては $\operatorname{sgn}\varepsilon = 1$ と約束する．

置換の符号について，次の定理 7.3 が成り立つ［⇨［佐武］p.47，定理 1］．

定理 7.3

置換の符号は互換の積の表し方によらない．

---

1) sgn は「符号」を意味する英単語 “sign（サイン）” または “signature（シグネチャー）” を略したものである．

あたえられた置換の符号を求めるには，まずその置換がどのような巡回置換の積で表されるかを調べ，次に (7.18) のようにそれぞれの巡回置換を互換の積で表し，さらに現れた互換の個数を数えればよい．このとき，置換の互換の積による表し方はいろいろあるが，定理 7.3 より，符号はどの表し方を用いてもすべて一致し，1 つに定まる[2]．それでは，**図 7.1** のように表された置換の符号について具体的に考えてみよう．

例題 7.2 置換

$$\sigma = \begin{pmatrix} 1 & 2 & 3 & 4 & 5 & 6 & 7 \\ 4 & 1 & 5 & 2 & 6 & 7 & 3 \end{pmatrix} \tag{7.20}$$

の符号を求めよ．

解 σ の定義より

$$\sigma(1) = 4, \quad \sigma(4) = 2, \quad \sigma(2) = 1 \tag{7.21}$$

であるが，これを簡単に

$$1 \mapsto 4 \mapsto 2 \mapsto 1 \tag{7.22}$$

と書くことにする．同じように，

$$\sigma(3) = 5, \quad \sigma(5) = 6, \quad \sigma(6) = 7, \quad \sigma(7) = 3 \tag{7.23}$$

なので，

$$3 \mapsto 5 \mapsto 6 \mapsto 7 \mapsto 3 \tag{7.24}$$

である．よって，(7.18) より，

$$\begin{aligned} \sigma &= \begin{pmatrix} 3 & 5 & 6 & 7 \end{pmatrix} \begin{pmatrix} 1 & 4 & 2 \end{pmatrix} \\ &= \begin{pmatrix} 3 & 7 \end{pmatrix} \begin{pmatrix} 3 & 6 \end{pmatrix} \begin{pmatrix} 3 & 5 \end{pmatrix} \begin{pmatrix} 1 & 2 \end{pmatrix} \begin{pmatrix} 1 & 4 \end{pmatrix}. \end{aligned} \tag{7.25}$$

したがって，

2) すなわち，(7.19) の符号の定義は well-defined [⇨4・2] である．

$$\operatorname{sgn}\sigma = (-1)^5 = -1. \tag{7.26}$$

◇

置換の符号に関する基本的な性質を述べておこう.

定理 7.4

σ, τ を n 文字の置換とすると, 次の (1), (2) が成り立つ.

(1) $\operatorname{sgn}(\sigma\tau) = (\operatorname{sgn}\sigma)(\operatorname{sgn}\tau)$

(2) $\operatorname{sgn}(\sigma^{-1}) = \operatorname{sgn}\sigma$

証明　(1) σ, τ がそれぞれ l 個, m 個の互換の積で表されるとすると,

$$\operatorname{sgn}\sigma = (-1)^l, \qquad \operatorname{sgn}\tau = (-1)^m. \tag{7.27}$$

このとき, $\sigma\tau$ は $(l+m)$ 個の互換の積で表され,

$$\operatorname{sgn}(\sigma\tau) = (-1)^{l+m}. \tag{7.28}$$

一方, 指数法則より,

$$(-1)^{l+m} = (-1)^l \cdot (-1)^m \tag{7.29}$$

なので, (1) が成り立つ.

(2) まず,

$$1 = \operatorname{sgn}\varepsilon = \operatorname{sgn}(\sigma\sigma^{-1}) \overset{☺(1)}{=} (\operatorname{sgn}\sigma)(\operatorname{sgn}\sigma^{-1}). \tag{7.30}$$

$\operatorname{sgn}\sigma = \pm 1$ に注意すると,

$$\operatorname{sgn}(\sigma^{-1}) = (\operatorname{sgn}\sigma)^{-1} = \operatorname{sgn}\sigma \tag{7.31}$$

なので, (2) が成り立つ.　◇

7・7　偶置換と奇置換

置換 σ は $\operatorname{sgn}\sigma = 1$ のとき**偶置換**, $\operatorname{sgn}\sigma = -1$ のとき**奇置換**という. 置換は偶数個の互換の積で表されるとき, 符号が 1 となり, 奇数個の互換の積で表されるとき, 符号が -1 となることに注意しよう.

n 文字の置換全体の集合を S_n と表すことにする．n 個の互いに異なるものを並べ替える順列の総数は $n!$ であるから，S_n は $n!$ 個の元からなる．さらに，$n \geq 2$ のとき，S_n の中で偶置換および奇置換の個数はともに $\dfrac{n!}{2}$ であることがわかる（✍）．

例 7.3

$$S_1 = \{\varepsilon\} \tag{7.32}$$

では，$\operatorname{sgn}\varepsilon = 1$ なので，ε は偶置換である．

$$S_2 = \left\{\varepsilon,\ \begin{pmatrix} 1 & 2 \end{pmatrix}\right\} \tag{7.33}$$

では，ε は偶置換で，$\begin{pmatrix} 1 & 2 \end{pmatrix}$ は1個という奇数個の互換で表されるので，奇置換である．

$$S_3 = \left\{\varepsilon, \begin{pmatrix} 1 & 2 \end{pmatrix}, \begin{pmatrix} 1 & 3 \end{pmatrix}, \begin{pmatrix} 2 & 3 \end{pmatrix}, \begin{pmatrix} 1 & 2 & 3 \end{pmatrix}, \begin{pmatrix} 1 & 3 & 2 \end{pmatrix}\right\} \tag{7.34}$$

では，偶置換は

$$\varepsilon, \quad \begin{pmatrix} 1 & 2 & 3 \end{pmatrix}, \quad \begin{pmatrix} 1 & 3 & 2 \end{pmatrix}, \tag{7.35}$$

奇置換は

$$\begin{pmatrix} 1 & 2 \end{pmatrix}, \quad \begin{pmatrix} 1 & 3 \end{pmatrix}, \quad \begin{pmatrix} 2 & 3 \end{pmatrix} \tag{7.36}$$

である． ◆

§7の問題

確認問題

問 7.1 次の (1), (2) の置換 σ, τ に対して，積 $\sigma\tau$ および $\tau\sigma$ を求めよ．

(1) $\sigma = \begin{pmatrix} 1 & 2 & 3 \\ 3 & 1 & 2 \end{pmatrix}$, $\tau = \begin{pmatrix} 1 & 2 & 3 \\ 3 & 2 & 1 \end{pmatrix}$

(2) $\sigma = \begin{pmatrix} 1 & 2 & 3 & 4 \\ 4 & 1 & 2 & 3 \end{pmatrix}$, $\tau = \begin{pmatrix} 1 & 2 & 3 & 4 \\ 1 & 4 & 3 & 2 \end{pmatrix}$ □□□ [⇨ 7・3]

問 7.2　次の (1), (2) の置換 σ の符号を求めよ.

(1) $\sigma = \begin{pmatrix} 1 & 2 & 3 & 4 & 5 & 6 & 7 \\ 4 & 5 & 1 & 6 & 2 & 7 & 3 \end{pmatrix}$ (2) $\sigma = \begin{pmatrix} 1 & 2 & 3 & 4 & 5 & 6 & 7 \\ 7 & 4 & 1 & 5 & 2 & 6 & 3 \end{pmatrix}$

□□□ [⇨ 7・6]

基本問題

問 7.3　σ が n 文字の置換であることを $\sigma \in S_n$ と表す[3]. n 変数 x_1, x_2, $\cdots$, x_n の多項式 $f(x_1, x_2, \cdots, x_n)$ および $\sigma \in S_n$ に対して, 多項式 f_σ を

$$f_\sigma(x_1, x_2, \cdots, x_n) = f(x_{\sigma(1)}, x_{\sigma(2)}, \cdots, x_{\sigma(n)})$$

により定める. f および σ が次の (1)〜(3) によりあたえられるとき, f_σ を求めよ.

(1) $f(x_1, x_2, x_3) = x_1 + 2x_2 + 3x_3$, $\sigma = \varepsilon \in S_3$

(2) $f(x_1, x_2, x_3, x_4) = (x_1 - x_2)(x_3 - x_4)$, $\sigma = \begin{pmatrix} 1 & 2 & 3 & 4 \\ 4 & 2 & 1 & 3 \end{pmatrix} \in S_4$

(3) $f(x_1, x_2, x_3, x_4) = 1 + x_1 + x_2x_3 + x_4^3$, $\sigma = \begin{pmatrix} 1 & 4 & 2 \end{pmatrix} \in S_4$

□□□ [⇨ 7・7]

チャレンジ問題

問 7.4　数物系　r, s, n を $r + s \leq n$ をみたす自然数とする. k_1, k_2, $\cdots$, k_r, l_1, l_2, $\cdots$, l_s を n 以下の互いに異なる自然数とし, 巡回置換 σ, τ を

$$\sigma = \begin{pmatrix} k_1 & k_2 & \cdots & k_r \end{pmatrix}, \qquad \tau = \begin{pmatrix} l_1 & l_2 & \cdots & l_s \end{pmatrix}$$

により定める. このとき, σ と τ は可換, すなわち,

$$\sigma\tau = \tau\sigma$$

であることを示せ.

□□□ [⇨ 7・5]

---

3) 一般に, x が集合 X の元, すなわち, 構成要素であることを $x \in X$ と表す.

§8 行列式

§8のポイント

- 正方行列に対して，**行列式**という数を対応させることができる.
- **2次**および**3次**の正方行列の行列式は**サラスの方法**を用いて計算することができる.
- 行列式は**多重線形性**，**交代性**といった性質をもつ.
- 行列の積の行列式は行列式の積に等しい.

正方行列に対して，行列式という数を対応させることができる．行列式は正方行列，より一般的には第6章で詳しく述べるベクトル空間の線形変換を調べる上でとても重要なものである.

8・1 行列式の定義

行列式の定義を正確に述べる前に，まずはイメージをつかみやすくするために具体的な2次の正方行列の行列式がどのようにあたえられるのかを述べておこう.

例 8.1　2次の正方行列 $A = \begin{pmatrix} 1 & 2 \\ 3 & 4 \end{pmatrix}$ の行列式は

$$\det A, \qquad \begin{vmatrix} 1 & 2 \\ 3 & 4 \end{vmatrix} \tag{8.1}$$

などと書く[1]．また，A の行列式は

$$\det A = \begin{vmatrix} 1 & 2 \\ 3 & 4 \end{vmatrix} = 1 \cdot 4 - 2 \cdot 3 = 4 - 6 = -2 \tag{8.2}$$

のように計算する.　◆

1) det は「行列式」を意味する英単語 “determinant（デターミナント）” を略したものである.

それでは，一般の正方行列の行列式の定義について述べよう．S_n を n 文字の置換全体の集合［⇨ **7・7**］とし，σ が n 文字の置換であることを $\sigma \in S_n$ と表す［⇨ **問 7.3**］．このとき，n 次の正方行列 $A = (a_{ij})_{n\times n}$ に対して，

$$|A| = \sum_{\sigma \in S_n} (\operatorname{sgn}\sigma) a_{1\sigma(1)} a_{2\sigma(2)} \cdots a_{n\sigma(n)} \tag{8.3}$$

とおく．すなわち，$|A|$ はすべての n 文字の置換 σ について，

$$(\operatorname{sgn}\sigma) a_{1\sigma(1)} a_{2\sigma(2)} \cdots a_{n\sigma(n)} \tag{8.4}$$

を足したものである．$|A|$ を A の**行列式**という．$|A|$ は

$$\det A,\ \det \begin{pmatrix} a_{11} & a_{12} & \cdots & a_{1n} \\ a_{21} & a_{22} & \cdots & a_{2n} \\ \vdots & \vdots & \ddots & \vdots \\ a_{n1} & a_{n2} & \cdots & a_{nn} \end{pmatrix},\ |a_{ij}|,\ \begin{vmatrix} a_{11} & a_{12} & \cdots & a_{1n} \\ a_{21} & a_{22} & \cdots & a_{2n} \\ \vdots & \vdots & \ddots & \vdots \\ a_{n1} & a_{n2} & \cdots & a_{nn} \end{vmatrix} \tag{8.5}$$

なども書く．絶対値の記号と間違える恐れのあるときは，$|\quad|$ 以外の記号を用いた方がよい．

例 8.2　例 7.3 で 3 文字までの置換は具体的にわかっているので，3 次までの正方行列の行列式を定義式 (8.3) にしたがって計算してみよう．

まず，

$$S_1 = \{\varepsilon\} \tag{8.6}$$

に注意すると，1 次の正方行列の行列式は

$$|a_{11}| = (\operatorname{sgn}\varepsilon) a_{11} = a_{11}. \tag{8.7}$$

次に，

$$S_2 = \left\{\varepsilon, \begin{pmatrix} 1 & 2 \end{pmatrix}\right\} \tag{8.8}$$

に注意すると，2 次の正方行列の行列式は

$$\begin{vmatrix} a_{11} & a_{12} \\ a_{21} & a_{22} \end{vmatrix} = (\operatorname{sgn}\varepsilon) a_{11} a_{22} + \operatorname{sgn} \begin{pmatrix} 1 & 2 \end{pmatrix} a_{12} a_{21} = a_{11} a_{22} - a_{12} a_{21}. \tag{8.9}$$

ここで，もう一度 (8.2) の計算を振り返ってみるとよい．

さらに，

$$S_3 = \{\varepsilon, (\,1\quad 2\,), (\,1\quad 3\,), (\,2\quad 3\,), (\,1\quad 2\quad 3\,), (\,1\quad 3\quad 2\,)\} \tag{8.10}$$

に注意すると，3 次の正方行列の行列式は

$$\begin{aligned}
\begin{vmatrix} a_{11} & a_{12} & a_{13} \\ a_{21} & a_{22} & a_{23} \\ a_{31} & a_{32} & a_{33} \end{vmatrix} &= (\operatorname{sgn}\varepsilon)a_{11}a_{22}a_{33} + \operatorname{sgn}(\,1\quad 2\,)\,a_{12}a_{21}a_{33} \\
&\quad + \operatorname{sgn}(\,1\quad 3\,)\,a_{13}a_{22}a_{31} + \operatorname{sgn}(\,2\quad 3\,)\,a_{11}a_{23}a_{32} \\
&\quad + \operatorname{sgn}(\,1\quad 2\quad 3\,)\,a_{12}a_{23}a_{31} \\
&\quad + \operatorname{sgn}(\,1\quad 3\quad 2\,)\,a_{13}a_{21}a_{32} \\
&= a_{11}a_{22}a_{33} - a_{12}a_{21}a_{33} - a_{13}a_{22}a_{31} \\
&\quad - a_{11}a_{23}a_{32} + a_{12}a_{23}a_{31} + a_{13}a_{21}a_{32} \\
&= a_{11}a_{22}a_{33} + a_{12}a_{23}a_{31} + a_{13}a_{21}a_{32} \\
&\quad - a_{13}a_{22}a_{31} - a_{12}a_{21}a_{33} - a_{11}a_{23}a_{32}.
\end{aligned} \tag{8.11}$$

2 次および 3 次の正方行列の行列式は成分を右下がりに選んで掛けるときは + を，左下がりに選んで掛けるときは − をそれぞれつけることにより得られると覚えればよい．これを**サラスの方法**あるいは**たすき掛けの方法**という．4 次以上の正方行列の行列式については，この計算方法は一般には正しくないので注意が必要である（**図 8.1**）． ◆

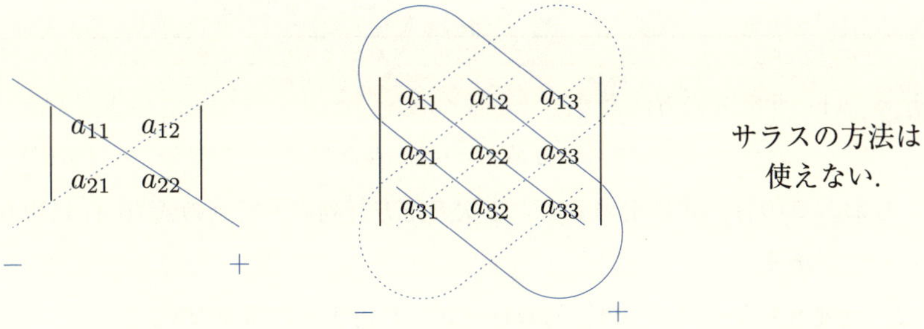

2 次の場合　　3 次の場合　　4 次以上の場合

図 8.1　サラスの方法

8・2　基本的な性質

以下にあげる定理の証明のいくつかについては§7で扱った置換の性質を用いる必要があるが，少々込み入った話になるため厳密な証明は行わないことにする［⇨［佐武］II §2］．しかし，定理自身は行列式の計算を行う上でとても重要な役割を果たすので，しっかり押さえておこう．

まず，行列式の定義式 (8.3) より，次の定理 8.1 を示すことができる．

定理 8.1

$$\begin{vmatrix} a_{11} & a_{12} & \cdots & a_{1n} \\ 0 & a_{22} & \cdots & a_{2n} \\ \vdots & \vdots & \ddots & \vdots \\ 0 & a_{n2} & \cdots & a_{nn} \end{vmatrix} = a_{11} \begin{vmatrix} a_{22} & \cdots & a_{2n} \\ \vdots & \ddots & \vdots \\ a_{n2} & \cdots & a_{nn} \end{vmatrix}$$

とくに，上三角行列［⇨(1.10)］の行列式は対角成分の積である．さらに，単位行列の行列式は 1 である．

例題 8.1　次の（1），(2）の行列式を計算せよ．

(1) $\begin{vmatrix} a & b \\ c & d \end{vmatrix}$　(2) $\begin{vmatrix} 1 & a & b \\ 0 & 2 & c \\ 0 & 0 & 3 \end{vmatrix}$　□□□

解　(1）サラスの方法より，

$$(\text{与式}) = ad - bc. \tag{8.12}$$

なお，この行列式は定理 6.1 で 2 次の正方行列の逆行列の式 (6.4) に現れたものである．

(2）定理 8.1 より，上三角行列の行列式は対角成分の積なので，

$$(\text{与式}) = 1 \cdot 2 \cdot 3 = 6. \tag{8.13}$$

◇

さらに，行列式の基本的な性質をあげていこう．

定理 8.2

次の (1)～(3) が成り立つ．ただし，$\boldsymbol{a}_1$，$\boldsymbol{a}_2$，$\cdots$，$\boldsymbol{a}_n$，$\boldsymbol{b}$，$\boldsymbol{c}$ は n 次の列ベクトル，c はスカラーとする．

(1)
$$\begin{aligned}&\left|\, \boldsymbol{a}_1 \ \cdots \ \boldsymbol{a}_{j-1} \ \ \boldsymbol{b}+\boldsymbol{c} \ \ \boldsymbol{a}_{j+1} \ \cdots \ \boldsymbol{a}_n \,\right| \\ &\quad = \left|\, \boldsymbol{a}_1 \ \cdots \ \boldsymbol{a}_{j-1} \ \ \boldsymbol{b} \ \ \boldsymbol{a}_{j+1} \ \cdots \ \boldsymbol{a}_n \,\right| \\ &\qquad + \left|\, \boldsymbol{a}_1 \ \cdots \ \boldsymbol{a}_{j-1} \ \ \boldsymbol{c} \ \ \boldsymbol{a}_{j+1} \ \cdots \ \boldsymbol{a}_n \,\right| \end{aligned} \tag{8.14}$$

すなわち，第 j 列が 2 つの列ベクトルの和となる正方行列の行列式は，他の列は同じで第 j 列をそれぞれの列ベクトルに置き換えた正方行列の行列式の和に等しい．

(2)
$$\left|\, \boldsymbol{a}_1 \ \cdots \ \boldsymbol{a}_{j-1} \ \ c\boldsymbol{a}_j \ \ \boldsymbol{a}_{j+1} \ \cdots \ \boldsymbol{a}_n \,\right| = c \left|\, \boldsymbol{a}_1 \ \ \boldsymbol{a}_2 \ \cdots \ \boldsymbol{a}_n \,\right| \tag{8.15}$$

すなわち，正方行列の行列式は 1 つの列を c 倍すると c 倍になる．

(3) $i < j$ とすると，

$$\begin{aligned}&\left|\, \boldsymbol{a}_1 \ \cdots \ \boldsymbol{a}_{i-1} \ \ \boldsymbol{b} \ \ \boldsymbol{a}_{i+1} \ \cdots \ \boldsymbol{a}_{j-1} \ \ \boldsymbol{c} \ \ \boldsymbol{a}_{j+1} \ \cdots \ \boldsymbol{a}_n \,\right| \\ &= -\left|\, \boldsymbol{a}_1 \ \cdots \ \boldsymbol{a}_{i-1} \ \ \boldsymbol{c} \ \ \boldsymbol{a}_{i+1} \ \cdots \ \boldsymbol{a}_{j-1} \ \ \boldsymbol{b} \ \ \boldsymbol{a}_{j+1} \ \cdots \ \boldsymbol{a}_n \,\right| \end{aligned} \tag{8.16}$$

すなわち，正方行列の行列式は 2 つの列を入れ替えると符号が変わる．とくに，2 つの列が等しい正方行列の行列式は 0 である．

注意 8.1 定理 8.2 の (1)，(2) の性質を**多重線形性**，(3) の性質を**交代性**という．実は，行列式はこれらの性質と単位行列の行列式が 1 であることによって特徴づけられることがわかる．すなわち，正方行列から数への対応で，多重線形性と交代性が成り立ち，単位行列の値が 1 となるものは行列式に限る．

行列式は転置をとっても変わらない．

定理 8.3

A を正方行列とすると，$|{}^tA| = |A|$.

定理 8.1 と定理 8.3 より，ただちに次の定理 8.4 が成り立つ．

定理 8.4

下三角行列［⇨(1.11)］の行列式は対角成分の積である．

また，定理 8.3 より，列について成り立っていた定理 8.2 の行列式の多重線形性と交代性は行についても成り立つ．

定理 8.5

次の (1)～(3) が成り立つ．

(1) 第 i 行が 2 つの行ベクトルの和となる正方行列の行列式は，他の行は同じで第 i 行をそれぞれの行ベクトルに置き換えた正方行列の行列式の和に等しい．

(2) 正方行列の行列式は 1 つの行を c 倍すると c 倍になる．

(3) 正方行列の行列式は 2 つの行を入れ替えると符号が変わる．とくに，2 つの行が等しい正方行列の行列式は 0 である．

定理 8.2 と定理 8.5 より，次の定理 8.6 が成り立つ（✍）．

定理 8.6

$\boldsymbol{a}_1$，$\boldsymbol{a}_2$，$\cdots$，$\boldsymbol{a}_n$ を n 次の列ベクトル，c をスカラーとすると，$i \neq j$ のとき，

$$\begin{vmatrix} \boldsymbol{a}_1 & \cdots & \boldsymbol{a}_{i-1} & \boldsymbol{a}_i + c\boldsymbol{a}_j & \boldsymbol{a}_{i+1} & \cdots & \boldsymbol{a}_n \end{vmatrix} = \begin{vmatrix} \boldsymbol{a}_1 & \boldsymbol{a}_2 & \cdots & \boldsymbol{a}_n \end{vmatrix}. \tag{8.17}$$

すなわち，1 つの列に他の列の何倍かを加えても，行列式は変わらない．また，1 つの行に他の行の何倍かを加えても，行列式は変わらない．

行列式の定義式 (8.3) を用いると，定理 8.1 の一般化として，次の定理 8.7 を示すことができる．

定理 8.7

A を m 次の正方行列，B を $m \times n$ 行列，C を $n \times m$ 行列，D を n 次の正方行列とすると，

$$\begin{vmatrix} A & B \\ O & D \end{vmatrix} = \begin{vmatrix} A & O \\ C & D \end{vmatrix} = |A||D|. \tag{8.18}$$

例 8.3 A，B を n 次の正方行列とすると，

$$\begin{aligned} \begin{vmatrix} A & B \\ B & A \end{vmatrix} &= \begin{vmatrix} A+B & B+A \\ B & A \end{vmatrix} \quad \left(\begin{array}{l} \because \text{第 } 1 \text{ 行} + \text{第 } (n+1) \text{ 行}, \\ \quad \text{第 } 2 \text{ 行} + \text{第 } (n+2) \text{ 行}, \cdots, \\ \quad \text{第 } n \text{ 行} + \text{第 } (n+n) \text{ 行} \end{array} \right) \\ &= \begin{vmatrix} A+B & O \\ B & A-B \end{vmatrix} \quad \left(\begin{array}{l} \because \text{第 } (n+1) \text{ 列} - \text{第 } 1 \text{ 列}, \\ \quad \text{第 } (n+2) \text{ 列} - \text{第 } 2 \text{ 列}, \cdots, \\ \quad \text{第 } (n+n) \text{ 列} - \text{第 } n \text{ 列} \end{array} \right) \\ &\overset{\because \text{定理 } 8.7}{=} |A+B||A-B|. \end{aligned} \tag{8.19}$$

◆

定理 8.7 から導かれる次の定理 8.8 も重要である．

定理 8.8

A，B を n 次の正方行列とすると，

$$|AB| = |BA| = |A||B|. \tag{8.20}$$

証明 定理 8.7 において $C = -E$，$D = B$ とおくと，

$$\begin{vmatrix} A & O \\ -E & B \end{vmatrix} = |A||B|. \tag{8.21}$$

A を

$$A = \begin{pmatrix} \boldsymbol{a}_1 & \boldsymbol{a}_2 & \cdots & \boldsymbol{a}_n \end{pmatrix} \tag{8.22}$$

と列ベクトル $\boldsymbol{a}_1$, $\boldsymbol{a}_2$, $\cdots$, $\boldsymbol{a}_n$ に分割しておき，$B=(b_{jk})_{n\times n}$ とおく．行列の積の定義 (2.11) より，列ベクトル

$$b_{1k}\boldsymbol{a}_1+b_{2k}\boldsymbol{a}_2+\cdots+b_{nk}\boldsymbol{a}_n \tag{8.23}$$

の第 i 行は AB の (i,k) 成分であることに注意すると，

$$\begin{aligned}
\begin{vmatrix} A & O \\ -E & B \end{vmatrix} &= \begin{vmatrix} A & O+AB \\ -E & B+(-E)B \end{vmatrix} \quad \left(\begin{array}{l} \because \text{第}\,(n+k)\,\text{列}+\text{第}\,j\,\text{列} \\ \times b_{jk}\ (j,k=1,2,\cdots,n) \end{array}\right) \\
&= \begin{vmatrix} A & AB \\ -E & O \end{vmatrix} = (-1)^n \begin{vmatrix} -E & O \\ A & AB \end{vmatrix} \quad \left(\begin{array}{l} \because \text{第}\,i\,\text{行と第}\,(n+i)\,\text{行の入} \\ \text{れ替え}\ (i=1,2,\cdots,n) \end{array}\right) \\
&\overset{\because \text{定理 8.7}}{=} (-1)^n|-E||AB| \overset{\because \text{定理 8.1}}{=} (-1)^n(-1)^n|AB| = |AB|.
\end{aligned} \tag{8.24}$$

(8.21) と (8.24) より，

$$|AB|=|A||B|. \tag{8.25}$$

同様に，

$$|BA|=|B||A|. \tag{8.26}$$

$|A||B|=|B||A|$ なので，(8.20) が成り立つ． ◇

§8の問題

確認問題

問 8.1　次の (1)～(3) の行列式を計算せよ．

(1) $\begin{vmatrix} \cos\theta & -\sin\theta \\ \sin\theta & \cos\theta \end{vmatrix}$　(2) $\begin{vmatrix} a & 1 & 1 \\ 1 & a & 1 \\ 1 & 1 & a \end{vmatrix}$　(3) $\begin{vmatrix} 1 & a & b & c \\ 0 & 2 & d & e \\ 0 & 0 & 3 & f \\ 0 & 0 & 0 & 4 \end{vmatrix}$

□□□ [⇨ 8・2]

基本問題

問 8.2　行列式

$$\begin{vmatrix} a & 1 & 1 & 1 \\ 1 & a & 1 & 1 \\ 1 & 1 & a & 1 \\ 1 & 1 & 1 & a \end{vmatrix}$$

の値が 0 となるような a の値を求めよ.　□□□ [⇨ 8・2]

問 8.3　交代行列について，次の問に答えよ.

(1) 交代行列の定義を書け.

(2) 奇数次の交代行列の行列式は 0 であることを示せ.

□□□ [⇨ 8・2]

問 8.4　次の問に答えよ.

(1) 正方行列が正則であることの定義を書け.

(2) A を n 次の正方行列，P を n 次の正則行列とすると，等式

$$|P^{-1}AP| = |A|$$

が成り立つことを示せ.　□□□ [⇨ 8・2]

問 8.5　A を正則行列とすると，

$$|A| \neq 0, \qquad |A^{-1}| = |A|^{-1}$$

が成り立つことを示せ.　□□□ [⇨ 8・2]

問 8.6　べき零行列について，次の問に答えよ.

(1) べき零行列の定義を書け.

(2) べき零行列の行列式は 0 であることを示せ.　□□□ [⇨ 8・2]

問 8.7　正方行列 A が

$$A\,{}^tA = {}^tAA = E$$

をみたすとき，すなわち，$A^{-1} = {}^tA$ となるとき，A を**直交行列**という．直交行列の行列式は 1 または -1 であることを示せ．　□□□ [⇨ 8・2]

チャレンジ問題

問 8.8　数物系　$i, j = 1, 2, \cdots, n$ に対して，$a_{ij}(x)$ を x について微分可能な関数とし，(i, j) 成分を $a_{ij}(x)$ とする関数が成分の正方行列を $A(x)$ とおく．このとき，$A(x)$ の行列式 $\det A(x)$ を

$$\det A(x) = \sum_{\sigma \in S_n} (\operatorname{sgn} \sigma) a_{1\sigma(1)}(x) a_{2\sigma(2)}(x) \cdots a_{n\sigma(n)}(x)$$

により定める．第 i 行を $a_{ij}(x)$ とする関数が成分の列ベクトルを $\boldsymbol{a}_j(x)$，第 i 行を $\dfrac{d}{dx} a_{ij}(x)$ とする関数が成分の列ベクトルを $\boldsymbol{a}'_j(x)$ とおく．$A(x)$ の第 j 列のみを $\boldsymbol{a}'_j(x)$ に置き換えた行列を $B_j(x)$ とおくと，上と同様に $B_j(x)$ の行列式 $\det B_j(x)$ を定めることができる．

　このとき，

$$\frac{d}{dx} \det A(x) = \sum_{j=1}^{n} \det B_j(x)$$

が成り立つことを示せ．　□□□ [⇨ 8・1]

§9 余因子展開

§9のポイント

- 2次以上の正方行列の行列式は**余因子展開**をすることができる.
- 正則行列の逆行列は**余因子行列**を行列式で割ったものに等しい.
- 正方行列が正則となるのは行列式が0でないときに限る.
- 係数行列が正則行列となる連立1次方程式は**クラメルの公式**を用いても解くことができる.

実際に行列式を計算する際には，§8で述べた行列式の性質に加え，ここで述べる余因子展開を用いることが多い.

9・1 余因子

まずは，余因子展開の余因子について述べよう.

定義 9.1

n を2以上の自然数，$A = (a_{ij})_{n\times n}$ を n 次の正方行列とする．A の第 i 行と第 j 列を取り除いて得られる $(n-1)$ 次の正方行列の行列式に $(-1)^{i+j}$ を掛けたものを A の (i, j) **余因子**といい，a_{ij} にティルダ ~ という記号をつけて $\tilde{a}_{ij}$ と書く.

$$\tilde{a}_{ij} = (-1)^{i+j} \begin{vmatrix} a_{11} & \cdots & a_{1j} & \cdots & a_{1n} \\ \vdots & \ddots & \vdots & \ddots & \vdots \\ a_{i1} & \cdots & a_{ij} & \cdots & a_{in} \\ \vdots & \ddots & \vdots & \ddots & \vdots \\ a_{n1} & \cdots & a_{nj} & \cdots & a_{nn} \end{vmatrix}$$

（網掛け部分）を除く

図 9.1　(i, j) 余因子

$$\begin{array}{c|cccc} & j=1 & j=2 & j=3 & \cdots \\ i=1 & + & - & + & \cdots \\ i=2 & - & + & - & \cdots \\ i=3 & + & - & + & \cdots \\ \vdots & \vdots & \vdots & \vdots & \ddots \end{array}$$

図 9.2　$(-1)^{i+j}$ の符号

例 9.1　3次の正方行列 $A = \begin{pmatrix} a_{11} & a_{12} & a_{13} \\ a_{21} & a_{22} & a_{23} \\ a_{31} & a_{32} & a_{33} \end{pmatrix}$ を考える.

$(1,1)$ 余因子は

$$\tilde{a}_{11} = (-1)^{1+1} \begin{vmatrix} a_{22} & a_{23} \\ a_{32} & a_{33} \end{vmatrix} = a_{22}a_{33} - a_{23}a_{32}. \tag{9.1}$$

$(1,2)$ 余因子は

$$\tilde{a}_{12} = (-1)^{1+2} \begin{vmatrix} a_{21} & a_{23} \\ a_{31} & a_{33} \end{vmatrix} = -a_{21}a_{33} + a_{23}a_{31}. \tag{9.2}$$

$(2,2)$ 余因子は

$$\tilde{a}_{22} = (-1)^{2+2} \begin{vmatrix} a_{11} & a_{13} \\ a_{31} & a_{33} \end{vmatrix} = a_{11}a_{33} - a_{13}a_{31}. \tag{9.3}$$

例えば, $A = \begin{pmatrix} 1 & 2 & 3 \\ 4 & 5 & 6 \\ 7 & 8 & 9 \end{pmatrix}$ のとき,

$$\tilde{a}_{11} = (-1)^{1+1} \begin{vmatrix} 5 & 6 \\ 8 & 9 \end{vmatrix} = 5 \cdot 9 - 6 \cdot 8 = -3, \tag{9.4}$$

$$\tilde{a}_{12} = (-1)^{1+2} \begin{vmatrix} 4 & 6 \\ 7 & 9 \end{vmatrix} = -(4 \cdot 9 - 6 \cdot 7) = 6, \tag{9.5}$$

$$\tilde{a}_{22} = (-1)^{2+2} \begin{vmatrix} 1 & 3 \\ 7 & 9 \end{vmatrix} = 1 \cdot 9 - 3 \cdot 7 = -12. \tag{9.6}$$

◆

9・2 余因子展開

以下ではとくに断らなくとも，余因子を考える正方行列は 2 次以上であるとする．

行列式の計算は次の余因子展開を用いて，よりサイズの小さい正方行列の行列式の計算に帰着させることができる．なお，余因子展開は**ラプラス展開**ともいう．

定理 9.1（余因子展開）

$A = (a_{ij})_{n\times n}$ を n 次の正方行列とすると，次の (1), (2) が成り立つ．

(1) $i = 1, 2, \cdots, n$ とすると，

$$|A| = a_{i1}\tilde{a}_{i1} + a_{i2}\tilde{a}_{i2} + \cdots + a_{in}\tilde{a}_{in}$$
（**第 i 行に関する余因子展開**）．　(9.7)

(2) $j = 1, 2, \cdots, n$ とすると，

$$|A| = a_{1j}\tilde{a}_{1j} + a_{2j}\tilde{a}_{2j} + \cdots + a_{nj}\tilde{a}_{nj}$$
（**第 j 列に関する余因子展開**）．　(9.8)

証明　定理 8.3 より，(1) のみを示せば十分である．

まず，定理 8.5 の (1) の行に関する多重線形性より，

$$|A| = \begin{vmatrix} a_{11} & a_{12} & \cdots & a_{1n} \\ \vdots & \vdots & \ddots & \vdots \\ a_{i1} & 0 & \cdots & 0 \\ \vdots & \vdots & \ddots & \vdots \\ a_{n1} & a_{n2} & \cdots & a_{nn} \end{vmatrix} + \begin{vmatrix} a_{11} & a_{12} & \cdots & a_{1n} \\ \vdots & \vdots & \ddots & \vdots \\ 0 & a_{i2} & \cdots & 0 \\ \vdots & \vdots & \ddots & \vdots \\ a_{n1} & a_{n2} & \cdots & a_{nn} \end{vmatrix} + \cdots$$

$$
\cdots + \begin{vmatrix} a_{11} & a_{12} & \cdots & a_{1n} \\ \vdots & \vdots & \ddots & \vdots \\ 0 & 0 & \cdots & a_{in} \\ \vdots & \vdots & \ddots & \vdots \\ a_{n1} & a_{n2} & \cdots & a_{nn} \end{vmatrix}. \tag{9.9}
$$

ここで，A の第 i 行と第 j 列を取り除いて得られる $(n-1)$ 次の正方行列を A_{ij} とおき，(9.9) の右辺の第 j 項を計算すると，

$$
\begin{vmatrix} a_{11} & \cdots & a_{1j} & \cdots & a_{1n} \\ \vdots & \ddots & \vdots & \ddots & \vdots \\ 0 & \cdots & a_{ij} & \cdots & 0 \\ \vdots & \ddots & \vdots & \ddots & \vdots \\ a_{n1} & \cdots & a_{nj} & \cdots & a_{nn} \end{vmatrix} = (-1)^{i-1} \begin{vmatrix} 0 & \cdots & a_{ij} & \cdots & 0 \\ a_{11} & \cdots & a_{1j} & \cdots & a_{1n} \\ \vdots & \ddots & \vdots & \ddots & \vdots \\ a_{n1} & \cdots & a_{nj} & \cdots & a_{nn} \end{vmatrix}
$$

（∵ 順に，第 i 行と第 $(i-1)$ 行の入れ替え，第 $(i-1)$ 行と第 $(i-2)$ 行の入れ替え，$\cdots$，第 2 行と第 1 行の入れ替え，と変形）

$$
= (-1)^{i-1}(-1)^{j-1} \left| \begin{array}{c|c} a_{ij} & \mathbf{0} \\ \hline a_{1j} & \\ \vdots & A_{ij} \\ a_{nj} & \end{array} \right|
$$

（∵ 順に，第 j 列と第 $(j-1)$ 列の入れ替え，第 $(j-1)$ 列と第 $(j-2)$ 列の入れ替え，$\cdots$，第 2 列と第 1 列の入れ替え，と変形）

$$
\overset{\because\ \text{定理 8.7}}{=} (-1)^{i+j} a_{ij} |A_{ij}| \overset{\because\ \text{余因子の定義}}{=} a_{ij}\tilde{a}_{ij}. \tag{9.10}
$$

よって，(1) が成り立つ．　◇

例題 9.1　第 1 行に関する余因子展開を用いて，行列式 $\begin{vmatrix} a_{11} & a_{12} \\ a_{21} & a_{22} \end{vmatrix}$ を計算せよ．

□□□

解

$$
\begin{aligned}
(\text{与式}) &= a_{11}\tilde{a}_{11} + a_{12}\tilde{a}_{12} = a_{11} \cdot (-1)^{1+1}|a_{22}| + a_{12} \cdot (-1)^{1+2}|a_{21}| \\
&= a_{11}a_{22} - a_{12}a_{21}. \qquad (9.11)
\end{aligned}
$$

補定　上の計算がサラスの方法による結果 (8.9) と一致していることを確認してほしい. ◇

例 9.2　第 2 列に関する余因子展開を用いると,

$$
\begin{aligned}
&\begin{vmatrix} a_{11} & a_{12} & a_{13} \\ a_{21} & a_{22} & a_{23} \\ a_{31} & a_{32} & a_{33} \end{vmatrix} \\
&= a_{12}\tilde{a}_{12} + a_{22}\tilde{a}_{22} + a_{32}\tilde{a}_{32} \\
&= a_{12} \cdot (-1)^{1+2} \begin{vmatrix} a_{21} & a_{23} \\ a_{31} & a_{33} \end{vmatrix} \\
&\qquad + a_{22} \cdot (-1)^{2+2} \begin{vmatrix} a_{11} & a_{13} \\ a_{31} & a_{33} \end{vmatrix} + a_{32} \cdot (-1)^{3+2} \begin{vmatrix} a_{11} & a_{13} \\ a_{21} & a_{23} \end{vmatrix} \\
&= -a_{12}(a_{21}a_{33} - a_{23}a_{31}) + a_{22}(a_{11}a_{33} - a_{13}a_{31}) - a_{32}(a_{11}a_{23} - a_{13}a_{21}) \\
&= a_{11}a_{22}a_{33} + a_{12}a_{23}a_{31} + a_{13}a_{21}a_{32} \\
&\qquad - a_{13}a_{22}a_{31} - a_{12}a_{21}a_{33} - a_{11}a_{23}a_{32}. \qquad (9.12)
\end{aligned}
$$

上の計算がサラスの方法による結果 (8.11) と一致していることを確認してほしい. ◆

9・3　余因子行列

n 次の正方行列 $A = (a_{ij})_{n \times n}$ に対して, (i,j) 成分が A の (j,i) 余因子の n 次の正方行列を A の**余因子行列**といい, $\tilde{A}$ と書く. 余因子の添え字の順序が (i,j) ではなく (j,i) であることに注意しよう.

例 9.3　3 次の正方行列 $A = \begin{pmatrix} a_{11} & a_{12} & a_{13} \\ a_{21} & a_{22} & a_{23} \\ a_{31} & a_{32} & a_{33} \end{pmatrix}$ を考える. このとき,

A の余因子行列 $\tilde{A}$ は

$$\tilde{A} = \begin{pmatrix} \tilde{a}_{11} & \tilde{a}_{21} & \tilde{a}_{31} \\ \tilde{a}_{12} & \tilde{a}_{22} & \tilde{a}_{32} \\ \tilde{a}_{13} & \tilde{a}_{23} & \tilde{a}_{33} \end{pmatrix} \tag{9.13}$$

である．◆

余因子展開を用いると，次の定理 9.2 を示すことができる［⇨［佐武］p.64, 定理 6］．

定理 9.2

A を n 次の正方行列とすると，

$$A\tilde{A} = \tilde{A}A = |A|E. \tag{9.14}$$

とくに，$|A| \neq 0$ ならば，A は正則で，

$$A^{-1} = \frac{1}{|A|}\tilde{A}. \tag{9.15}$$

問 8.5 より，正則行列の行列式は 0 ではないから，定理 9.2 とあわせると，次の定理 9.3 が成り立つ．

定理 9.3

正方行列について,「正則であること」と「行列式が 0 でないこと」は同値である．

注意 9.1　定理 9.2 を用いることにより，定理 6.3 を示すことができる．

定理 9.2 を用いて，2 次の正方行列の逆行列を求めてみよう［⇨**定理 6.1**］．

例 9.4　$A = \begin{pmatrix} a & b \\ c & d \end{pmatrix}$ とおくと，

$$\tilde{A} = \begin{pmatrix} \tilde{a}_{11} & \tilde{a}_{21} \\ \tilde{a}_{12} & \tilde{a}_{22} \end{pmatrix} = \begin{pmatrix} d & -b \\ -c & a \end{pmatrix} \tag{9.16}$$

である．また，

$$|A| = ad - bc \tag{9.17}$$

なので，定理 9.2 より，$ad - bc \neq 0$ のとき，A は正則で，

$$A^{-1} = \frac{1}{|A|}\tilde{A} = \frac{1}{ad - bc}\begin{pmatrix} d & -b \\ -c & a \end{pmatrix}. \tag{9.18}$$

◆

9・4　クラメルの公式

係数行列が正則行列となる連立 1 次方程式は，次のクラメルの公式を用いても解くことができる．

定理 9.4（クラメルの公式）

A を n 次の正則行列，$\boldsymbol{a}_i$ を A の第 i 列，$\boldsymbol{b}$ を n 次の列ベクトルとすると，連立 1 次方程式 $A\boldsymbol{x} = \boldsymbol{b}$ の解は

$$\boldsymbol{x} = \begin{pmatrix} x_1 \\ x_2 \\ \vdots \\ x_n \end{pmatrix}, \quad x_i = \frac{\begin{vmatrix} \boldsymbol{a}_1 & \cdots & \boldsymbol{a}_{i-1} & \boldsymbol{b} & \boldsymbol{a}_{i+1} & \cdots & \boldsymbol{a}_n \end{vmatrix}}{|A|}$$

$$(i = 1, 2, \cdots, n). \tag{9.19}$$

証明　仮定より，A は正則なので，定理 6.4 より，連立 1 次方程式 $A\boldsymbol{x} = \boldsymbol{b}$ の解は一意的に定まり，また，定理 9.3 より，$|A| \neq 0$ であることに注意する．

$\boldsymbol{x} = \begin{pmatrix} x_1 \\ x_2 \\ \vdots \\ x_n \end{pmatrix}$ を連立 1 次方程式 $A\boldsymbol{x} = \boldsymbol{b}$ の解とすると，$i = 1, 2, \cdots, n$ のとき，

$$\begin{vmatrix} \boldsymbol{a}_1 & \cdots & \boldsymbol{a}_{i-1} & \boldsymbol{b} & \boldsymbol{a}_{i+1} & \cdots & \boldsymbol{a}_n \end{vmatrix}$$

$$= \left| \begin{matrix} \boldsymbol{a}_1 & \cdots & \boldsymbol{a}_{i-1} & A\boldsymbol{x} & \boldsymbol{a}_{i+1} & \cdots & \boldsymbol{a}_n \end{matrix} \right|$$
$$= \left| \begin{matrix} \boldsymbol{a}_1 & \cdots & \boldsymbol{a}_{i-1} & x_1\boldsymbol{a}_1 + \cdots + x_n\boldsymbol{a}_n & \boldsymbol{a}_{i+1} & \cdots & \boldsymbol{a}_n \end{matrix} \right|$$

∵ 定理 8.2 (1), (2)
$$= x_1 \left| \begin{matrix} \boldsymbol{a}_1 & \cdots & \boldsymbol{a}_{i-1} & \boldsymbol{a}_1 & \boldsymbol{a}_{i+1} & \cdots & \boldsymbol{a}_n \end{matrix} \right| + \cdots$$
$$+ x_i \left| \begin{matrix} \boldsymbol{a}_1 & \cdots & \boldsymbol{a}_{i-1} & \boldsymbol{a}_i & \boldsymbol{a}_{i+1} & \cdots & \boldsymbol{a}_n \end{matrix} \right| + \cdots$$
$$+ x_n \left| \begin{matrix} \boldsymbol{a}_1 & \cdots & \boldsymbol{a}_{i-1} & \boldsymbol{a}_n & \boldsymbol{a}_{i+1} & \cdots & \boldsymbol{a}_n \end{matrix} \right|$$

∵ 定理 8.2 (3)
$$= x_i \left| \begin{matrix} \boldsymbol{a}_1 & \cdots & \boldsymbol{a}_{i-1} & \boldsymbol{a}_i & \boldsymbol{a}_{i+1} & \cdots & \boldsymbol{a}_n \end{matrix} \right| = x_i|A|. \tag{9.20}$$

よって，解は (9.19) のように求められる． ◇

§9の問題

確認問題

問 9.1　第2列に関する余因子展開を用いて，行列式$\begin{vmatrix} a_{11} & a_{12} \\ a_{21} & a_{22} \end{vmatrix}$を計算せよ．

□□□ [⇨ **9・2**]

基本問題

問 9.2　次の (1), (2) の行列式を計算せよ．

(1) $\begin{vmatrix} 1 & 6 & 0 & 9 & 1 \\ 2 & 7 & 0 & 8 & 2 \\ 3 & 4 & 5 & 6 & 7 \\ 4 & 8 & 0 & 7 & 4 \\ 5 & 9 & 0 & 6 & 5 \end{vmatrix}$　(2) $\begin{vmatrix} 100 & 99 & 99 & 99 \\ 100 & 99 & 100 & 100 \\ 100 & 100 & 99 & 100 \\ 100 & 100 & 100 & 99 \end{vmatrix}$

[⇨ **9・2**]
□□□

問 9.3　n を2以上の自然数，$A = (a_{ij})_{n \times n}$ を n 次の正方行列とする．次の問に答えよ．

(1) A の (i,j) 余因子の定義を書け.

(2) A の余因子行列の定義を書け.

(3) $n=3$ のとき，A の余因子行列を A の余因子を用いて表せ.

(4) $\tilde{A}$ を A の余因子行列とすると，$|\tilde{A}|=|A|^{n-1}$ が成り立つことを次の [　　] をうめることにより証明せよ.

証明　定理 9.2 より,

$$A\tilde{A}=|A|E. \tag{$*$}$$

$|A|=0$ のとき，$(*)$ より,

$$A\tilde{A}=O. \tag{$**$}$$

ここで，$\tilde{A}$ が正則であると仮定する．このとき，$\tilde{A}$ の逆行列 $\tilde{A}^{-1}$ が存在する．$(**)$ の両辺に右から $\tilde{A}^{-1}$ を掛けると,

$$A=O$$

なので，A の余因子はすべて 0 となることに注意すると，余因子行列の定義より，$\tilde{A}=$ [①]．零行列は正則ではないから，これは矛盾である．よって，$\tilde{A}$ は正則ではないので，$|\tilde{A}|=$ [②]．したがって，$|\tilde{A}|=|A|^{n-1}=$ [③].

$|A|\neq 0$ のとき，定理 8.8 より，$|A\tilde{A}|=|A|$ [④]．一方，$|A|E$ は対角成分がすべて $|A|$ の n 次のスカラー行列なので，定理 8.1 より，$\bigl||A|E\bigr|=|A|^{[⑤]}$．よって，$(*)$ の両辺の行列式をとると，$|A|$ [④] $=|A|^{[⑤]}$．$|A|\neq 0$ なので,

$$|\tilde{A}|=|A|^{n-1}.$$

□□□ [⇨ **9・3**]

問 9.4　数物系　4 次の正方行列 A を

$$A=\begin{pmatrix} a & -b & -c & -d \\ b & a & -d & c \\ c & d & a & -b \\ d & -c & b & a \end{pmatrix}$$

により定める.

(1) 第1行に関する余因子展開を用いることにより，A の行列式を求めよ.

(2) $|A| \neq 0$ のとき，連立1次方程式

$$A\boldsymbol{x} = \begin{pmatrix} 1 \\ 0 \\ 0 \\ 0 \end{pmatrix}$$

の解をクラメルの公式を用いて求めよ.　□□□ [⇨ 9・4]

チャレンジ問題

問 9.5　数物系　対称行列の余因子行列は対称行列であることを示せ.

□□□ [⇨ 9・3]

§ 10　特別な形をした行列式

§ 10 のポイント

- 特別な形をした行列式の代表的な例として，**ヴァンデルモンドの行列式**がある．

特別な形をした行列式はむやみやたらに計算するのではなく，**図 10.1** のような性質を使って上手く変形できる場合がある．

- 多重線形性
  $|\cdots \boldsymbol{a}+\boldsymbol{b}\cdots| = |\cdots \boldsymbol{a}\cdots| + |\cdots \boldsymbol{b}\cdots|$,　$|\cdots c\boldsymbol{a}\cdots| = c|\cdots \boldsymbol{a}\cdots|$
- 交代性
  $|\cdots \boldsymbol{a}\cdots \boldsymbol{b}\cdots| = -|\cdots \boldsymbol{b}\cdots \boldsymbol{a}\cdots|$
- 余因子展開
  行列式のなかで 0 の多い行や列に注目するとよい

図 10.1　行列式を変形する際に用いるテクニック

10・1　ヴァンデルモンドの行列式

特別な形をした行列式として，次のヴァンデルモンドの行列式が知られている．

定理 10.1（ヴァンデルモンドの行列式）

$n = 2, 3, 4, \cdots$ とすると，

$$\begin{vmatrix} 1 & 1 & 1 & \cdots & 1 \\ x_1 & x_2 & x_3 & \cdots & x_n \\ x_1^2 & x_2^2 & x_3^2 & \cdots & x_n^2 \\ \vdots & \vdots & \vdots & \ddots & \vdots \\ x_1^{n-1} & x_2^{n-1} & x_3^{n-1} & \cdots & x_n^{n-1} \end{vmatrix} = \prod_{1\leq i<j\leq n} (x_j - x_i). \qquad (10.1)$$

ただし，記号 $\displaystyle\prod_{1\leq i<j\leq n}$ は $1\leq i<j\leq n$ をみたすすべての自然数 i，j について，積を考えることを意味する．$\displaystyle\prod_{1\leq i<j\leq n}(x_j-x_i)$ を x_1，x_2，$\cdots$，x_n の**差積**という．

補足　例えば，$n=3$ のとき，(10.1) は

$$\begin{vmatrix} 1 & 1 & 1 \\ x_1 & x_2 & x_3 \\ x_1^2 & x_2^2 & x_3^2 \end{vmatrix} = \prod_{1\leq i<j\leq 3}(x_j-x_i) = (x_2-x_1)(x_3-x_1)(x_3-x_2) \tag{10.2}$$

である．

証明　n に関する数学的帰納法により示す．

$n=2$ のとき，(10.1) は成り立つ（✍）．

$n=k$（$k=2,3,4,\cdots$）のとき，(10.1) が成り立つと仮定する．$n=k+1$ とすると，

$$((10.1)\text{ の左辺}) = \begin{vmatrix} 1 & 1 & 1 & \cdots & 1 \\ x_1 & x_2 & x_3 & \cdots & x_{k+1} \\ x_1^2 & x_2^2 & x_3^2 & \cdots & x_{k+1}^2 \\ \vdots & \vdots & \vdots & \ddots & \vdots \\ x_1^k & x_2^k & x_3^k & \cdots & x_{k+1}^k \end{vmatrix}$$

$$= \begin{vmatrix} 1 & 1 & 1 & \cdots & 1 \\ 0 & x_2-x_1 & x_3-x_1 & \cdots & x_{k+1}-x_1 \\ 0 & x_2(x_2-x_1) & x_3(x_3-x_1) & \cdots & x_{k+1}(x_{k+1}-x_1) \\ \vdots & \vdots & \vdots & \ddots & \vdots \\ 0 & x_2^{k-1}(x_2-x_1) & x_3^{k-1}(x_3-x_1) & \cdots & x_{k+1}^{k-1}(x_{k+1}-x_1) \end{vmatrix}$$

（∵ 順に，第 $(k+1)$ 行 − 第 k 行 $\times x_1$，第 k 行 − 第 $(k-1)$ 行 $\times x_1$，$\cdots$，第3行 − 第2行 $\times x_1$，第2行 − 第1行 $\times x_1$，と変形）

$$
= 1 \cdot (-1)^{1+1} \begin{vmatrix} x_2 - x_1 & x_3 - x_1 & \cdots & x_{k+1} - x_1 \\ x_2(x_2 - x_1) & x_3(x_3 - x_1) & \cdots & x_{k+1}(x_{k+1} - x_1) \\ \vdots & \vdots & \ddots & \vdots \\ x_2^{k-1}(x_2 - x_1) & x_3^{k-1}(x_3 - x_1) & \cdots & x_{k+1}^{k-1}(x_{k+1} - x_1) \end{vmatrix}
$$

(∵ 第 1 列に関する余因子展開)

$$
= (x_2 - x_1)(x_3 - x_1) \cdots (x_{k+1} - x_1) \begin{vmatrix} 1 & 1 & \cdots & 1 \\ x_2 & x_3 & \cdots & x_{k+1} \\ \vdots & \vdots & \ddots & \vdots \\ x_2^{k-1} & x_3^{k-1} & \cdots & x_{k+1}^{k-1} \end{vmatrix}
$$

(∵ 各列に定理 8.2 (2) の列に関する多重線形性を適用)

$$
= (x_2 - x_1)(x_3 - x_1) \cdots (x_{k+1} - x_1) \prod_{2 \leq i < j \leq k+1} (x_j - x_i)
$$

(∵ 帰納法の仮定を用いて，(10.1) において $n = k$ とし，k 個の変数 x_1，x_2，$\cdots$，x_k を x_2，x_3，$\cdots$，x_{k+1} に置き換える)

$$
= \prod_{1 \leq i < j \leq k+1} (x_j - x_i). \tag{10.3}
$$

よって，$n = k + 1$ のときも (10.1) は成り立つ．

したがって，$n = 2, 3, 4, \cdots$ に対して，(10.1) は成り立つ．　◇

例題 10.1　$n = 2, 3, 4, \cdots$ とし，

$$
y_i = x_1^i + x_2^i + \cdots + x_n^i \quad (i = 0, 1, 2, \cdots, 2n-2), \tag{10.4}
$$

$$
A = \begin{pmatrix} y_0 & y_1 & y_2 & \cdots & y_{n-1} \\ y_1 & y_2 & y_3 & \cdots & y_n \\ y_2 & y_3 & y_4 & \cdots & y_{n+1} \\ \vdots & \vdots & \vdots & \ddots & \vdots \\ y_{n-1} & y_n & y_{n+1} & \cdots & y_{2n-2} \end{pmatrix} \tag{10.5}
$$

とおく．$|A|$ を計算せよ．　□□□

解

$$X=\begin{pmatrix} 1 & 1 & 1 & \cdots & 1 \\ x_1 & x_2 & x_3 & \cdots & x_n \\ x_1^2 & x_2^2 & x_3^2 & \cdots & x_n^2 \\ \vdots & \vdots & \vdots & \ddots & \vdots \\ x_1^{n-1} & x_2^{n-1} & x_3^{n-1} & \cdots & x_n^{n-1} \end{pmatrix} \tag{10.6}$$

とおくと，

$$X^tX=\begin{pmatrix} 1 & 1 & 1 & \cdots & 1 \\ x_1 & x_2 & x_3 & \cdots & x_n \\ x_1^2 & x_2^2 & x_3^2 & \cdots & x_n^2 \\ \vdots & \vdots & \vdots & \ddots & \vdots \\ x_1^{n-1} & x_2^{n-1} & x_3^{n-1} & \cdots & x_n^{n-1} \end{pmatrix}\begin{pmatrix} 1 & x_1 & x_1^2 & \cdots & x_1^{n-1} \\ 1 & x_2 & x_2^2 & \cdots & x_2^{n-1} \\ 1 & x_3 & x_3^2 & \cdots & x_3^{n-1} \\ \vdots & \vdots & \vdots & \ddots & \vdots \\ 1 & x_n & x_n^2 & \cdots & x_n^{n-1} \end{pmatrix}$$

$$=\begin{pmatrix} y_0 & y_1 & y_2 & \cdots & y_{n-1} \\ y_1 & y_2 & y_3 & \cdots & y_n \\ y_2 & y_3 & y_4 & \cdots & y_{n+1} \\ \vdots & \vdots & \vdots & \ddots & \vdots \\ y_{n-1} & y_n & y_{n+1} & \cdots & y_{2n-2} \end{pmatrix}=A. \tag{10.7}$$

よって，

$$X^tX=A \tag{10.8}$$

となり，行列式をとると，$|X|$ はヴァンデルモンドの行列式なので，

$$|A|=|X^tX|\overset{☺\ \text{定理 8.8}}{=}|X||{}^tX|\overset{☺\ \text{定理 8.3}}{=}|X|^2=\prod_{1\leq i<j\leq n}(x_j-x_i)^2 \tag{10.9}$$

が解である．◇

10・2　その他の例

その他にも特別な形をした行列式を計算してみよう．

例 10.1　$n=0,1,2,\cdots$ のとき，

$$\begin{vmatrix} a_0 & -1 & 0 & \cdots & 0 \\ a_1 & x & -1 & \cdots & 0 \\ a_2 & 0 & x & \cdots & 0 \\ \vdots & \vdots & \vdots & \ddots & \vdots \\ a_n & 0 & 0 & \cdots & x \end{vmatrix} = a_0x^n + a_1x^{n-1} + a_2x^{n-2} + \cdots + a_n \quad (10.10)$$

が成り立つことを n に関する数学的帰納法により示す.

証明　$n = 0$ のとき, (10.10) は成り立つ.

$n = k$ $(k = 0, 1, 2, \cdots)$ のとき, (10.10) が成り立つと仮定する. $n = k+1$ とすると,

$$\begin{vmatrix} a_0 & -1 & 0 & \cdots & 0 \\ a_1 & x & -1 & \cdots & 0 \\ a_2 & 0 & x & \cdots & 0 \\ \vdots & \vdots & \vdots & \ddots & \vdots \\ a_{k+1} & 0 & 0 & \cdots & x \end{vmatrix}$$

$$= a_0 \cdot (-1)^{1+1} \begin{vmatrix} x & -1 & \cdots & 0 \\ 0 & x & \cdots & 0 \\ \vdots & \vdots & \ddots & \vdots \\ 0 & 0 & \cdots & x \end{vmatrix} + (-1)(-1)^{1+2} \begin{vmatrix} a_1 & -1 & \cdots & 0 \\ a_2 & x & \cdots & 0 \\ \vdots & \vdots & \ddots & \vdots \\ a_{k+1} & 0 & \cdots & x \end{vmatrix}$$

(∵ 第 1 行に関する余因子展開)

$$= a_0x^{k+1} + (a_1x^k + a_2x^{k-1} + \cdots + a_{k+1}) \quad (∵ \text{定理 8.1 と帰納法の仮定})$$

$$= a_0x^{k+1} + a_1x^k + a_2x^{k-1} + \cdots + a_{k+1}. \quad (10.11)$$

よって, $n = k+1$ のときも (10.10) は成り立つ.

したがって, $n = 0, 1, 2, \cdots$ に対して, (10.10) は成り立つ. ◆

例 10.2

$$\begin{vmatrix} a & b_1 & b_2 & \cdots & b_n \\ b_1 & a & b_2 & \cdots & b_n \\ b_1 & b_2 & a & \cdots & b_n \\ \vdots & \vdots & \vdots & \ddots & \vdots \\ b_1 & b_2 & b_3 & \cdots & a \end{vmatrix} = \begin{vmatrix} a+b_1+b_2+\cdots+b_n & b_1 & b_2 & \cdots & b_n \\ a+b_1+b_2+\cdots+b_n & a & b_2 & \cdots & b_n \\ a+b_1+b_2+\cdots+b_n & b_2 & a & \cdots & b_n \\ \vdots & \vdots & \vdots & \ddots & \vdots \\ a+b_1+b_2+\cdots+b_n & b_2 & b_3 & \cdots & a \end{vmatrix}$$

(∵ 第1列 + 第2列，第1列 + 第3列，…，第1列 + 第 $(n+1)$ 列)

$$\stackrel{\because\ \text{定理 8.2 (2)}}{=} (a+b_1+b_2+\cdots+b_n)\begin{vmatrix} 1 & b_1 & b_2 & \cdots & b_n \\ 1 & a & b_2 & \cdots & b_n \\ 1 & b_2 & a & \cdots & b_n \\ \vdots & \vdots & \vdots & \ddots & \vdots \\ 1 & b_2 & b_3 & \cdots & a \end{vmatrix}$$

$$= (a+b_1+b_2+\cdots+b_n)\begin{vmatrix} 1 & b_1 & b_2 & \cdots & b_n \\ 0 & a-b_1 & 0 & \cdots & 0 \\ 0 & b_2-b_1 & a-b_2 & \cdots & 0 \\ \vdots & \vdots & \vdots & \ddots & \vdots \\ 0 & b_2-b_1 & b_3-b_2 & \cdots & a-b_n \end{vmatrix}$$

(∵ 第2行 − 第1行，第3行 − 第1行，…，第 $(n+1)$ 行 − 第1行)

$$= (a+b_1+b_2+\cdots+b_n)\cdot 1\cdot(-1)^{1+1}\begin{vmatrix} a-b_1 & 0 & \cdots & 0 \\ b_2-b_1 & a-b_2 & \cdots & 0 \\ \vdots & \vdots & \ddots & \vdots \\ b_2-b_1 & b_3-b_2 & \cdots & a-b_n \end{vmatrix}$$

(∵ 第1列に関する余因子展開)

$$\stackrel{\because\ \text{定理 8.4}}{=} (a+b_1+b_2+\cdots+b_n)(a-b_1)(a-b_2)\cdots(a-b_n). \tag{10.12}$$

◆

§10の問題

確認問題

問 10.1　ヴァンデルモンドの行列式について，次の問に答えよ．

(1) 行列式 $\begin{vmatrix} 1 & 1 & 1 \\ 1 & 2 & 3 \\ 1^2 & 2^2 & 3^2 \end{vmatrix}$ をサラスの方法とヴァンデルモンドの行列式を用いる方法の2通りで計算せよ．

(2) 行列式

$$\begin{vmatrix} 1 & 1 & 1 & \cdots & 1 \\ 1 & 2 & 3 & \cdots & n \\ 1^2 & 2^2 & 3^2 & \cdots & n^2 \\ \vdots & \vdots & \vdots & \ddots & \vdots \\ 1^{n-1} & 2^{n-1} & 3^{n-1} & \cdots & n^{n-1} \end{vmatrix}$$

を計算せよ.　□□□ [⇨ **10・1**]

基本問題

問 10.2　次の (1), (2) の行列式を計算せよ.

(1) $\begin{vmatrix} x & a_1 & a_2 & \cdots & a_{n-1} & 1 \\ a_1 & x & a_2 & \cdots & a_{n-1} & 1 \\ a_1 & a_2 & x & \cdots & a_{n-1} & 1 \\ \vdots & \vdots & \vdots & \ddots & \vdots & \vdots \\ a_1 & a_2 & a_3 & \cdots & x & 1 \\ a_1 & a_2 & a_3 & \cdots & a_n & 1 \end{vmatrix}$　(2) $\begin{vmatrix} 1 & 1 & 1 & \cdots & 1 \\ 1 & 2 & 1 & \cdots & 1 \\ 1 & 1 & 3 & \cdots & 1 \\ \vdots & \vdots & \vdots & \ddots & \vdots \\ 1 & 1 & 1 & \cdots & n \end{vmatrix}$

□□□ [⇨ **10・2**]

問 10.3　次の □ をうめよ.

自然数 n に対して,

$$D_n = \begin{vmatrix} 1 & 1 & 1 & \cdots & 1 \\ 1 & 2 & 2 & \cdots & 2 \\ 1 & 2 & 3 & \cdots & 3 \\ \vdots & \vdots & \vdots & \ddots & \vdots \\ 1 & 2 & 3 & \cdots & n \end{vmatrix}$$

とおく. D_n の値を n に関する数学的帰納法により求める.

$n=1$ のとき, $D_1 =$ ［①］ である.

$n = k$（k は自然数）のとき，$D_k = \boxed{②}$ であると仮定する．$n = k + 1$ とすると，

$$D_{k+1} = \begin{vmatrix} 1 & 1 & 1 & \cdots & 1 \\ 1 & 2 & 2 & \cdots & 2 \\ 1 & 2 & 3 & \cdots & 3 \\ \vdots & \vdots & \vdots & \ddots & \vdots \\ 1 & 2 & 3 & \cdots & k+1 \end{vmatrix} = \begin{vmatrix} 1 & 0 & 0 & \cdots & 0 \\ 1 & 1 & 1 & \cdots & 1 \\ 1 & 1 & 2 & \cdots & 2 \\ \vdots & \vdots & \vdots & \ddots & \vdots \\ 1 & 1 & 2 & \cdots & k \end{vmatrix} \quad (\because \boxed{③})$$

$= D_{\boxed{④}}$　（∵ $\boxed{⑤}$ に関する余因子展開）　$= \boxed{⑥}$　（∵ 帰納法の仮定）

よって，$D_n = \boxed{⑦}$ であることが示された．　□□□ [⇨ **10・2**]

問 10.4　$A = (a_{ij})$ を偶数次の交代行列とする．このとき，$|A|$ は A の成分 a_{ij} の多項式 P を用いて，

$$|A| = P^2$$

と表されることがわかる．

(1) 2 次の交代行列の行列式を直接計算し，上の事実を確かめよ．

(2) 4 次の交代行列の行列式を直接計算し，上の事実を確かめよ．

□□□ [⇨ **10・2**]

チャレンジ問題

問 10.5　数物系　(x_1, y_1)，(x_2, y_2)，$\cdots$，(x_n, y_n) を平面上の n 個の点とする．x_1，x_2，$\cdots$，x_n が互いに異なるならば，

$$y_i = f(x_i) \quad (i = 1, 2, \cdots, n)$$

をみたす $(n-1)$ 次以下の多項式 f が一意的に存在することを示せ．

□□□ [⇨ **10・1**]

§ 11　行列式の幾何学的意味

§ 11 のポイント

- 2 次および 3 次の行ベクトルはそれぞれ**平面ベクトル**，**空間ベクトル**とみなすことができる．
- 2 つの平面ベクトルおよび空間ベクトルに対して，**内積**という数を定めることができる．
- 2 次および 3 次の正方行列の行列式の絶対値はそれぞれ**面積**，**体積**を表す．
- 2 つの空間ベクトルに対して，**外積**という空間ベクトルを定めることができる．
- 空間内の直線や平面は空間ベクトルを用いて表すことができる．

行列式は面積や体積といった幾何学的な言葉で説明することができる．ここでは，2 次および 3 次の正方行列の行列式について考える．

11・1　2 次の場合

まず，2 次の行ベクトル $\boldsymbol{a} = \begin{pmatrix} a_1 & a_2 \end{pmatrix}$ を原点から平面上の点 (a_1, a_2) へ向かう平面ベクトルとみなすことにする．平面ベクトルとしての $\boldsymbol{a}$ の長さを $\|\boldsymbol{a}\|$ と書く．このとき，三平方の定理より，

$$\|\boldsymbol{a}\| = \sqrt{a_1^2 + a_2^2} \tag{11.1}$$

が成り立つ（**図 11.1**）．

2 つの平面ベクトル $\boldsymbol{a} = \begin{pmatrix} a_1 & a_2 \end{pmatrix}$ および $\boldsymbol{b} = \begin{pmatrix} b_1 & b_2 \end{pmatrix}$ に対して，

$$\langle \boldsymbol{a}, \boldsymbol{b} \rangle = a_1 b_1 + a_2 b_2 \tag{11.2}$$

とおき，$\langle \boldsymbol{a}, \boldsymbol{b} \rangle$ を $\boldsymbol{a}$ と $\boldsymbol{b}$ の**内積**という．

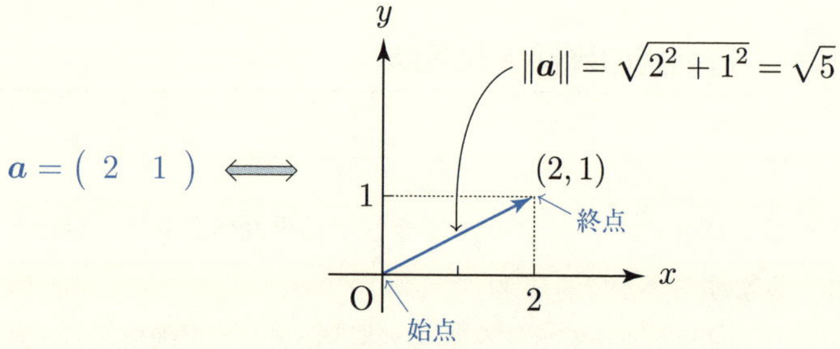

図 11.1　2次の行ベクトルと平面ベクトル

2つの平面ベクトル $\boldsymbol{a} = \begin{pmatrix} a_1 & a_2 \end{pmatrix}$ および $\boldsymbol{b} = \begin{pmatrix} b_1 & b_2 \end{pmatrix}$ がともに零ベクトルではないとし，これらのなす角が θ で，$0 < \theta < \pi$ とする．このとき，$\boldsymbol{a}$，$\boldsymbol{b}$ を二辺とする三角形に対して余弦定理（**図 11.2**）を用いると，

$$\|\boldsymbol{a}-\boldsymbol{b}\|^2 = \|\boldsymbol{a}\|^2 + \|\boldsymbol{b}\|^2 - 2\|\boldsymbol{a}\|\|\boldsymbol{b}\|\cos\theta \tag{11.3}$$

が成り立つ．よって，

$$\begin{aligned} \|\boldsymbol{a}\|\|\boldsymbol{b}\|\cos\theta &\overset{\because\ (11.3)}{=} \frac{1}{2}\left(\|\boldsymbol{a}\|^2 + \|\boldsymbol{b}\|^2 - \|\boldsymbol{a}-\boldsymbol{b}\|^2\right) \\ &\overset{\because\ (11.1)}{=} \frac{1}{2}\left[(a_1^2+a_2^2)+(b_1^2+b_2^2)-\left\{(a_1-b_1)^2+(a_2-b_2)^2\right\}\right] \\ &= a_1b_1 + a_2b_2 \overset{\because\ (11.2)}{=} \langle \boldsymbol{a}, \boldsymbol{b} \rangle. \end{aligned} \tag{11.4}$$

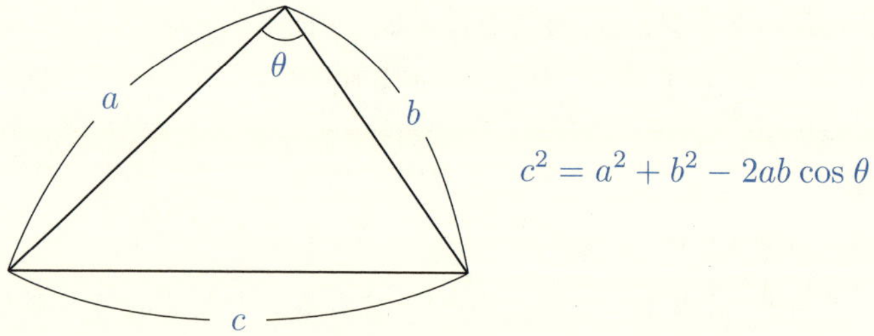

図 11.2　余弦定理

すなわち，

$$\langle \boldsymbol{a}, \boldsymbol{b} \rangle = \|\boldsymbol{a}\|\|\boldsymbol{b}\| \cos\theta \tag{11.5}$$

が成り立つ．とくに，$\boldsymbol{a}$ と $\boldsymbol{b}$ が直交するのは $\langle \boldsymbol{a}, \boldsymbol{b} \rangle = 0$ のときである．

さらに，$\boldsymbol{a}$，$\boldsymbol{b}$ を二辺とする平行四辺形の面積は

$$\begin{aligned}
\|\boldsymbol{a}\|\|\boldsymbol{b}\| \sin\theta &= \|\boldsymbol{a}\|\|\boldsymbol{b}\|\sqrt{1-\cos^2\theta} \overset{\because\ (11.5)}{=} \sqrt{\|\boldsymbol{a}\|^2\|\boldsymbol{b}\|^2 - \langle \boldsymbol{a}, \boldsymbol{b} \rangle^2} \\
&\overset{\because\ (11.1),\ (11.2)}{=} \sqrt{(a_1^2+a_2^2)(b_1^2+b_2^2)-(a_1b_1+a_2b_2)^2} \\
&= \sqrt{(a_1b_2-a_2b_1)^2} = \left|\det\begin{pmatrix} a_1 & a_2 \\ b_1 & b_2 \end{pmatrix}\right| = \left|\det\begin{pmatrix} \boldsymbol{a} \\ \boldsymbol{b} \end{pmatrix}\right|
\end{aligned} \tag{11.6}$$

となる．なお，ここでは絶対値の記号と行列式を混同することを避けるため，行列式は det を用いて表すことにする．したがって，次の定理 11.1 が示された．

定理 11.1

2 次の正方行列

$$\begin{pmatrix} \boldsymbol{a} \\ \boldsymbol{b} \end{pmatrix} = \begin{pmatrix} a_1 & a_2 \\ b_1 & b_2 \end{pmatrix} \tag{11.7}$$

の行列式の絶対値は $\boldsymbol{a} = \begin{pmatrix} a_1 & a_2 \end{pmatrix}$，$\boldsymbol{b} = \begin{pmatrix} b_1 & b_2 \end{pmatrix}$ を二辺とする平行四辺形の面積を表す（**図 11.3**）．

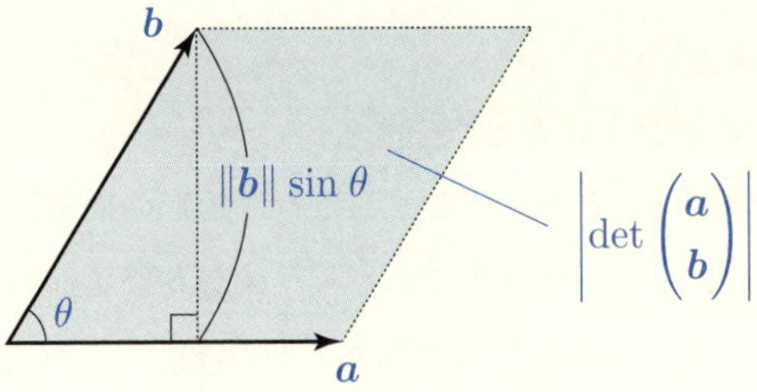

図 11.3　平行四辺形の面積

11・2　3 次の場合

3 次の行ベクトル $\boldsymbol{a} = \begin{pmatrix} a_1 & a_2 & a_3 \end{pmatrix}$ を原点から空間内の点 (a_1, a_2, a_3) へ向かう空間ベクトルとみなすことにする．空間ベクトルとしての $\boldsymbol{a}$ の長さを平面ベクトルのときと同様に，$\|\boldsymbol{a}\|$ と書く．このとき，三平方の定理より，

$$\|\boldsymbol{a}\| = \sqrt{a_1^2 + a_2^2 + a_3^2} \tag{11.8}$$

が成り立つ．

2 つの空間ベクトル $\boldsymbol{a} = \begin{pmatrix} a_1 & a_2 & a_3 \end{pmatrix}$，$\boldsymbol{b} = \begin{pmatrix} b_1 & b_2 & b_3 \end{pmatrix}$ に対して

$$\langle \boldsymbol{a}, \boldsymbol{b} \rangle = a_1 b_1 + a_2 b_2 + a_3 b_3 \tag{11.9}$$

とおき，$\langle \boldsymbol{a}, \boldsymbol{b} \rangle$ を $\boldsymbol{a}$ と $\boldsymbol{b}$ の**内積**という．平面ベクトルの場合と同様に，$\boldsymbol{a}$，$\boldsymbol{b}$ のなす角を θ とすると，(11.5) が成り立つ（✍）．

11・3　外積

空間ベクトルに関して特徴的なのは，以下に述べる外積という演算が定められることである．

定義 11.1

$\boldsymbol{a}$，$\boldsymbol{b}$ を空間ベクトルとする．空間ベクトル $\boldsymbol{a} \times \boldsymbol{b}$ を $\boldsymbol{a}$ と $\boldsymbol{b}$ が平行な場合は零ベクトルと定め，$\boldsymbol{a}$ と $\boldsymbol{b}$ が平行でない場合は次の (1)〜(3) をみたすように定める．このとき，$\boldsymbol{a} \times \boldsymbol{b}$ を $\boldsymbol{a}$ と $\boldsymbol{b}$ の**外積**または**ベクトル積**という（**図 11.4 左**）．

(1) $\boldsymbol{a} \times \boldsymbol{b}$ は $\boldsymbol{a}$ および $\boldsymbol{b}$ と直交する．

(2) $\|\boldsymbol{a} \times \boldsymbol{b}\|$ は $\boldsymbol{a}$，$\boldsymbol{b}$ を二辺とする平行四辺形の面積に等しい．

(3) $\boldsymbol{a} \times \boldsymbol{b}$ の向きは，$0 < \theta < \pi$ とし，$\boldsymbol{a}$ が $\boldsymbol{b}$ に重なるように角 θ 回転するとき，右ネジが進む向きである．

注意 11.1　定義 11.1 において，(3) の θ を用いれば，(2) は

$$\|\boldsymbol{a} \times \boldsymbol{b}\| = \|\boldsymbol{a}\| \|\boldsymbol{b}\| \sin\theta \tag{11.10}$$

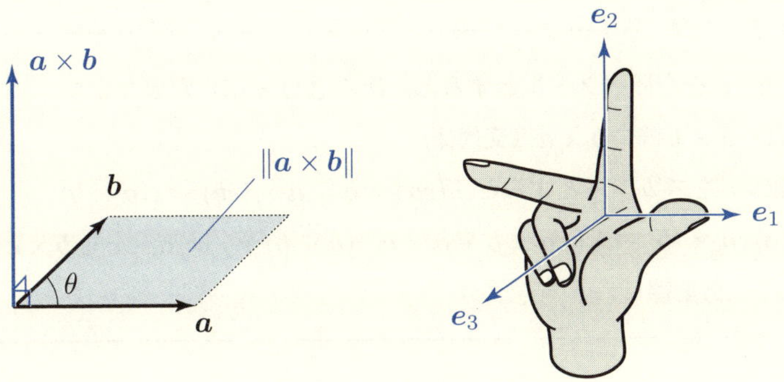

図 11.4　外積と右手系

と表すことができる．

外積を具体的に成分を用いて計算する際には，xyz 空間に次のような直交座標系を入れて考える．まず，空間ベクトル $\boldsymbol{e}_1$，$\boldsymbol{e}_2$，$\boldsymbol{e}_3$ を

$$\boldsymbol{e}_1 = \begin{pmatrix} 1 & 0 & 0 \end{pmatrix},\quad \boldsymbol{e}_2 = \begin{pmatrix} 0 & 1 & 0 \end{pmatrix},\quad \boldsymbol{e}_3 = \begin{pmatrix} 0 & 0 & 1 \end{pmatrix} \tag{11.11}$$

により定め，x 軸，y 軸，z 軸の正の向きはそれぞれ $\boldsymbol{e}_1$，$\boldsymbol{e}_2$，$\boldsymbol{e}_3$ の向きに一致するように選んでおく．そして，右手の親指，人差し指，中指を互いに直交するように広げ，親指，人差し指，中指の爪先への方向をそれぞれ x 軸，y 軸，z 軸の正の向きに見立てる．このような直交座標系を**右手系**という（**図 11.4 右**）．このとき，定義 11.1 の (1)～(3) より，

$$\boldsymbol{e}_1 \times \boldsymbol{e}_2 = \boldsymbol{e}_3, \qquad \boldsymbol{e}_2 \times \boldsymbol{e}_3 = \boldsymbol{e}_1, \qquad \boldsymbol{e}_3 \times \boldsymbol{e}_1 = \boldsymbol{e}_2 \tag{11.12}$$

が成り立つ．

定義 11.1 の (1)～(3) より，外積に関して次の定理 11.2 が成り立つ．

定理 11.2

$\boldsymbol{a}$, $\boldsymbol{b}$, $\boldsymbol{c}$ を空間ベクトルとすると，次の (1)～(3) が成り立つ.

(1) $\boldsymbol{a} \times \boldsymbol{b} = -\boldsymbol{b} \times \boldsymbol{a}$ (**交代律**)

(2) c をスカラーとすると，$(c\boldsymbol{a}) \times \boldsymbol{b} = \boldsymbol{a} \times (c\boldsymbol{b}) = c(\boldsymbol{a} \times \boldsymbol{b})$

(3) $\boldsymbol{a} \times (\boldsymbol{b} + \boldsymbol{c}) = \boldsymbol{a} \times \boldsymbol{b} + \boldsymbol{a} \times \boldsymbol{c}$, $(\boldsymbol{a} + \boldsymbol{b}) \times \boldsymbol{c} = \boldsymbol{a} \times \boldsymbol{c} + \boldsymbol{b} \times \boldsymbol{c}$ (**分配律**)

空間ベクトル $\boldsymbol{a} = \begin{pmatrix} a_1 & a_2 & a_3 \end{pmatrix}$, $\boldsymbol{b} = \begin{pmatrix} b_1 & b_2 & b_3 \end{pmatrix}$ は

$$\boldsymbol{a} = a_1\boldsymbol{e}_1 + a_2\boldsymbol{e}_2 + a_3\boldsymbol{e}_3, \qquad \boldsymbol{b} = b_1\boldsymbol{e}_1 + b_2\boldsymbol{e}_2 + b_3\boldsymbol{e}_3 \quad (11.13)$$

と表されるので，

$$\begin{aligned}
\boldsymbol{a} \times \boldsymbol{b} &= (a_1\boldsymbol{e}_1 + a_2\boldsymbol{e}_2 + a_3\boldsymbol{e}_3) \times (b_1\boldsymbol{e}_1 + b_2\boldsymbol{e}_2 + b_3\boldsymbol{e}_3) \\
&\overset{\because\ \text{定理 11.2 (3)}}{=} (a_1\boldsymbol{e}_1 + a_2\boldsymbol{e}_2 + a_3\boldsymbol{e}_3) \times b_1\boldsymbol{e}_1 + (a_1\boldsymbol{e}_1 + a_2\boldsymbol{e}_2 + a_3\boldsymbol{e}_3) \times b_2\boldsymbol{e}_2 \\
&\qquad + (a_1\boldsymbol{e}_1 + a_2\boldsymbol{e}_2 + a_3\boldsymbol{e}_3) \times b_3\boldsymbol{e}_3 \\
&\overset{\because\ \text{定理 11.2 (3)}}{=} (a_1\boldsymbol{e}_1 \times b_1\boldsymbol{e}_1 + a_2\boldsymbol{e}_2 \times b_1\boldsymbol{e}_1 + a_3\boldsymbol{e}_3 \times b_1\boldsymbol{e}_1) \\
&\qquad + (a_1\boldsymbol{e}_1 \times b_2\boldsymbol{e}_2 + a_2\boldsymbol{e}_2 \times b_2\boldsymbol{e}_2 + a_3\boldsymbol{e}_3 \times b_2\boldsymbol{e}_2) \\
&\qquad\quad + (a_1\boldsymbol{e}_1 \times b_3\boldsymbol{e}_3 + a_2\boldsymbol{e}_2 \times b_3\boldsymbol{e}_3 + a_3\boldsymbol{e}_3 \times b_3\boldsymbol{e}_3) \\
&\overset{\because\ \text{定理 11.2 (2)}}{=} \{(a_1b_1)\boldsymbol{e}_1 \times \boldsymbol{e}_1 + (a_2b_1)\boldsymbol{e}_2 \times \boldsymbol{e}_1 + (a_3b_1)\boldsymbol{e}_3 \times \boldsymbol{e}_1\} \\
&\qquad + \{(a_1b_2)\boldsymbol{e}_1 \times \boldsymbol{e}_2 + (a_2b_2)\boldsymbol{e}_2 \times \boldsymbol{e}_2 + (a_3b_2)\boldsymbol{e}_3 \times \boldsymbol{e}_2\} \\
&\qquad + \{(a_1b_3)\boldsymbol{e}_1 \times \boldsymbol{e}_3 + (a_2b_3)\boldsymbol{e}_2 \times \boldsymbol{e}_3 + (a_3b_3)\boldsymbol{e}_3 \times \boldsymbol{e}_3\} \\
&\overset{\because\ \text{定義 11.1, 定理 11.2 (1)}}{=} \{(a_1b_1)\boldsymbol{0} - (a_2b_1)\boldsymbol{e}_1 \times \boldsymbol{e}_2 + (a_3b_1)\boldsymbol{e}_3 \times \boldsymbol{e}_1\} \\
&\qquad + \{(a_1b_2)\boldsymbol{e}_1 \times \boldsymbol{e}_2 + (a_2b_2)\boldsymbol{0} - (a_3b_2)\boldsymbol{e}_2 \times \boldsymbol{e}_3\} \\
&\qquad + \{-(a_1b_3)\boldsymbol{e}_3 \times \boldsymbol{e}_1 + (a_2b_3)\boldsymbol{e}_2 \times \boldsymbol{e}_3 + (a_3b_3)\boldsymbol{0}\} \\
&\overset{\because (11.12)}{=} (-a_2b_1\boldsymbol{e}_3 + a_3b_1\boldsymbol{e}_2) + (a_1b_2\boldsymbol{e}_3 - a_3b_2\boldsymbol{e}_1) + (-a_1b_3\boldsymbol{e}_2 + a_2b_3\boldsymbol{e}_1) \\
&= (a_2b_3 - a_3b_2)\boldsymbol{e}_1 + (a_3b_1 - a_1b_3)\boldsymbol{e}_2 + (a_1b_2 - a_2b_1)\boldsymbol{e}_3 \\
&= \begin{pmatrix} a_2b_3 - a_3b_2 & a_3b_1 - a_1b_3 & a_1b_2 - a_2b_1 \end{pmatrix}. \qquad (11.14)
\end{aligned}$$

よって，次の定理 11.3 が示された.

定理 11.3

$\boldsymbol{a} = \begin{pmatrix} a_1 & a_2 & a_3 \end{pmatrix}$，$\boldsymbol{b} = \begin{pmatrix} b_1 & b_2 & b_3 \end{pmatrix}$ を空間ベクトルとすると，

$$\boldsymbol{a} \times \boldsymbol{b} = \begin{pmatrix} a_2b_3 - a_3b_2 & a_3b_1 - a_1b_3 & a_1b_2 - a_2b_1 \end{pmatrix}. \tag{11.15}$$

例題 11.1　外積 $\begin{pmatrix} 1 & 2 & 3 \end{pmatrix} \times \begin{pmatrix} 4 & 5 & 6 \end{pmatrix}$ を計算せよ.

□□□

解　(11.15) より，

$$(\text{与式}) = \begin{pmatrix} 2\cdot 6 - 3\cdot 5 & 3\cdot 4 - 1\cdot 6 & 1\cdot 5 - 2\cdot 4 \end{pmatrix} = \begin{pmatrix} -3 & 6 & -3 \end{pmatrix}. \tag{11.16}$$

◇

11・4　3 重積

3 つの空間ベクトル $\boldsymbol{a}$，$\boldsymbol{b}$，$\boldsymbol{c}$ に対して，外積 $\boldsymbol{a} \times \boldsymbol{b}$ と $\boldsymbol{c}$ の内積 $\langle \boldsymbol{a} \times \boldsymbol{b}, \boldsymbol{c} \rangle$ を $\boldsymbol{a}$，$\boldsymbol{b}$，$\boldsymbol{c}$ の **3 重積**という. $\boldsymbol{a}$，$\boldsymbol{b}$，$\boldsymbol{c}$ を

$$\boldsymbol{a} = \begin{pmatrix} a_1 & a_2 & a_3 \end{pmatrix}, \quad \boldsymbol{b} = \begin{pmatrix} b_1 & b_2 & b_3 \end{pmatrix}, \quad \boldsymbol{c} = \begin{pmatrix} c_1 & c_2 & c_3 \end{pmatrix} \tag{11.17}$$

と表しておくと，

$$\begin{aligned} \langle \boldsymbol{a} \times \boldsymbol{b}, \boldsymbol{c} \rangle &\overset{\because (11.9)\,(11.15)}{=} (a_2b_3 - a_3b_2)c_1 + (a_3b_1 - a_1b_3)c_2 + (a_1b_2 - a_2b_1)c_3 \\ &= c_1 \det \begin{pmatrix} a_2 & a_3 \\ b_2 & b_3 \end{pmatrix} - c_2 \det \begin{pmatrix} a_1 & a_3 \\ b_1 & b_3 \end{pmatrix} + c_3 \det \begin{pmatrix} a_1 & a_2 \\ b_1 & b_2 \end{pmatrix} \\ &= \det \begin{pmatrix} a_1 & a_2 & a_3 \\ b_1 & b_2 & b_3 \\ c_1 & c_2 & c_3 \end{pmatrix} \ (\because \text{第 3 行に関する余因子展開}) \\ &= \det \begin{pmatrix} \boldsymbol{a} \\ \boldsymbol{b} \\ \boldsymbol{c} \end{pmatrix} \end{aligned} \tag{11.18}$$

となる．さらに，平面ベクトルの場合と同様の計算を行うと，$\boldsymbol{a}$，$\boldsymbol{b}$，$\boldsymbol{c}$ を三辺とする平行六面体の体積は $|\langle \boldsymbol{a}\times\boldsymbol{b}, \boldsymbol{c}\rangle|$ であることがわかる（✍）．よって，3次の正方行列の行列式の幾何学的な意味は次のようにまとめることができる．

定理 11.4

3次の正方行列

$$\begin{pmatrix} \boldsymbol{a} \\ \boldsymbol{b} \\ \boldsymbol{c} \end{pmatrix} = \begin{pmatrix} a_1 & a_2 & a_3 \\ b_1 & b_2 & b_3 \\ c_1 & c_2 & c_3 \end{pmatrix} \tag{11.19}$$

の行列式の絶対値は $\boldsymbol{a} = \begin{pmatrix} a_1 & a_2 & a_3 \end{pmatrix}$，$\boldsymbol{b} = \begin{pmatrix} b_1 & b_2 & b_3 \end{pmatrix}$，$\boldsymbol{c} = \begin{pmatrix} c_1 & c_2 & c_3 \end{pmatrix}$ を三辺とする平行六面体の体積を表す．

なお，(11.18) の計算より，外積はベクトル $\boldsymbol{e}_1$，$\boldsymbol{e}_2$，$\boldsymbol{e}_3$ を行列の成分に形式的に代入して，

$$\begin{pmatrix} a_1 & a_2 & a_3 \end{pmatrix} \times \begin{pmatrix} b_1 & b_2 & b_3 \end{pmatrix} = \det \begin{pmatrix} a_1 & a_2 & a_3 \\ b_1 & b_2 & b_3 \\ \boldsymbol{e}_1 & \boldsymbol{e}_2 & \boldsymbol{e}_3 \end{pmatrix} \tag{11.20}$$

として覚えることができる．

11・5　直線と平面

空間ベクトルを用いて，空間内の直線や平面を表すことができる．

まず，(a_1, a_2, a_3)，(b_1, b_2, b_3) を空間内の異なる2点，(x, y, z) をこの2点を通る直線上の点とし，

$$\boldsymbol{a} = \begin{pmatrix} a_1 & a_2 & a_3 \end{pmatrix},\ \boldsymbol{b} = \begin{pmatrix} b_1 & b_2 & b_3 \end{pmatrix},\ \boldsymbol{v} = \begin{pmatrix} x & y & z \end{pmatrix} \tag{11.21}$$

とおく．このとき，$\boldsymbol{v}$ は変数 t を用いて，

$$\boldsymbol{v} = \boldsymbol{a} + t(\boldsymbol{b} - \boldsymbol{a}) \tag{11.22}$$

と表される（**図 11.5**（a））．この式は

$$\begin{pmatrix} x & y & z \end{pmatrix} = \begin{pmatrix} a_1 & a_2 & a_3 \end{pmatrix} + t \begin{pmatrix} b_1 - a_1 & b_2 - a_2 & b_3 - a_3 \end{pmatrix} \tag{11.23}$$

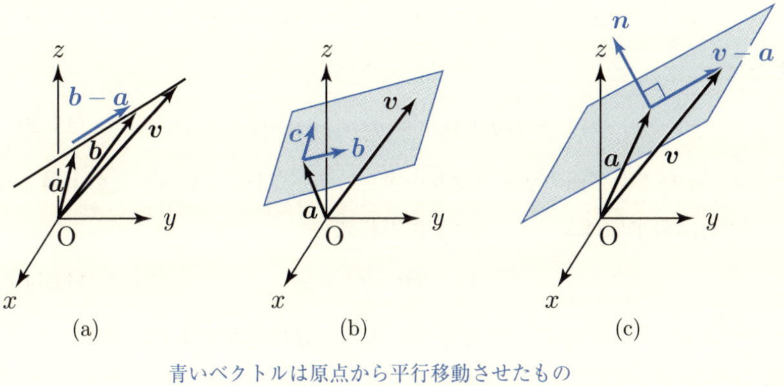

図 11.5　直線と平面

と表されるので，$a_1 \neq b_1$，$a_2 \neq b_2$，$a_3 \neq b_3$ のときは

$$\frac{x - a_1}{b_1 - a_1} = \frac{y - a_2}{b_2 - a_2} = \frac{z - a_3}{b_3 - a_3} \ (= t) \tag{11.24}$$

となる．

次に，空間内の平面について考えよう．直線の場合と同様に考えると，空間内の平面は空間ベクトル $\boldsymbol{a}$，$\boldsymbol{b}$，$\boldsymbol{c}$ と変数 s, t を用いて，

$$\boldsymbol{v} = \boldsymbol{a} + s\boldsymbol{b} + t\boldsymbol{c} \tag{11.25}$$

と表される（**図 11.5**（b））．ただし，$\boldsymbol{a}$ の終点は平面上にあり，$\boldsymbol{b}$ と $\boldsymbol{c}$ は平面に平行であるが，互いに平行ではない．

空間内の平面が空間ベクトル $\boldsymbol{a}$ の終点を通り，空間ベクトル $\boldsymbol{n}$ と直交するとき，この平面上の点を終点とする空間ベクトル $\boldsymbol{v}$ は

$$\langle \boldsymbol{v} - \boldsymbol{a}, \boldsymbol{n} \rangle = 0 \tag{11.26}$$

と表される（**図 11.5**（c））．よって，

$$\boldsymbol{v} = \begin{pmatrix} x & y & z \end{pmatrix}, \quad \boldsymbol{a} = \begin{pmatrix} a_1 & a_2 & a_3 \end{pmatrix}, \quad \boldsymbol{n} = \begin{pmatrix} n_1 & n_2 & n_3 \end{pmatrix} \tag{11.27}$$

とおいて内積を計算すると，

$$n_1(x - a_1) + n_2(y - a_2) + n_3(z - a_3) = 0 \tag{11.28}$$

または

$$n_1 x + n_2 y + n_3 z = a_1 n_1 + a_2 n_2 + a_3 n_3 \tag{11.29}$$

となる．$\boldsymbol{n}$ をこの平面の**法線ベクトル**または**法ベクトル**という．この計算より，xyz 空間内の平面は x，y，z の1次方程式

$$ax + by + cz = d \tag{11.30}$$

として表すことができる．ただし，a，b，c，d は定数である．このとき，空間ベクトル $\begin{pmatrix} a & b & c \end{pmatrix}$ は法線ベクトルとなる．

法線ベクトルは外積を用いると，容易に計算することができる．定義 11.1 の（1）に注意しよう．

例 11.1　$\boldsymbol{a}$，$\boldsymbol{b}$，$\boldsymbol{c}$ を終点が同一直線上にはない空間ベクトルとする（**図 11.6**）．このとき，これらのベクトルの終点を通る平面が定まり，$\boldsymbol{b} - \boldsymbol{a}$ と $\boldsymbol{c} - \boldsymbol{a}$ はこの平面に平行であるが，互いに平行ではない．よって，法線ベクトルは

$$(\boldsymbol{b} - \boldsymbol{a}) \times (\boldsymbol{c} - \boldsymbol{a}) \tag{11.31}$$

によりあたえられる．

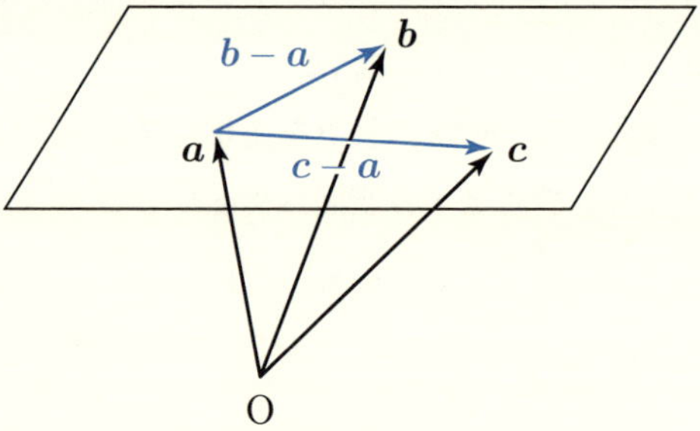

図 11.6　終点が同一直線上にはない空間ベクトル

§11の問題

確認問題

問 11.1　外積 $\begin{pmatrix} 4 & 5 & 6 \end{pmatrix} \times \begin{pmatrix} 1 & 2 & 3 \end{pmatrix}$ を計算せよ.

□□□ [⇨ 11・3]

基本問題

問 11.2　平面ベクトル $\begin{pmatrix} \cos\theta & \sin\theta \end{pmatrix}$, $\begin{pmatrix} \sin\theta & -\cos\theta \end{pmatrix}$ を二辺とする平行四辺形の面積を求めよ.

□□□ [⇨ 11・1]

問 11.3　a, b, c を互いに異なる数とする. 空間ベクトル $\begin{pmatrix} 1 & 1 & 1 \end{pmatrix}$, $\begin{pmatrix} a & b & c \end{pmatrix}$, $\begin{pmatrix} a^2 & b^2 & c^2 \end{pmatrix}$ を三辺とする平行六面体の体積を求めよ.

□□□ [⇨ 11・4]

問 11.4　$\boldsymbol{a}$, $\boldsymbol{b}$, $\boldsymbol{c}$, $\boldsymbol{d}$ を空間ベクトルとする. 次の (1), (2) が成り立つことを示せ.

(1) $\langle \boldsymbol{a} \times \boldsymbol{b}, \boldsymbol{c} \rangle = \langle \boldsymbol{b} \times \boldsymbol{c}, \boldsymbol{a} \rangle = \langle \boldsymbol{c} \times \boldsymbol{a}, \boldsymbol{b} \rangle$

(2) $(\boldsymbol{a} \times \boldsymbol{b}) \times \boldsymbol{c} = \langle \boldsymbol{a}, \boldsymbol{c} \rangle \boldsymbol{b} - \langle \boldsymbol{b}, \boldsymbol{c} \rangle \boldsymbol{a}$

□□□ [⇨ 11・4]

補足　(1) や (2) から, さらに次の式を導くことができる.

$$(\boldsymbol{a} \times \boldsymbol{b}) \times \boldsymbol{c} + (\boldsymbol{b} \times \boldsymbol{c}) \times \boldsymbol{a} + (\boldsymbol{c} \times \boldsymbol{a}) \times \boldsymbol{b} = 0 \quad \text{(ヤコビの恒等式)}$$

$$\langle \boldsymbol{a} \times \boldsymbol{b}, \boldsymbol{c} \times \boldsymbol{d} \rangle = \langle \boldsymbol{a}, \boldsymbol{c} \rangle \langle \boldsymbol{b}, \boldsymbol{d} \rangle - \langle \boldsymbol{a}, \boldsymbol{d} \rangle \langle \boldsymbol{b}, \boldsymbol{c} \rangle \quad \text{(ラグランジュの公式)}$$

問 11.5　次の (1), (2) によりあたえられた, 空間内の 2 点 A, B を通る直線の方程式を求めよ.

(1) A$(1, 2, 3)$, B$(6, 5, 4)$　　(2) A$(3, 2, 1)$, B$(9, 6, 3)$

□□□ [⇨ 11・5]

問 11.6　空間ベクトル $\boldsymbol{a}$, $\boldsymbol{b}$, $\boldsymbol{c}$ を次の (1), (2) のように定めると, これ

らのベクトルの終点は同一直線上にはない．これらのベクトルの終点を通る平面の方程式を求めよ．

(1) $\boldsymbol{a} = \begin{pmatrix} 1 & 2 & 3 \end{pmatrix}$, $\boldsymbol{b} = \begin{pmatrix} 2 & 3 & 1 \end{pmatrix}$, $\boldsymbol{c} = \begin{pmatrix} 3 & 1 & 2 \end{pmatrix}$
(2) $\boldsymbol{a} = \begin{pmatrix} 1 & 1 & 1 \end{pmatrix}$, $\boldsymbol{b} = \begin{pmatrix} 2 & 2 & 2 \end{pmatrix}$, $\boldsymbol{c} = \begin{pmatrix} 3 & 4 & 5 \end{pmatrix}$

□□□ [⇨ 11・5]

チャレンジ問題

問 11.7　数物系　空間ベクトル $\boldsymbol{a}$, $\boldsymbol{b}$, $\boldsymbol{c}$, $\boldsymbol{x}$, $\boldsymbol{y}$, $\boldsymbol{z}$ に対して，

$$\langle \boldsymbol{a} \times \boldsymbol{b}, \boldsymbol{c} \rangle \langle \boldsymbol{x} \times \boldsymbol{y}, \boldsymbol{z} \rangle = \det \begin{pmatrix} \langle \boldsymbol{a}, \boldsymbol{x} \rangle & \langle \boldsymbol{a}, \boldsymbol{y} \rangle & \langle \boldsymbol{a}, \boldsymbol{z} \rangle \\ \langle \boldsymbol{b}, \boldsymbol{x} \rangle & \langle \boldsymbol{b}, \boldsymbol{y} \rangle & \langle \boldsymbol{b}, \boldsymbol{z} \rangle \\ \langle \boldsymbol{c}, \boldsymbol{x} \rangle & \langle \boldsymbol{c}, \boldsymbol{y} \rangle & \langle \boldsymbol{c}, \boldsymbol{z} \rangle \end{pmatrix}$$

が成り立つことを示せ．

□□□ [⇨ 11・4]

第3章のまとめ

サラスの方法

- 2次行列の場合

$$\begin{vmatrix} a & b \\ c & d \end{vmatrix} = ad - bc$$

- 3次行列の場合

$$\begin{vmatrix} a_{11} & a_{12} & a_{13} \\ a_{21} & a_{22} & a_{23} \\ a_{31} & a_{32} & a_{33} \end{vmatrix} = a_{11}a_{22}a_{33} + a_{12}a_{23}a_{31} + a_{13}a_{21}a_{32} - a_{13}a_{22}a_{31} - a_{12}a_{21}a_{33} - a_{11}a_{23}a_{32}$$

行列式の性質

- 列に関する多重線形性

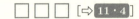

(1) $\left| \boldsymbol{a}_1 \ \cdots \ \boldsymbol{a}_{j-1} \ \boldsymbol{b}+\boldsymbol{c} \ \boldsymbol{a}_{j+1} \ \cdots \ \boldsymbol{a}_n \right|$

$$= \left| \boldsymbol{a}_1 \ \cdots \ \boldsymbol{a}_{j-1} \ \boldsymbol{b} \ \boldsymbol{a}_{j+1} \ \cdots \ \boldsymbol{a}_n \right| + \left| \boldsymbol{a}_1 \ \cdots \ \boldsymbol{a}_{j-1} \ \boldsymbol{c} \ \boldsymbol{a}_{j+1} \ \cdots \ \boldsymbol{a}_n \right|$$

(2) $\left| \boldsymbol{a}_1 \ \cdots \ \boldsymbol{a}_{j-1} \ c\boldsymbol{a}_j \ \boldsymbol{a}_{j+1} \ \cdots \ \boldsymbol{a}_n \right| = c\left| \boldsymbol{a}_1 \ \boldsymbol{a}_2 \ \cdots \ \boldsymbol{a}_n \right|$

- 列に関する交代性

$$\left| \boldsymbol{a}_1 \ \cdots \ \boldsymbol{a}_{i-1} \ \boldsymbol{b} \ \boldsymbol{a}_{i+1} \ \cdots \ \boldsymbol{a}_{j-1} \ \boldsymbol{c} \ \boldsymbol{a}_{j+1} \ \cdots \ \boldsymbol{a}_n \right| = -\left| \boldsymbol{a}_1 \ \cdots \ \boldsymbol{a}_{i-1} \ \boldsymbol{c} \ \boldsymbol{a}_{i+1} \ \cdots \ \boldsymbol{a}_{j-1} \ \boldsymbol{b} \ \boldsymbol{a}_{j+1} \ \cdots \ \boldsymbol{a}_n \right|$$

- 多重線形性，交代性は行に関しても成り立つ．

多重線形性と交代性の応用

$$\left| \boldsymbol{a}_1 \ \cdots \ \boldsymbol{a}_{i-1} \ \boldsymbol{a}_i + c\boldsymbol{a}_j \ \boldsymbol{a}_{i+1} \ \cdots \ \boldsymbol{a}_n \right| = \left| \boldsymbol{a}_1 \ \boldsymbol{a}_2 \ \cdots \ \boldsymbol{a}_n \right|$$

余因子展開

- 第 i 行に関する余因子展開

$$|A| = a_{i1}\tilde{a}_{i1} + a_{i2}\tilde{a}_{i2} + \cdots + a_{in}\tilde{a}_{in}$$

- 第 j 列に関する余因子展開

$$|A| = a_{1j}\tilde{a}_{1j} + a_{2j}\tilde{a}_{2j} + \cdots + a_{nj}\tilde{a}_{nj}$$

内積

- $\boldsymbol{a} = \begin{pmatrix} a_1 & a_2 \end{pmatrix}$，$\boldsymbol{b} = \begin{pmatrix} b_1 & b_2 \end{pmatrix}$ のとき

$$\langle \boldsymbol{a}, \boldsymbol{b} \rangle = a_1b_1 + a_2b_2$$

- $\boldsymbol{a} = \begin{pmatrix} a_1 & a_2 & a_3 \end{pmatrix}$，$\boldsymbol{b} = \begin{pmatrix} b_1 & b_2 & b_3 \end{pmatrix}$ のとき

$$\langle \boldsymbol{a}, \boldsymbol{b} \rangle = a_1b_1 + a_2b_2 + a_3b_3$$

外積

$$\begin{pmatrix} a_1 & a_2 & a_3 \end{pmatrix} \times \begin{pmatrix} b_1 & b_2 & b_3 \end{pmatrix} = \begin{pmatrix} a_2b_3 - a_3b_2 & a_3b_1 - a_1b_3 & a_1b_2 - a_2b_1 \end{pmatrix}$$

4 行列の指数関数

§12 行列の指数関数

§12 のポイント

- 指数関数に対する**マクローリン展開**を用いて，**行列の指数関数**を定義することができる.
- 可換な 2 つの正方行列に対しては，和の指数関数はそれぞれの指数関数の積となる.
- 行列の指数関数は正則である.
- 転置行列の指数関数は指数関数の転置行列である.
- 左右から正則行列とその逆行列を掛けることにより，指数関数が計算しやすくなる場合がある.
- 正方行列は上三角化可能である.
- 正方行列の対角成分の和を**トレース**という.
- 行列の指数関数の行列式はトレースの指数関数の値に等しい.

微分積分でも登場する指数関数 $y = e^x$（**図 12.1**）を一般化して，行列の指数関数を考えることができる．行列の指数関数は定数係数の線形常微分方

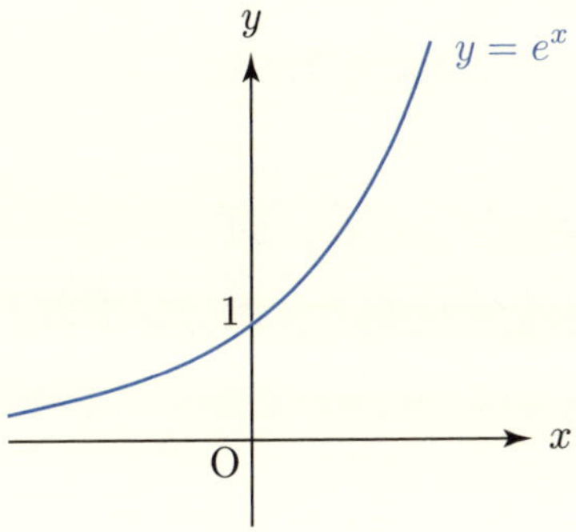

図 12.1　指数関数

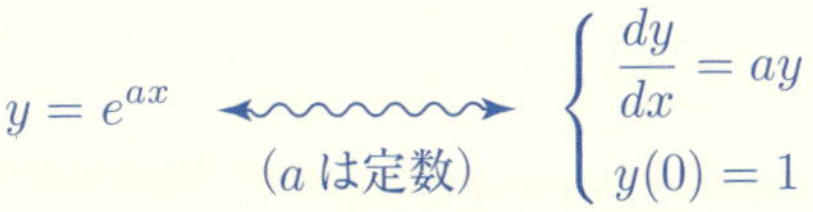

図 12.2　指数関数と微分方程式

程式［⇨ **問 5.4**］を解く際にも威力を発揮する基本的かつ重要なものである（**図 12.2**）．以下では行列の無限和が現れるが，収束に関する厳密な議論は省略する．

12・1　指数関数 e^x

ネイピアの定数または自然対数の底などとよばれる数 e は歴史的にはヤコブ・ベルヌーイが考察した数列の極限

$$e = \lim_{n \to \infty} \left(1 + \frac{1}{n}\right)^n \tag{12.1}$$

により定められる．高等学校では，e は指数関数 $y = a^x$ の原点における接線の傾きが 1 に等しくなるような a の値として定義することであろう．指数関数 e^x に対して，マクローリン展開

$$e^x = \sum_{n=0}^{\infty} \frac{x^n}{n!} = 1 + \frac{1}{1!}x + \frac{1}{2!}x^2 + \cdots + \frac{1}{n!}x^n + \cdots \tag{12.2}$$

が成り立ち，右辺は任意の x に対して収束する（**図 12.3**）．とくに，$x = 1$ とおくことにより，次の等式が得られる．

$$e = \sum_{n=0}^{\infty} \frac{1}{n!} = 1 + \frac{1}{1!} + \frac{1}{2!} + \cdots + \frac{1}{n!} + \cdots . \tag{12.3}$$

$$f(x) = \sum_{n=0}^{\infty} \frac{f^{(n)}(0)}{n!} x^n \quad (f^{(n)}(x) \text{ は } f(x) \text{ の第 } n \text{ 次導関数})$$
$$= \frac{f^{(0)}(0)}{0!}x^0 + \frac{f^{(1)}(0)}{1!}x^1 + \frac{f^{(2)}(0)}{2!}x^2 + \cdots + \frac{f^{(n)}(0)}{n!}x^n + \cdots$$

図 12.3　マクローリン展開

12・2　行列の指数関数

(12.2) の x に正方行列 A を代入したものを考え，

$$\exp A = \sum_{k=0}^{\infty} \frac{1}{k!} A^k = E + \frac{1}{1!}A + \frac{1}{2!}A^2 + \cdots + \frac{1}{k!}A^k + \cdots \qquad (12.4)$$

とおく[1]．$0! = 1$ であること，また 2・4 で約束したように，$A^0 = E$ であることに注意しよう．なお，微分積分学では級数は n について和をとることが多いが，本書では n は行列のサイズを表す文字として用いることが多いため，和は k についてとることにした．このとき，(12.4) の級数は任意の A に対して成分ごとに収束する［⇨［佐武］p.36］．$\exp A$ を行列 A の**指数関数**という．例えば，$A = O$ とすると，ただちに

$$\exp O = E \qquad (12.5)$$

を得る．$\exp A$ は通常の指数関数のように，e^A と書くこともある．

例題 12.1　A を (i, i) 成分が λ_i の n 次の対角行列，すなわち，

$$A = \begin{pmatrix} \lambda_1 & & & \text{\Large 0} \\ & \lambda_2 & & \\ & & \ddots & \\ \text{\Large 0} & & & \lambda_n \end{pmatrix} \qquad (12.6)$$

とする[2]．$\exp A$ を計算せよ．　□□□

---

1) exp は「指数の」という意味の英単語 “exponential”（エクスポネンシャル）の冒頭 3 文字である．

2) 対角成分以外の成分がすべて 0 であることを大きな 0 を用いて表す［⇨図 1.3］．

解　$k = 0, 1, 2, \cdots$ とすると，

$$A^k = \begin{pmatrix} \lambda_1^k & & & 0 \\ & \lambda_2^k & & \\ & & \ddots & \\ 0 & & & \lambda_n^k \end{pmatrix}. \tag{12.7}$$

よって，両辺に $\dfrac{1}{k!}$ を掛け，k について 0 から ∞ まで和をとると，(12.2) と (12.4) より，

$$\exp A = \begin{pmatrix} e^{\lambda_1} & & & 0 \\ & e^{\lambda_2} & & \\ & & \ddots & \\ 0 & & & e^{\lambda_n} \end{pmatrix}. \tag{12.8}$$

◇

12・3　基本的な性質

行列の指数関数の基本的な性質をあげていこう．

定理 12.1

A，B をともに n 次の正方行列とすると，次の (1)，(2) が成り立つ．

(1) A と B が可換ならば，

$$\exp(A+B) = (\exp A)(\exp B). \tag{12.9}$$

(2) $\exp A$ は正則で，

$$(\exp A)^{-1} = \exp(-A). \tag{12.10}$$

証明　(1) A と B が可換ならば，例えば

$$A^2B^2 = AABB = ABAB = ABBA = BAAB = BABA = BBAA \tag{12.11}$$

のように，A のいくつかと B のいくつかの積は順序によらずにすべて同じものとなるので，$k = 0, 1, 2, \cdots$ とすると，2 項展開

$$(A+B)^k = \sum_{l=0}^{k} \frac{k!}{l!(k-l)!} A^l B^{k-l} \tag{12.12}$$

が成り立つ．よって，

$$\begin{aligned}
\exp(A+B) &\overset{\because\ (12.4)}{=} \sum_{k=0}^{\infty} \frac{1}{k!}(A+B)^k = \sum_{k=0}^{\infty}\sum_{l=0}^{k} \frac{1}{l!(k-l)!} A^l B^{k-l} \\
&= \sum_{k=0}^{\infty} \sum_{p+q=k} \frac{1}{p!q!} A^p B^q \quad (\because\ p=l,\ q=k-l \text{ とおくと，} p+q=k) \\
&= \sum_{k=0}^{\infty} \sum_{p+q=k} \left(\frac{1}{p!}A^p\right)\left(\frac{1}{q!}B^q\right) = \sum_{p,q=0}^{\infty} \left(\frac{1}{p!}A^p\right)\left(\frac{1}{q!}B^q\right) \\
&= \left(\sum_{p=0}^{\infty} \frac{1}{p!}A^p\right)\left(\sum_{q=0}^{\infty} \frac{1}{q!}B^q\right) \overset{\because\ (12.4)}{=} (\exp A)(\exp B).
\end{aligned} \tag{12.13}$$

ただし，$\displaystyle\sum_{p+q=k}$ は $p+q=k$ をみたすすべての $p, q = 0, 1, 2, \cdots, k$ についての和を表し，$\displaystyle\sum_{p,q=0}^{\infty}$ は 0 以上のすべての整数 p, q についての和を表す．したがって，(12.9) が成り立つ．

(2)　A と $-A$ は可換なので，

$$(\exp A)(\exp(-A)) \overset{\because\ (1)}{=} \exp(A-A) = \exp O \overset{\because\ (12.5)}{=} E. \tag{12.14}$$

よって，

$$(\exp A)(\exp(-A)) = E. \tag{12.15}$$

したがって，$\exp A$ は正則で，(12.10) が成り立つ．　◇

定理 12.2

A を正方行列とすると，

$$\exp {}^t\!A = {}^t(\exp A). \tag{12.16}$$

とくに，A が対称行列ならば，$\exp A$ も対称行列である．

証明　$k = 0, 1, 2, \cdots$ とすると，

$$({}^tA)^k = {}^t(A^k) \tag{12.17}$$

が成り立つ．よって，

$$\exp {}^tA \overset{\because (12.4)}{=} \sum_{k=0}^{\infty} \frac{1}{k!}({}^tA)^k \overset{\because (12.17)}{=} \sum_{k=0}^{\infty} \frac{1}{k!}{}^t(A^k) = {}^t\left(\sum_{k=0}^{\infty} \frac{1}{k!}A^k\right)$$
$$\overset{\because (12.4)}{=} {}^t(\exp A). \tag{12.18}$$

すなわち，(12.16) が成り立つ．◇

定理 12.3

A を n 次の正方行列，P を n 次の正則行列とすると，

$$\exp(P^{-1}AP) = P^{-1}(\exp A)P. \tag{12.19}$$

証明　$k = 0, 1, 2, \cdots$ とすると，

$$(P^{-1}AP)^k = \underbrace{(P^{-1}AP)(P^{-1}AP)\cdots(P^{-1}AP)}_{k\ 個}$$
$$\overset{\because 積の結合律}{=} P^{-1}A(PP^{-1})A(PP^{-1})\cdots(PP^{-1})AP = P^{-1}AEAE\cdots EAP$$
$$= P^{-1}A^kP \tag{12.20}$$

が成り立つことを用いればよい．◇

注意 12.1　$\exp A$ について直接計算することが難しそうでも，$\exp(P^{-1}AP)$ が計算しやすい形であれば，定理 12.3 を用いることができる．この定理は第 7 章以降で扱う行列の対角化の応用で重要な役割を果たすので覚えておいてほしい．

12・4　行列の指数関数の行列式

以下では，正方行列の「上三角化」と「トレース」について簡単に述べた後，行列の指数関数の行列式の計算に対して，注意 12.1 で述べた考え方を適用してみよう．

A を n 次の正方行列とする．$P^{-1}AP$ が上三角行列 [⇨ (1.10)] となるような n 次の正則行列 P が存在するとき，A は**上三角化可能**である，または P によって**上三角化される**という．数を複素数の範囲にまで拡げた上で §19 で扱う固有値や固有ベクトルの概念を用いると，実は次が成り立つ [⇨ [佐武] p.164]．

定理 12.4

任意の正方行列は上三角化可能である．

次に，正方行列 A の対角成分の和を $\operatorname{tr}A$ と書き，A の**トレース**または英単語 "trace" を和訳して**跡**(せき)という．すなわち，A が n 次の正方行列で，$A = (a_{ij})_{n \times n}$ とおくと，

$$\operatorname{tr} A = \sum_{i=1}^{n} a_{ii} = a_{11} + a_{22} + \cdots + a_{nn} \tag{12.21}$$

である（**図 12.4**）．

$$\begin{pmatrix} a_{11} & a_{12} & \cdots & a_{1n} \\ a_{21} & a_{22} & \cdots & a_{2n} \\ \vdots & \vdots & \ddots & \vdots \\ a_{n1} & a_{n2} & \cdots & a_{nn} \end{pmatrix} \quad \text{— すべて足す}$$

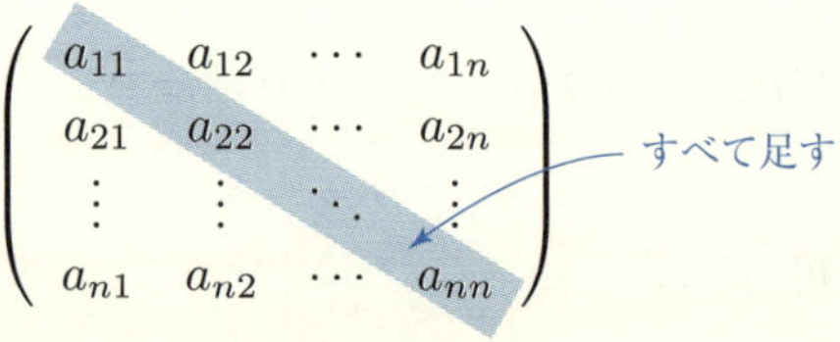

図 12.4 トレース

トレースは行列式とともに正方行列，より一般的にはベクトル空間の線形変換を調べる上で重要である．例えば，次の定理 12.5 が成り立つ [⇨ **問 12.4**]．

定理 12.5

A を n 次の正方行列，P を n 次の正則行列とすると，

$$\operatorname{tr}(P^{-1}AP) = \operatorname{tr} A. \tag{12.22}$$

それでは，行列の指数関数の行列式を計算しよう．

定理 12.6

A を正方行列とすると，

$$|\exp A| = e^{\mathrm{tr}\, A}. \tag{12.23}$$

証明　定理 12.4 より，ある正則行列 P が存在し，$P^{-1}AP$ は

$$P^{-1}AP = \begin{pmatrix} \lambda_1 & & & * \\ & \lambda_2 & & \\ & & \ddots & \\ \mathbf{0} & & & \lambda_n \end{pmatrix} \tag{12.24}$$

と上三角行列で表される．よって，

$$\begin{aligned} |\exp A| &\overset{\because\ 問 8.4}{=} |P^{-1}(\exp A)P| \overset{\because\ 定理 12.3}{=} |\exp(P^{-1}AP)| \\ &= \begin{vmatrix} e^{\lambda_1} & & & * \\ & e^{\lambda_2} & & \\ & & \ddots & \\ \mathbf{0} & & & e^{\lambda_n} \end{vmatrix} \overset{\because\ 定理 8.1}{=} e^{\lambda_1}e^{\lambda_2}\cdots e^{\lambda_n} = e^{\lambda_1+\lambda_2+\cdots+\lambda_n} \\ &= e^{\mathrm{tr}(P^{-1}AP)} \overset{\because\ 定理 12.5}{=} e^{\mathrm{tr}\, A}. \end{aligned} \tag{12.25}$$

したがって，(12.23) が成り立つ．　◇

§12 の問題

確認問題

問 12.1　A を次の (1)，(2) の正方行列とする．$\exp A$ を計算せよ．

(1) $A = \begin{pmatrix} 0 & \lambda & 0 \\ 0 & 0 & \lambda \\ 0 & 0 & 0 \end{pmatrix}$　(2) A はすべての成分が 1 の n 次の正方行列

□□□ [⇨ 12・2]

基本問題

問 12.2　正方行列 $\begin{pmatrix} \lambda & 1 \\ 0 & \lambda \end{pmatrix}$ の指数関数を求めよ.

□□□ [⇨ 12・3]

問 12.3　A が交代行列ならば, $\exp A$ は直交行列 [⇨ 問 8.7] であることを示せ.

□□□ [⇨ 12・3]

問 12.4　次の文章の □ をうめよ.

A, B を n 次の正方行列とする. トレースについて, 次の (1)〜(3) が成り立つことを示す.

(1) $\mathrm{tr}\,({}^tA) = \mathrm{tr}\,A$
(2) $\mathrm{tr}\,(AB) = \mathrm{tr}\,(BA)$
(3) B が正則行列のとき, $\mathrm{tr}\,(B^{-1}AB) = \mathrm{tr}\,A$

(1) ${}^tA$ の (i,i) 成分は A の ① 成分に一致するから, トレースの定義より, (1) が成り立つ.

(2) A, B の (i,j) 成分をそれぞれ a_{ij}, b_{ij} とおくと,

$$\mathrm{tr}\,(AB) = \sum_{i=1}^{n}\sum_{j=1}^{n} \boxed{②} = \sum_{j=1}^{n}\sum_{i=1}^{n} b_{ji}a_{ij} = \mathrm{tr}\,(\boxed{③}).$$

よって, (2) が成り立つ.

(3) B が正則行列ならば, B の逆行列 B^{-1} が存在し,

$$\mathrm{tr}\,(B^{-1}AB) = \mathrm{tr}\,(B^{-1}(AB)) \overset{\because (2)}{=} \mathrm{tr}\,(\boxed{④}) = \mathrm{tr}\,\boxed{⑤}.$$

よって, (3) が成り立つ.

□□□ [⇨ 12・4]

問 12.5　数物系　三角関数 $\sin x$, $\cos x$ に対して, マクローリン展開

$$\sin x = \sum_{n=0}^{\infty} \frac{(-1)^n}{(2n+1)!} x^{2n+1}, \quad \cos x = \sum_{n=0}^{\infty} \frac{(-1)^n}{(2n)!} x^{2n}$$

が成り立つことがわかる（✍）.

(1) $\exp\begin{pmatrix} a & b \\ -b & a \end{pmatrix}$ を計算せよ.

(2) 2 次の正方行列 A, B を

$$A = \begin{pmatrix} 0 & 1 \\ 0 & 0 \end{pmatrix}, \quad B = \begin{pmatrix} 0 & 0 \\ -1 & 0 \end{pmatrix}$$

により定める. $(\exp A)(\exp B)$, $\exp(A + B)$ を計算せよ.

(3) m を 0 でない整数とする. a, b, c が $a^2 + bc = -m^2\pi^2$ をみたすとき, $\exp\begin{pmatrix} a & b \\ c & -a \end{pmatrix}$ を計算せよ.　□□□ [⇨ 12・3]

チャレンジ問題

問 12.6　数物系　零行列ではない 3 次の交代行列 $A = \begin{pmatrix} 0 & a & b \\ -a & 0 & c \\ -b & -c & 0 \end{pmatrix}$ の指数関数 $\exp A$ は

$$\exp A = E + \frac{\sin r}{r} A + \frac{1 - \cos r}{r^2} A^2 \qquad (r = \sqrt{a^2 + b^2 + c^2})$$

と表されることを示せ.　□□□ [⇨ 12・3]

第 4 章のまとめ

行列の指数関数

A：正方行列

- $\exp A = \displaystyle\sum_{k=0}^{\infty} \frac{1}{k!} A^k = E + \frac{1}{1!} A + \frac{1}{2!} A^2 + \cdots + \frac{1}{k!} A^k + \cdots$

- $\exp \begin{pmatrix} \lambda_1 & & & \text{\huge 0} \\ & \lambda_2 & & \\ & & \ddots & \\ \text{\huge 0} & & & \lambda_n \end{pmatrix} = \begin{pmatrix} e^{\lambda_1} & & & \text{\huge 0} \\ & e^{\lambda_2} & & \\ & & \ddots & \\ \text{\huge 0} & & & e^{\lambda_n} \end{pmatrix}$

- B が A と可換な正方行列のとき

$$\exp(A + B) = (\exp A)(\exp B)$$

- $(\exp A)^{-1} = \exp(-A)$

- $\exp({}^t A) = {}^t(\exp A)$

- P が A と同じ型の正則行列のとき

$$\exp(P^{-1}AP) = P^{-1}(\exp A)P$$

トレース

A：正方行列

- $\operatorname{tr} A = \displaystyle\sum_{i=1}^{n} a_{ii} \quad (A = (a_{ij})_{n \times n})$

- P が A と同じ型の正則行列のとき

$$\operatorname{tr}(P^{-1}AP) = \operatorname{tr} A$$

- $|\exp A| = e^{\operatorname{tr} A}$

5 ベクトル空間

§13 ベクトル空間

§13 のポイント

- 和やスカラー倍の定められている集合を**ベクトル空間**という.
- ベクトル空間の例として，**行列のなす集合**，**数ベクトル空間**，**零空間**，**1 変数多項式のなす集合**などをあげることができる.
- ベクトル空間には**零ベクトル**が存在し，しかも一意的である.
- ベクトル空間の任意の元に対して，その**逆ベクトル**が一意的に存在する.
- 和やスカラー倍に関して閉じているベクトル空間の，空ではない部分集合を**部分空間**という.
- 同次連立 1 次方程式の**解空間**は数ベクトル空間の部分空間である.

13・1 ベクトル空間の定義

定理 2.1 で述べた行列の和とスカラー倍のみたす性質を一般化し，ベクトル空間を定義しよう．以下では，実数全体の集合を $\mathbf{R}$ と書く [1].

---

1) $\mathbf{R}$ は「実数」を意味する英単語 “real number”（リアル ナンバー）の頭文字の太文字である.

定義 13.1

V を集合とし，$\boldsymbol{x}, \boldsymbol{y}, \boldsymbol{z} \in V$，$c, d \in \mathbf{R}$ とする．V に**和**という演算

$$\boldsymbol{x} + \boldsymbol{y} \in V \tag{13.1}$$

および**スカラー倍**という演算

$$c\boldsymbol{x} \in V \tag{13.2}$$

が定められ，次の (1)〜(8) をみたすとき，V を**ベクトル空間**または**線形空間**という．また，V の元を**ベクトル**ともいう．

(1) $\boldsymbol{x} + \boldsymbol{y} = \boldsymbol{y} + \boldsymbol{x}$（**和の交換律**）

(2) $(\boldsymbol{x} + \boldsymbol{y}) + \boldsymbol{z} = \boldsymbol{x} + (\boldsymbol{y} + \boldsymbol{z})$（**和の結合律**）

(3) **零ベクトル**とよばれる V の元 $\mathbf{0}$ が存在し，任意の $\boldsymbol{x}$ に対して，$\boldsymbol{x} + \mathbf{0} = \mathbf{0} + \boldsymbol{x} = \boldsymbol{x}$ が成り立つ．

(4) $c(d\boldsymbol{x}) = (cd)\boldsymbol{x}$（**スカラー倍の結合律**）

(5) $(c + d)\boldsymbol{x} = c\boldsymbol{x} + d\boldsymbol{x}$（**分配律 I**）

(6) $c(\boldsymbol{x} + \boldsymbol{y}) = c\boldsymbol{x} + c\boldsymbol{y}$（**分配律 II**）

(7) $1\boldsymbol{x} = \boldsymbol{x}$

(8) $0\boldsymbol{x} = \mathbf{0}$

注意 13.1　定義 13.1 では $c, d \in \mathbf{R}$ なので，厳密には V を「$\mathbf{R}$ 上のベクトル空間」というが，本書では $\mathbf{C}$ 上のベクトル空間などは考えないので，単にベクトル空間とよぶことにする．ただし，$\mathbf{C}$ は複素数全体の集合である [2]．

また，定義 13.1 の (2) より，$(\boldsymbol{x} + \boldsymbol{y}) + \boldsymbol{z}$ および $\boldsymbol{x} + (\boldsymbol{y} + \boldsymbol{z})$ はともに $\boldsymbol{x} + \boldsymbol{y} + \boldsymbol{z}$ と書いても構わない．通常の数の足し算と同様である．

---

[2] $\mathbf{C}$ は「複素数」を意味する英単語 “complex number”（コンプレックス ナンバー）の頭文字の太文字である．

13・2　ベクトル空間の例

ベクトル空間の例をいくつかあげよう.

例 13.1（行列のなす集合）　実数を成分とする $m \times n$ 行列全体の集合を $M_{m,n}(\mathbf{R})$ と書くことにする. $m = n$ のときは, 簡単に $M_n(\mathbf{R})$ とも書く. 定理 2.1 と定義 13.1 より, $M_{m,n}(\mathbf{R})$ は行列としての和およびスカラー倍により, ベクトル空間になる. この場合の零ベクトルは m 行 n 列の零行列 $O_{m,n}$ である.

とくに§ 11 で扱ったように, 2 次の行ベクトルを平面ベクトルとみなすと, ベクトル空間

$$M_{1,2}(\mathbf{R}) = \left\{ \begin{pmatrix} x_1 & x_2 \end{pmatrix} \middle| \, x_1, x_2 \in \mathbf{R} \right\} \tag{13.3}$$

は平面ベクトル全体の集合とみなすことができる. 同様に, ベクトル空間

$$M_{1,3}(\mathbf{R}) = \left\{ \begin{pmatrix} x_1 & x_2 & x_3 \end{pmatrix} \middle| \, x_1, x_2, x_3 \in \mathbf{R} \right\} \tag{13.4}$$

は空間ベクトル全体の集合とみなすことができる. ◆

例 13.2（数ベクトル空間）　実数 x_1, x_2, $\cdots$, x_n を成分とする n 次の列ベクトル全体の集合を $\mathbf{R}^n$ と書く. すなわち,

$$\mathbf{R}^n = \left\{ \begin{pmatrix} x_1 \\ x_2 \\ \vdots \\ x_n \end{pmatrix} \middle| \, x_1, x_2, \cdots, x_n \in \mathbf{R} \right\} \tag{13.5}$$

である. 例 13.1 より, $\mathbf{R}^n$ は行列としての和およびスカラー倍を用いることによって, ベクトル空間になる. 零ベクトルは 1・7 で定義した零ベクトル $\mathbf{0}$ である. $\mathbf{R}^n$ を**数ベクトル空間**という.

とくに, $\mathbf{R}^1 = \mathbf{R}$ である. また, $\mathbf{R}$, $\mathbf{R}^2$, $\mathbf{R}^3$ は**図 13.1** のようにそれぞれ数直線, 座標平面, 座標空間で表されることも多い.

なお, 線形代数では列ベクトルに左から行列を掛けることが多いため, $\mathbf{R}^n$ を上のように定義したが, 微分積分などの教科書では実数を横に並べ,

$$\mathbf{R}^n = \{(x_1, x_2, \cdots, x_n) \mid x_1, x_2, \cdots, x_n \in \mathbf{R}\} \tag{13.6}$$

と記すこともある. ◆

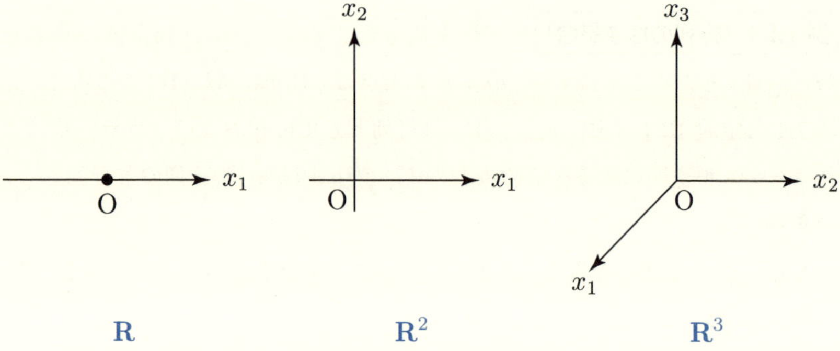

図 13.1　$\mathbf{R}$, $\mathbf{R}^2$, $\mathbf{R}^3$

例 13.3（零空間）　零ベクトルのみからなる集合 $\{\mathbf{0}\}$ は，どのような演算を行ってもすべて零ベクトルになると定めることにより，定義 13.1 の (1)〜(8) をみたす．よって，$\{\mathbf{0}\}$ はベクトル空間になり，これを**零空間**(れい)という． ◆

線形代数で基本的な例を考える場合には $\mathbf{R}^n$ を考えるとわかりやすいが，数学の世界ではさまざまなベクトル空間が $\mathbf{R}^n$ とは異なる形で現れる．そのような例として，次のようなベクトル空間をあげておこう．

例 13.4　実数係数の t に関する多項式全体の集合を $\mathbf{R}[t]$ と記す．$\mathbf{R}[t]$ は多項式の和およびスカラー倍により，ベクトル空間になる．例えば，多項式の例として

$$1 + t, \quad 2t + 3t^2 \in \mathbf{R}[t] \tag{13.7}$$

を考えると，これらの和およびスカラー倍は

$$(1 + t) + (2t + 3t^2) = 1 + 3t + 3t^2, \qquad 4(1 + t) = 4 + 4t \tag{13.8}$$

のように定められる．また，零ベクトルは定数 0 を考えればよい． ◆

13・3　基本的な事実

ベクトル空間の定義から導かれる基本的な事実をいくつか述べておこう.

定理 13.1

ベクトル空間の零ベクトルは一意的である.

証明　V をベクトル空間とし, $\mathbf{0}$, $\mathbf{0}'$ をともに V の零ベクトルとすると,

$$\begin{aligned}\mathbf{0}' &= \mathbf{0}' + \mathbf{0} \quad (\because\ \mathbf{0}\ \text{は零ベクトルなので}\ \mathbf{0}'\ \text{に加えても等号は成立}) \\ &= \mathbf{0} \quad (\because\ \mathbf{0}'\ \text{は零ベクトルなので}\ \mathbf{0}\ \text{に加えても等号は成立}). \end{aligned} \tag{13.9}$$

よって, $\mathbf{0} = \mathbf{0}'$, すなわち, 零ベクトルは一意的である.　◇

ベクトル空間 V の元 $\boldsymbol{x} \in V$ に対して, $\boldsymbol{x} + \boldsymbol{x}' = \mathbf{0}$ をみたす $\boldsymbol{x}' \in V$ を $\boldsymbol{x}$ の**逆ベクトル**という. このとき, 次の定理 13.2 が成り立つ.

定理 13.2

$\boldsymbol{x}$ に対して, $\boldsymbol{x}$ の逆ベクトル $\boldsymbol{x}'$ は一意的に存在する.

証明　まず, $\boldsymbol{x}'$ が存在することを示す.

$$\begin{aligned}\boldsymbol{x} + (-1)\boldsymbol{x} &\overset{\because\ \text{定義 13.1 (7)}}{=} 1\boldsymbol{x} + (-1)\boldsymbol{x} \overset{\because\ \text{定義 13.1 (5)}}{=} \{1 + (-1)\}\boldsymbol{x} \\ &= 0\boldsymbol{x} \overset{\because\ \text{定義 13.1 (8)}}{=} \mathbf{0} \end{aligned} \tag{13.10}$$

なので, $\boldsymbol{x} + (-1)\boldsymbol{x} = \mathbf{0}$. よって, $(-1)\boldsymbol{x}$ は $\boldsymbol{x}$ の逆ベクトルである.

次に, 一意性を示す. $\boldsymbol{x}'$, $\boldsymbol{x}''$ をともに $\boldsymbol{x}$ の逆ベクトルとすると,

$$\begin{aligned}\boldsymbol{x}'' &= \mathbf{0} + \boldsymbol{x}'' \ (\because\ \mathbf{0}\ \text{は零ベクトルなので}\ \boldsymbol{x}''\ \text{に加えても等号は成立}) \\ &= (\boldsymbol{x} + \boldsymbol{x}') + \boldsymbol{x}'' \ (\because\ \boldsymbol{x}'\ \text{は}\ \boldsymbol{x}\ \text{の逆ベクトル}) \overset{\because\ \text{定義 13.1 (1)}}{=} (\boldsymbol{x}' + \boldsymbol{x}) + \boldsymbol{x}'' \\ &\overset{\because\ \text{定義 13.1 (2)}}{=} \boldsymbol{x}' + (\boldsymbol{x} + \boldsymbol{x}'') = \boldsymbol{x}' + \mathbf{0} \quad (\because\ \boldsymbol{x}''\ \text{は}\ \boldsymbol{x}\ \text{の逆ベクトル}) \\ &= \boldsymbol{x}' \quad (\because\ \mathbf{0}\ \text{は零ベクトルなので}\ \boldsymbol{x}'\ \text{に加えても等号は成立}). \end{aligned} \tag{13.11}$$

よって, $\boldsymbol{x}' = \boldsymbol{x}''$, すなわち, 逆ベクトルは一意的である.　◇

注意 13.2　通常の数の演算の場合と同様に，$\boldsymbol{x}$ の逆ベクトルを $-\boldsymbol{x}$ と書く．さらに，$\boldsymbol{x}+(-\boldsymbol{y})$ を $\boldsymbol{x}-\boldsymbol{y}$ と書く．

また，定義 13.1 において，(8) は逆ベクトルが存在することに置き換えてもよい．実際，$\boldsymbol{x} \in V$ とすると，定義 13.1 の分配律 I より，

$$0\boldsymbol{x}+0\boldsymbol{x}=(0+0)\boldsymbol{x}=0\boldsymbol{x} \tag{13.12}$$

が成り立つが，逆ベクトルの存在を仮定し，$0\boldsymbol{x}$ の逆ベクトル $-0\boldsymbol{x}$ を最初と最後の式に足せば (8) が得られるからである．

さらに，定義 13.1 の (6) において，$\boldsymbol{x}=\boldsymbol{y}=\boldsymbol{0}$ とおくことにより，$c\boldsymbol{0}=\boldsymbol{0}$ が得られる（✍）．

13・4　部分空間

ベクトル空間が 1 つあると，その部分集合として部分空間というベクトル空間を考えることができる．

定義 13.2

V をベクトル空間，W を V の部分集合とする．W が V の和およびスカラー倍によりベクトル空間になるとき，W を V の**部分空間**という．

ベクトル空間の部分集合が部分空間になることを示すには，定義 13.1 の (1)〜(8) に相当する条件をすべて示す必要があるが，実際には次の定理 13.3 の 3 つの条件だけからこれら 8 つをすべて導くことができる（✍）．

定理 13.3（部分空間の条件）

V をベクトル空間，W を V の部分集合とする．W が V の部分空間であることと，次の (1)〜(3) が成り立つことは同値である．

(1) $\boldsymbol{0} \in W$

(2) $\boldsymbol{x}, \boldsymbol{y} \in W$ ならば，$\boldsymbol{x}+\boldsymbol{y} \in W$

(3) $c \in \mathbf{R}$，$\boldsymbol{x} \in W$ ならば，$c\boldsymbol{x} \in W$

注意 13.3　定理 13.3 の (1) は

$$(1)'\ W \text{ は空ではない.}$$

に置き換えてもよい．実際，(1) から (1)′ が導かれることは明らかである．逆に，(1)′ を仮定すると，ある $\boldsymbol{x} \in W$ が存在するから，定義 13.1 の (8) と定理 13.3 の (3) より，

$$\mathbf{0} = 0\boldsymbol{x} \in W, \tag{13.13}$$

すなわち，$\mathbf{0} \in W$ となり，(1) が示された．

定理 13.3 の (2) や (3) のような性質を，和とスカラー倍に関して**閉じている**という．よって，ベクトル空間 V の部分空間とは，V の和やスカラー倍に関して閉じている空ではない部分集合である．

13・5　部分空間の例

ベクトル空間には 2 種類の自明な部分空間が存在する．

例 13.5　V をベクトル空間とすると，V 自身および零空間 $\{\mathbf{0}\}$ はともに V の和およびスカラー倍によりベクトル空間になる．よって，V および $\{\mathbf{0}\}$ はともに V の部分空間である．◆

部分空間にはならない部分集合の例について，次の例題で考えてみよう．

例題 13.1　$\mathbf{R}^2$ の部分集合 W を次の (1), (2) のように定める．W は $\mathbf{R}^2$ の**部分空間ではない**ことを示せ．

(1) $W = \left\{ \begin{pmatrix} x_1 \\ x_2 \end{pmatrix} \in \mathbf{R}^2 \;\middle|\; x_2 = x_1 + 1 \right\}$

(2) $W = \left\{ \begin{pmatrix} x_1 \\ x_2 \end{pmatrix} \in \mathbf{R}^2 \;\middle|\; x_1 x_2 = 0 \right\}$　□□□

解　(1) $x_1 = 0$, $x_2 = 0$ は方程式

$$x_2 = x_1 + 1 \tag{13.14}$$

をみたさないので，$\mathbf{0} \notin W$．よって，W は定理 13.3 の部分空間の条件（1）をみたさない．したがって，W は $\mathbf{R}^2$ の部分空間ではない．

(2) $\boldsymbol{x} = \begin{pmatrix} 1 \\ 0 \end{pmatrix}$，$\boldsymbol{y} = \begin{pmatrix} 0 \\ 1 \end{pmatrix}$ とおく．$x_1 = 1$，$x_2 = 0$ は方程式

$$x_1 x_2 = 0 \tag{13.15}$$

をみたすので，$\boldsymbol{x} \in W$．同様に，$\boldsymbol{y} \in W$．しかし，

$$\boldsymbol{x} + \boldsymbol{y} = \begin{pmatrix} 1 \\ 1 \end{pmatrix} \tag{13.16}$$

で，$x_1 = 1$，$x_2 = 1$ は方程式 (13.15) をみたさないので，$\boldsymbol{x} + \boldsymbol{y} \notin W$．よって，$W$ は定理 13.3 の部分空間の条件（2）をみたさない．したがって，W は $\mathbf{R}^2$ の部分空間ではない．◇

$\mathbf{R}^n$ の部分空間となる部分集合の例を，次の例題 13.2 で考えてみよう．

例題 13.2　$A \in M_{m,n}(\mathbf{R})$ とし，$\mathbf{R}^n$ の部分集合 W を同次連立 1 次方程式 $A\boldsymbol{x} = \mathbf{0}$ の解全体の集合として定める．すなわち，

$$W = \{\boldsymbol{x} \in \mathbf{R}^n \mid A\boldsymbol{x} = \mathbf{0}\} \tag{13.17}$$

である．W は $\mathbf{R}^n$ の部分空間であることを示せ．□□□

解　**部分空間の条件（1）**　同次連立 1 次方程式は自明な解 $\boldsymbol{x} = \mathbf{0}$ をもつので，$\mathbf{0} \in W$．

部分空間の条件（2）　$\boldsymbol{x}, \boldsymbol{y} \in W$ とすると，$A\boldsymbol{x} = \mathbf{0}$，$A\boldsymbol{y} = \mathbf{0}$ より，

$$A(\boldsymbol{x} + \boldsymbol{y}) = A\boldsymbol{x} + A\boldsymbol{y} = \mathbf{0} + \mathbf{0} = \mathbf{0} \tag{13.18}$$

なので，$A(\boldsymbol{x} + \boldsymbol{y}) = \mathbf{0}$，すなわち，$\boldsymbol{x} + \boldsymbol{y} \in W$．

部分空間の条件（3）　$c \in \mathbf{R}$，$\boldsymbol{x} \in W$ とすると，$A\boldsymbol{x} = \mathbf{0}$ より，

$$A(c\boldsymbol{x}) = c(A\boldsymbol{x}) = c\mathbf{0} = \mathbf{0} \tag{13.19}$$

なので，$A(c\boldsymbol{x}) = \mathbf{0}$，すなわち，$c\boldsymbol{x} \in W$．

よって，定理 13.3 より，W は $\mathbf{R}^n$ の部分空間である．◇

注意 13.4　例題 13.2 の W を同次連立 1 次方程式 $A\boldsymbol{x} = \mathbf{0}$ の**解空間**という．線形代数では「空間」という言葉を使うことによって，単なる集合ではなくベクトル空間の構造，すなわち，定義 13.1 の性質すべてを兼ね備えていることを強調するのである．

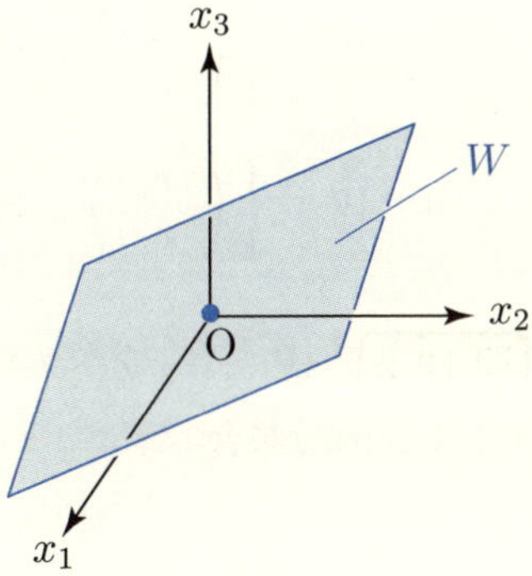

図 13.2　3 変数 x_1，x_2，x_3 の場合の解空間 W のイメージ

例 13.4 の多項式全体のなすベクトル空間 $\mathbf{R}[t]$ に対しては，次のような部分空間を考えることができる．

例 13.6　0 以上の整数 n を 1 つ固定しておき，n 次以下の実数係数の t に関する多項式全体の集合を $\mathbf{R}[t]_n$ と書く．例えば，

$$\mathbf{R}[t]_0 = \{a \mid a \in \mathbf{R}\}, \qquad \mathbf{R}[t]_1 = \{a + bt \mid a, b \in \mathbf{R}\}, \quad (13.20)$$

$$\mathbf{R}[t]_2 = \{a + bt + ct^2 \mid a, b, c \in \mathbf{R}\}. \quad (13.21)$$

このとき，定理 13.3 により，$\mathbf{R}[t]_n$ は $\mathbf{R}[t]$ の部分空間になる［⇨ 問 13.3］．

◆

§ 13 の問題

確認問題

問 13.1　次の問に答えよ．

(1) ベクトル空間の部分空間の定義を書け．

(2) W をベクトル空間 V の部分集合とする．W が V の部分空間であることと同値な 3 つの条件を書け．

(3) $\mathbf{R}^2$ の部分集合 W を次の（ア），（イ）のように定める．W は $\mathbf{R}^2$ の**部分空間ではない**ことを示せ．

（ア）$W = \left\{ \begin{pmatrix} x_1 \\ x_2 \end{pmatrix} \in \mathbf{R}^2 \;\middle|\; x_1 + 2x_2 = 3 \right\}$

（イ）$W = \left\{ \begin{pmatrix} x_1 \\ x_2 \end{pmatrix} \in \mathbf{R}^2 \;\middle|\; x_1 \geq 0 \right\}$　□□□ [⇨ 13・5]

問 13.2　W_1, W_2 をベクトル空間 V の部分空間とする.

(1) V の部分集合

$$W_1 \cap W_2 = \{\boldsymbol{x} \mid \boldsymbol{x} \in W_1 \text{ かつ } \boldsymbol{x} \in W_2\}$$

は V の部分空間であることを示せ.

(2) V の部分集合 $W_1 + W_2$ を

$$W_1 + W_2 = \{\boldsymbol{x} + \boldsymbol{y} \mid \boldsymbol{x} \in W_1,\ \boldsymbol{y} \in W_2\}$$

により定めると, $W_1 + W_2$ は V の部分空間であることを示せ. この $W_1 + W_2$ を W_1 と W_2 の**和空間**という.　□□□ [⇨ 13・5]

基本問題

問 13.3　n 次以下の実数係数の t に関する多項式全体の集合 $\mathbf{R}[t]_n$ は $\mathbf{R}[t]$ の部分空間であることを示せ.　□□□ [⇨ 13・5]

問 13.4　$A \in M_{k,l}(\mathbf{R})$, $B \in M_{m,n}(\mathbf{R})$, $C \in M_{k,n}(\mathbf{R})$ を固定しておき, $M_{l,m}(\mathbf{R})$ の部分集合 W を

$$W = \{X \in M_{l,m}(\mathbf{R}) \mid AXB = C\}$$

により定める. W が $M_{l,m}(\mathbf{R})$ の部分空間になるのはどのようなときか.

□□□ [⇨ 13・5]

問 13.5　n を 2 以上の自然数とし, $M_n(\mathbf{R})$ の部分集合 W を

$$W = \{X \in M_n(\mathbf{R}) \mid |X| = 0\}$$

により定める. W が $M_n(\mathbf{R})$ の部分空間になるかどうかを調べよ.

□□□ [⇨ 13・5]

チャレンジ問題

問 13.6　数物系　W_1, W_2 をベクトル空間 V の部分空間とする．V の部分集合

$$W_1 \cup W_2 = \{\boldsymbol{x} \mid \boldsymbol{x} \in W_1 \text{ または } \boldsymbol{x} \in W_2\}$$

が V の部分空間になるならば，$W_1 \subset W_2$ または $W_2 \subset W_1$ が成り立つことを示せ．　□□□ [⇨ 13・5]

§14　1次独立と1次従属

§14のポイント

- いくつかのベクトルをスカラー倍して加えたものを**1次結合**という.
- 1次結合が零ベクトルとなる等式を**1次関係**という.
- 自明な1次関係しかもたないベクトルは互いに**1次独立**であるという.
- 1次独立でないベクトルは**1次従属**であるという.
- 1次結合全体の集合は部分空間を**生成する**.
- $\mathbf{R}^n$ の n 個のベクトルが1次独立であるかどうかは行列式の計算で判定できる.

ここでは，ベクトル空間に関して基本的な1次独立および1次従属という概念を中心に述べていこう．なお,「1次」という言葉は「線形」という言葉に置き換えられることもある．例えば，1次独立を線形独立という.

14・1　1次独立と1次従属の定義

定義 14.1

V をベクトル空間とし，$\boldsymbol{x}_1, \boldsymbol{x}_2, \cdots, \boldsymbol{x}_m \in V$，$c_1, c_2, \cdots, c_m \in \mathbf{R}$ とする．式

$$c_1\boldsymbol{x}_1 + c_2\boldsymbol{x}_2 + \cdots + c_m\boldsymbol{x}_m \tag{14.1}$$

を $\boldsymbol{x}_1$，$\boldsymbol{x}_2$，$\cdots$，$\boldsymbol{x}_m$ の**1次結合**という．等式

$$c_1\boldsymbol{x}_1 + c_2\boldsymbol{x}_2 + \cdots + c_m\boldsymbol{x}_m = \mathbf{0} \tag{14.2}$$

が成り立つとき，これを $\boldsymbol{x}_1$，$\boldsymbol{x}_2$，$\cdots$，$\boldsymbol{x}_m$ の**1次関係**という．$\boldsymbol{x}_1$，$\boldsymbol{x}_2$，$\cdots$，$\boldsymbol{x}_m$ が**自明な1次関係**しかもたないとき，すなわち，上の1次関係が成り立つのは

$$c_1 = c_2 = \cdots = c_m = 0 \tag{14.3}$$

のときに限るとき，$\boldsymbol{x}_1$，$\boldsymbol{x}_2$，$\cdots$，$\boldsymbol{x}_m$ は互いに**1 次独立である**という．$\boldsymbol{x}_1$，$\boldsymbol{x}_2$，$\cdots$，$\boldsymbol{x}_m$ が 1 次独立でないとき，$\boldsymbol{x}_1$，$\boldsymbol{x}_2$，$\cdots$，$\boldsymbol{x}_m$ は**1 次従属である**という．

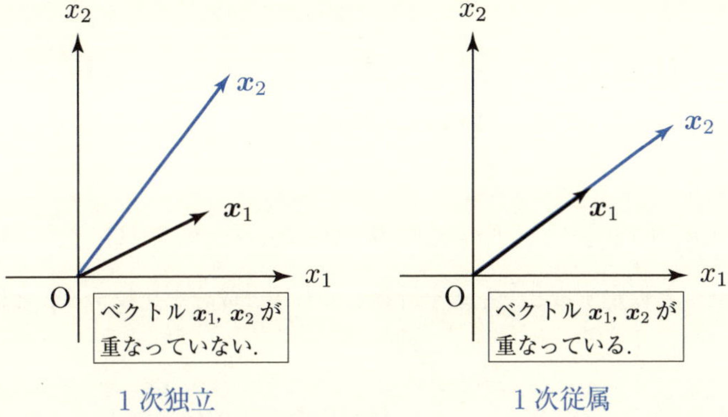

図 14.1　1 次独立と 1 次従属のイメージ（平面ベクトル $\boldsymbol{x}_1$ と $\boldsymbol{x}_2$ の場合）

14・2　1 次独立なベクトルの例

定義 14.1 の例として，数ベクトル空間 $\mathbf{R}^n$ や例 13.6 で定義した多項式からなるベクトル空間 $\mathbf{R}[t]_n$ を考えてみよう．

例 14.1（基本ベクトル）　$\mathbf{R}^n$ のベクトル $\boldsymbol{e}_1$，$\boldsymbol{e}_2$，$\cdots$，$\boldsymbol{e}_n$ を例 3.3 のように，

$$\boldsymbol{e}_1 = \begin{pmatrix} 1 \\ 0 \\ \vdots \\ 0 \end{pmatrix}, \quad \boldsymbol{e}_2 = \begin{pmatrix} 0 \\ 1 \\ \vdots \\ 0 \end{pmatrix}, \quad \cdots, \quad \boldsymbol{e}_n = \begin{pmatrix} 0 \\ 0 \\ \vdots \\ 1 \end{pmatrix} \tag{14.4}$$

により定める．これらを $\mathbf{R}^n$ の**基本ベクトル**という（**図 14.2**）．このとき，$\boldsymbol{e}_1$，$\boldsymbol{e}_2$，$\cdots$，$\boldsymbol{e}_n$ は 1 次独立である．実際，1 次関係

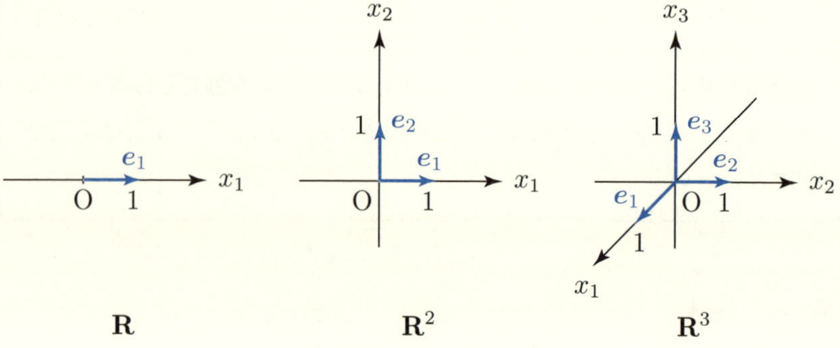

図 14.2　基本ベクトル

$$c_1\boldsymbol{e}_1 + c_2\boldsymbol{e}_2 + \cdots + c_n\boldsymbol{e}_n = \mathbf{0} \quad (c_1, c_2, \cdots, c_n \in \mathbf{R}) \tag{14.5}$$

が成り立つと仮定すると，左辺を計算して右辺と成分を比較することにより，

$$c_1 = c_2 = \cdots = c_n = 0 \tag{14.6}$$

が得られるので，$\boldsymbol{e}_1$，$\boldsymbol{e}_2$，$\cdots$，$\boldsymbol{e}_n$ は自明な 1 次関係

$$0\boldsymbol{e}_1 + 0\boldsymbol{e}_2 + \cdots + 0\boldsymbol{e}_n = \mathbf{0} \tag{14.7}$$

しかもたない． ◆

例 14.2　$\mathbf{R}[t]_n$ の $(n+1)$ 個の元 1，t，t^2，$\cdots$，t^n は 1 次独立である．実際，$\mathbf{R}[t]_n$ の零ベクトルが定数 0 であることに注意すると，1 次関係は t に関する恒等式 [1)]

$$c_1 + c_2t + c_3t^2 \cdots + c_{n+1}t^n = 0 \quad (c_1, c_2, c_3, \cdots, c_{n+1} \in \mathbf{R}) \tag{14.8}$$

で表され，これは

$$c_1 = c_2 = c_3 = \cdots = c_{n+1} = 0 \tag{14.9}$$

のときに限り成り立つ． ◆

1) 変数 $t \in \mathbf{R}$ の値によらず常に成り立つ等式のこと．

ベクトルを 1 つだけ選んだとき，それが 1 次独立あるいは 1 次従属となるのはどのようなときだろうか．

定理 14.1

ベクトル空間に属するベクトル $\boldsymbol{x}$ に対して，

$$\boldsymbol{x} \text{ が 1 次独立} \iff \boldsymbol{x} \neq \boldsymbol{0}$$
$$\boldsymbol{x} \text{ が 1 次従属} \iff \boldsymbol{x} = \boldsymbol{0}$$

証明　対偶を考えることにより，定理の後半「$\boldsymbol{x}$ が 1 次従属 $\iff \boldsymbol{x} = \boldsymbol{0}$」のみを示せばよい．

まず，$\boldsymbol{x}$ が 1 次従属であると仮定する．1 次従属の定義より，0 ではない数 $c \in \mathbf{R}$ が存在し，$c\boldsymbol{x} = \boldsymbol{0}$．よって，

$$\boldsymbol{0} = c^{-1}\boldsymbol{0} = c^{-1}(c\boldsymbol{x}) = (c^{-1}c)\boldsymbol{x} = 1\boldsymbol{x} = \boldsymbol{x}. \tag{14.10}$$

すなわち，$\boldsymbol{x} = \boldsymbol{0}$．

逆に，$\boldsymbol{x} = \boldsymbol{0}$ であると仮定する．このとき，自明ではない 1 次関係

$$1\boldsymbol{x} = \boldsymbol{0} \tag{14.11}$$

が成り立つから，$\boldsymbol{x}$ は 1 次従属である．したがって，後半が証明された．◇

14・3　部分空間の生成

ベクトルの 1 次結合を考えることにより，ベクトル空間の部分空間 [⇨ 13・4] を定めることができる．

定理 14.2

V をベクトル空間とし，$\boldsymbol{x}_1, \boldsymbol{x}_2, \cdots, \boldsymbol{x}_m \in V$ とする．このとき，V の部分集合 W を

$$W = \{c_1\boldsymbol{x}_1 + c_2\boldsymbol{x}_2 + \cdots + c_m\boldsymbol{x}_m \mid c_1, c_2, \cdots, c_m \in \mathbf{R}\} \tag{14.12}$$

により定めると，W は V の部分空間になる．

証明　**部分空間の条件 (1)**　$0 \in \mathbf{R}$ なので,

$$\mathbf{0} = 0\boldsymbol{x}_1 + 0\boldsymbol{x}_2 + \cdots + 0\boldsymbol{x}_m \in W \tag{14.13}$$

となり, $\mathbf{0} \in W$.

部分空間の条件 (2)　$\boldsymbol{x}, \boldsymbol{y} \in W$ とすると, ある $c_1, c_2, \cdots, c_m, d_1, d_2, \cdots, d_m \in \mathbf{R}$ を用いて,

$$\boldsymbol{x} = c_1\boldsymbol{x}_1 + c_2\boldsymbol{x}_2 + \cdots + c_m\boldsymbol{x}_m, \ \boldsymbol{y} = d_1\boldsymbol{x}_1 + d_2\boldsymbol{x}_2 + \cdots + d_m\boldsymbol{x}_m \tag{14.14}$$

と表すことができる. このとき,

$$\boldsymbol{x} + \boldsymbol{y} = (c_1 + d_1)\boldsymbol{x}_1 + (c_2 + d_2)\boldsymbol{x}_2 + \cdots + (c_m + d_m)\boldsymbol{x}_m \tag{14.15}$$

で, $c_1 + d_1, c_2 + d_2, \cdots, c_m + d_m \in \mathbf{R}$ なので, $\boldsymbol{x} + \boldsymbol{y} \in W$.

部分空間の条件 (3)　$c \in \mathbf{R}$, $\boldsymbol{x} \in W$ とすると, ある $c_1, c_2, \cdots, c_m \in \mathbf{R}$ を用いて,

$$\boldsymbol{x} = c_1\boldsymbol{x}_1 + c_2\boldsymbol{x}_2 + \cdots + c_m\boldsymbol{x}_m \tag{14.16}$$

と表すことができる. このとき,

$$c\boldsymbol{x} = (cc_1)\boldsymbol{x}_1 + (cc_2)\boldsymbol{x}_2 + \cdots + (cc_m)\boldsymbol{x}_m \tag{14.17}$$

で, $cc_1, cc_2, \cdots, cc_m \in \mathbf{R}$ なので, $c\boldsymbol{x} \in W$.

よって, 定理 13.3 より, W は V の部分空間である.　◇

(14.12) で定義される W を $\boldsymbol{x}_1$, $\boldsymbol{x}_2$, $\cdots$, $\boldsymbol{x}_m$ で**生成される**または**張られる** V の部分空間といい,

$$W = \langle \boldsymbol{x}_1, \boldsymbol{x}_2, \cdots, \boldsymbol{x}_m \rangle_{\mathbf{R}} \tag{14.18}$$

と書く [2)] (**図 14.3**).

次の例 14.3 は例 3.3 のいい換えである.

例 14.3　$\boldsymbol{e}_1$, $\boldsymbol{e}_2$, $\cdots$, $\boldsymbol{e}_n$ を $\mathbf{R}^n$ の基本ベクトルとすると,

$$\mathbf{R}^n = \langle \boldsymbol{e}_1, \boldsymbol{e}_2, \cdots, \boldsymbol{e}_n \rangle_{\mathbf{R}}. \tag{14.19}$$

◆

---

2) $\langle\ ,\ \rangle$ の右下の $\mathbf{R}$ は, (14.12) のように 1 次結合を考えるときの $\boldsymbol{x}_1$, $\boldsymbol{x}_2$, $\cdots$, $\boldsymbol{x}_m$ の係数 c_1, c_2, $\cdots$, c_m が実数, すなわち, $\mathbf{R}$ の元であることを示すために添えられている.

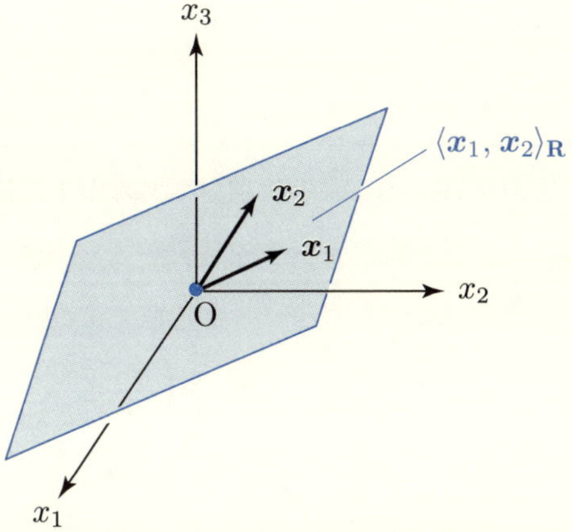

図 14.3　空間ベクトル $\boldsymbol{x}_1$，$\boldsymbol{x}_2$ で生成される部分空間 $\langle \boldsymbol{x}_1, \boldsymbol{x}_2 \rangle_{\mathbf{R}}$

14・4　$\mathbf{R}^n$ のベクトルの 1 次独立性と 1 次従属性

$\mathbf{R}^n$ の n 個のベクトルが 1 次独立であるか 1 次従属であるかの判定は，行列式の計算に帰着できる．

定理 14.3

$\boldsymbol{a}_1, \boldsymbol{a}_2, \cdots, \boldsymbol{a}_n \in \mathbf{R}^n$ とする．$\boldsymbol{a}_1$，$\boldsymbol{a}_2$，$\cdots$，$\boldsymbol{a}_n$ が 1 次独立であるための必要十分条件は

$$\begin{vmatrix} \boldsymbol{a}_1 & \boldsymbol{a}_2 & \cdots & \boldsymbol{a}_n \end{vmatrix} \neq 0. \tag{14.20}$$

証明　$\boldsymbol{a}_1$，$\boldsymbol{a}_2$，$\cdots$，$\boldsymbol{a}_n$ が 1 次独立であるとは，これらが自明な 1 次関係しかもたないことであったので，$\boldsymbol{x} \in \mathbf{R}^n$ についての同次連立 1 次方程式

$$\begin{pmatrix} \boldsymbol{a}_1 & \boldsymbol{a}_2 & \cdots & \boldsymbol{a}_n \end{pmatrix} \boldsymbol{x} = \mathbf{0} \tag{14.21}$$

が自明な解しかもたないことと同値である．これは定理 6.4 より，

係数行列が正則であること，

さらに，定理 9.3 より，

$$\begin{vmatrix} \boldsymbol{a}_1 & \boldsymbol{a}_2 & \cdots & \boldsymbol{a}_n \end{vmatrix} \neq 0 \tag{14.22}$$

と同値である. ◇

例題 14.1　次の (1)〜(3) が1次独立であるか1次従属であるかを調べよ.

(1) $\mathbf{R}^2$ のベクトル

$$\boldsymbol{a}_1 = \begin{pmatrix} 1 \\ 2 \end{pmatrix}, \quad \boldsymbol{a}_2 = \begin{pmatrix} 3 \\ 4 \end{pmatrix} \tag{14.23}$$

(2) $\mathbf{R}^2$ のベクトル

$$\boldsymbol{a}_1 = \begin{pmatrix} 3 \\ 1 \end{pmatrix}, \quad \boldsymbol{a}_2 = \begin{pmatrix} 6 \\ 2 \end{pmatrix} \tag{14.24}$$

(3) $\mathbf{R}^3$ のベクトル

$$\boldsymbol{a}_1 = \begin{pmatrix} 0 \\ 1 \\ 2 \end{pmatrix}, \quad \boldsymbol{a}_2 = \begin{pmatrix} 1 \\ 0 \\ 3 \end{pmatrix}, \quad \boldsymbol{a}_3 = \begin{pmatrix} 2 \\ 3 \\ 0 \end{pmatrix} \tag{14.25}$$

□□□

解　(1) サラスの方法より,

$$\begin{vmatrix} \boldsymbol{a}_1 & \boldsymbol{a}_2 \end{vmatrix} = 1 \cdot 4 - 3 \cdot 2 = -2 \neq 0. \tag{14.26}$$

よって, 定理 14.3 より, $\boldsymbol{a}_1$, $\boldsymbol{a}_2$ は1次独立である.

(2) サラスの方法より,

$$\begin{vmatrix} \boldsymbol{a}_1 & \boldsymbol{a}_2 \end{vmatrix} = 3 \cdot 2 - 6 \cdot 1 = 0. \tag{14.27}$$

よって, 定理 14.3 より, $\boldsymbol{a}_1$, $\boldsymbol{a}_2$ は1次従属である.

(3) サラスの方法より,

$$\begin{aligned} \begin{vmatrix} \boldsymbol{a}_1 & \boldsymbol{a}_2 & \boldsymbol{a}_3 \end{vmatrix} &= 0 \cdot 0 \cdot 0 + 1 \cdot 3 \cdot 2 + 2 \cdot 1 \cdot 3 \\ &\quad - 2 \cdot 0 \cdot 2 - 1 \cdot 1 \cdot 0 - 0 \cdot 3 \cdot 3 = 12 \neq 0. \end{aligned} \tag{14.28}$$

よって, 定理 14.3 より, $\boldsymbol{a}_1$, $\boldsymbol{a}_2$, $\boldsymbol{a}_3$ は1次独立である. ◇

定理 14.3 が適用できない場合も考えてみよう.

例題 14.2　$\mathbf{R}^4$ のベクトル

$$\boldsymbol{a}_1 = \begin{pmatrix} 0 \\ 1 \\ 2 \\ 3 \end{pmatrix}, \quad \boldsymbol{a}_2 = \begin{pmatrix} 1 \\ 0 \\ 3 \\ 2 \end{pmatrix}, \quad \boldsymbol{a}_3 = \begin{pmatrix} 2 \\ 3 \\ 0 \\ 1 \end{pmatrix} \tag{14.29}$$

が 1 次独立であるか 1 次従属であるかを調べよ．□□□

解　$\boldsymbol{x} \in \mathbf{R}^3$ についての同次連立 1 次方程式

$$\begin{pmatrix} \boldsymbol{a}_1 & \boldsymbol{a}_2 & \boldsymbol{a}_3 \end{pmatrix} \boldsymbol{x} = \mathbf{0} \tag{14.30}$$

の係数行列 $\begin{pmatrix} \boldsymbol{a}_1 & \boldsymbol{a}_2 & \boldsymbol{a}_3 \end{pmatrix}$ の基本変形を行うと，

$$\begin{aligned}
\begin{pmatrix} \boldsymbol{a}_1 & \boldsymbol{a}_2 & \boldsymbol{a}_3 \end{pmatrix} &= \begin{pmatrix} 0 & 1 & 2 \\ 1 & 0 & 3 \\ 2 & 3 & 0 \\ 3 & 2 & 1 \end{pmatrix} \xrightarrow[\text{第 4 行} - \text{第 2 行} \times 3]{\text{第 3 行} - \text{第 2 行} \times 2} \begin{pmatrix} 0 & 1 & 2 \\ 1 & 0 & 3 \\ 0 & 3 & -6 \\ 0 & 2 & -8 \end{pmatrix} \\
&\xrightarrow[\text{第 4 行} - \text{第 1 行} \times 2]{\text{第 3 行} - \text{第 1 行} \times 3} \begin{pmatrix} 0 & 1 & 2 \\ 1 & 0 & 3 \\ 0 & 0 & -12 \\ 0 & 0 & -12 \end{pmatrix} \xrightarrow[\text{第 4 行} - \text{第 3 行}]{\text{第 1 行と第 2 行の入れ替え}} \begin{pmatrix} 1 & 0 & 3 \\ 0 & 1 & 2 \\ 0 & 0 & -12 \\ 0 & 0 & 0 \end{pmatrix} \\
&\xrightarrow{\text{第 3 行} \times \left(-\frac{1}{12}\right)} \begin{pmatrix} 1 & 0 & 3 \\ 0 & 1 & 2 \\ 0 & 0 & 1 \\ 0 & 0 & 0 \end{pmatrix} \xrightarrow[\text{第 2 行} - \text{第 3 行} \times 2]{\text{第 1 行} - \text{第 3 行} \times 3} \begin{pmatrix} 1 & 0 & 0 \\ 0 & 1 & 0 \\ 0 & 0 & 1 \\ 0 & 0 & 0 \end{pmatrix}.
\end{aligned} \tag{14.31}$$

よって，連立 1 次方程式 (14.30) は自明な解

$$\boldsymbol{x} = \begin{pmatrix} x_1 \\ x_2 \\ x_3 \end{pmatrix} = \begin{pmatrix} 0 \\ 0 \\ 0 \end{pmatrix} \tag{14.32}$$

しかもたない．したがって，$\boldsymbol{a}_1$，$\boldsymbol{a}_2$，$\boldsymbol{a}_3$ は 1 次独立である．◇

例 14.4　$\mathbf{R}^2$ のベクトル $\boldsymbol{a}_1$，$\boldsymbol{a}_2$，$\boldsymbol{a}_3$ を

$$\boldsymbol{a}_1 = \begin{pmatrix} 101 \\ 102 \end{pmatrix}, \quad \boldsymbol{a}_2 = \begin{pmatrix} 103 \\ 104 \end{pmatrix}, \quad \boldsymbol{a}_3 = \begin{pmatrix} 105 \\ 106 \end{pmatrix} \tag{14.33}$$

により定める．定理 5.2 の (2) において，いま $m=2$，$n=3$ より $m<n$ なので，$\boldsymbol{x}\in\mathbf{R}^3$ についての同次連立 1 次方程式

$$\begin{pmatrix} \boldsymbol{a}_1 & \boldsymbol{a}_2 & \boldsymbol{a}_3 \end{pmatrix}\boldsymbol{x}=\mathbf{0} \tag{14.34}$$

は自明でない解をもつ．よって，$\boldsymbol{a}_1$，$\boldsymbol{a}_2$，$\boldsymbol{a}_3$ は 1 次従属である．◆

§14 の問題

確認問題

問 14.1　次の問に答えよ．

(1) ベクトル $\boldsymbol{x}_1$，$\boldsymbol{x}_2$，$\cdots$，$\boldsymbol{x}_m$ が 1 次独立，1 次従属であることの定義を書け．

(2) 次の（ア），(イ) が 1 次独立であるか 1 次従属であるかを調べよ．

（ア）$\mathbf{R}^3$ のベクトル

$$\boldsymbol{a}_1=\begin{pmatrix}2\\1\\1\end{pmatrix},\quad \boldsymbol{a}_2=\begin{pmatrix}1\\2\\1\end{pmatrix},\quad \boldsymbol{a}_3=\begin{pmatrix}1\\1\\2\end{pmatrix}$$

（イ）$\mathbf{R}^4$ のベクトル

$$\boldsymbol{a}_1=\begin{pmatrix}0\\1\\2\\3\end{pmatrix},\quad \boldsymbol{a}_2=\begin{pmatrix}1\\0\\3\\2\end{pmatrix},\quad \boldsymbol{a}_3=\begin{pmatrix}2\\3\\0\\1\end{pmatrix},\quad \boldsymbol{a}_4=\begin{pmatrix}3\\2\\1\\0\end{pmatrix}$$

□□□ [⇨ 14・4]

問 14.2　$\mathbf{R}^4$ のベクトル

$$\boldsymbol{a}_1=\begin{pmatrix}0\\1\\2\\3\end{pmatrix},\quad \boldsymbol{a}_2=\begin{pmatrix}1\\0\\3\\2\end{pmatrix},\quad \boldsymbol{a}_3=\begin{pmatrix}-2\\3\\0\\5\end{pmatrix}$$

が 1 次独立であるか 1 次従属であるかを調べよ．　□□□ [⇨ 14・4]

基本問題

問 14.3　W_1, W_2 をベクトル空間 V の部分空間とする.

(1) 和空間 $W_1 + W_2$ の定義を書け.

(2) W_1, W_2 がそれぞれ $\boldsymbol{x}_1, \cdots, \boldsymbol{x}_m, \boldsymbol{y}_1, \cdots, \boldsymbol{y}_n \in V$ を用いて

$$W_1 = \langle \boldsymbol{x}_1, \cdots, \boldsymbol{x}_m \rangle_{\mathbf{R}}, \qquad W_2 = \langle \boldsymbol{y}_1, \cdots, \boldsymbol{y}_n \rangle_{\mathbf{R}}$$

と表されるとき,

$$W_1 + W_2 = \langle \boldsymbol{x}_1, \cdots, \boldsymbol{x}_m, \boldsymbol{y}_1, \cdots, \boldsymbol{y}_n \rangle_{\mathbf{R}}$$

を示せ.　□□□ [⇨ 14・3]

チャレンジ問題

問 14.4　数物系　A を n 次の正方行列とする. $A^m = O$ かつ $m \geq 2$ をみたす整数 m が存在し, さらに, ある $\boldsymbol{x} \in \mathbf{R}^n$ に対して, $A^{m-1}\boldsymbol{x} \neq \mathbf{0}$ となると仮定する.

(1) $\boldsymbol{x}$, $A\boldsymbol{x}$, $A^2\boldsymbol{x}$, $\cdots$, $A^{m-1}\boldsymbol{x}$ は 1 次独立であることを示せ.

(2) $m \leq n$ であることを示せ.

(3) $m = n = 3$ とする. すなわち, A は 3 次の正方行列で, $A^3 = O$ をみたし, さらに, ある $\boldsymbol{x} \in \mathbf{R}^3$ に対して, $A^2\boldsymbol{x} \neq \mathbf{0}$ となると仮定する. このとき,

$$P = \begin{pmatrix} A^2\boldsymbol{x} & A\boldsymbol{x} & \boldsymbol{x} \end{pmatrix}$$

とおく. $P^{-1}AP$ を計算せよ.　□□□ [⇨ 14・2]

§15　基底と次元

§15のポイント

- **基底**を構成するベクトルは互いに1次独立である.
- 基底を構成するベクトルはベクトル空間全体を生成する.
- $\mathbf{R}^n$ の n 個の基本ベクトルからなる組 $\{\boldsymbol{e}_1, \boldsymbol{e}_2, \cdots, \boldsymbol{e}_n\}$ を**標準基底**という.
- 基底を構成するベクトルの個数をベクトル空間の**次元**という.
- $\mathbf{R}^n$ の次元は n である.
- 同次連立1次方程式の解空間の基底を**基本解**という.
- n 次元ベクトル空間の n 個のベクトルが基底であること, 1次独立であること, ベクトル空間を生成することは互いに同値である.

15・1　基底とは

ベクトル空間があたえられると, それを生成するベクトルの中で性質の良い「基底」というものを考えることができる. 基底を用いると, ベクトル空間に対して「次元」という量を対応させることができる. これはベクトルを指定するのに必要な座標の個数である. ベクトル空間には有限次元のものと無限次元のものがあるが, 線形代数では主に有限次元のベクトル空間を扱う.

定義 15.1

V をベクトル空間とし, $\boldsymbol{a}_1, \boldsymbol{a}_2, \cdots, \boldsymbol{a}_n \in V$ とする. 組 $\{\boldsymbol{a}_1, \boldsymbol{a}_2, \cdots, \boldsymbol{a}_n\}$ が次の (1), (2) をみたすとき, $\{\boldsymbol{a}_1, \boldsymbol{a}_2, \cdots, \boldsymbol{a}_n\}$ を V の**基底**という.

(1) $\boldsymbol{a}_1$, $\boldsymbol{a}_2$, $\cdots$, $\boldsymbol{a}_n$ は1次独立である.

(2) $V = \langle \boldsymbol{a}_1, \boldsymbol{a}_2, \cdots, \boldsymbol{a}_n \rangle_{\mathbf{R}}$, すなわち,
　　V は $\boldsymbol{a}_1$, $\boldsymbol{a}_2$, $\cdots$, $\boldsymbol{a}_n$ で生成される.

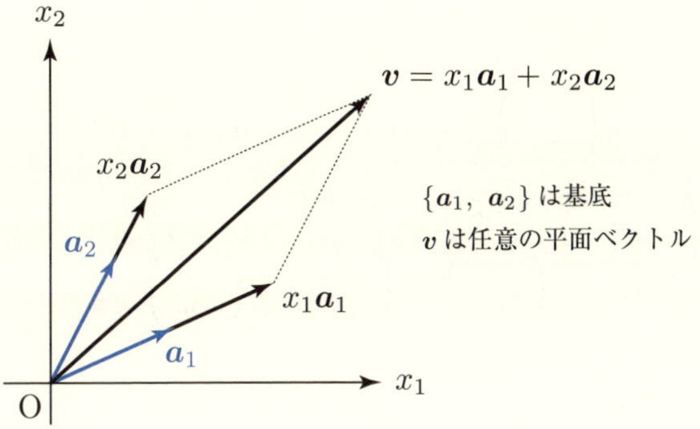

図 15.1　平面ベクトル全体のなすベクトル空間に対する基底

15・2　基底の例

$\mathbf{R}^n$ に対しては次のような基底を考えることが多い.

例 15.1（標準基底）　$\boldsymbol{e}_1$, $\boldsymbol{e}_2$, $\cdots$, $\boldsymbol{e}_n$ を $\mathbf{R}^n$ の基本ベクトルとする. 例 14.1 より, $\boldsymbol{e}_1$, $\boldsymbol{e}_2$, $\cdots$, $\boldsymbol{e}_n$ は 1 次独立で, 例 14.3 より,

$$\mathbf{R}^n = \langle \boldsymbol{e}_1, \boldsymbol{e}_2, \cdots, \boldsymbol{e}_n \rangle_{\mathbf{R}} \tag{15.1}$$

である. よって, 定義 15.1 より, $\{\boldsymbol{e}_1, \boldsymbol{e}_2, \cdots, \boldsymbol{e}_n\}$ は $\mathbf{R}^n$ の基底である. これを $\mathbf{R}^n$ の**標準基底**という. ◆

$\mathbf{R}^n$ の基底は標準基底のみではない. $n = 2$ の場合を例にあげてみよう.

例 15.2　$\mathbf{R}^2$ のベクトル $\boldsymbol{a}_1$, $\boldsymbol{a}_2$ を

$$\boldsymbol{a}_1 = \begin{pmatrix} 1 \\ 2 \end{pmatrix}, \quad \boldsymbol{a}_2 = \begin{pmatrix} 3 \\ 4 \end{pmatrix} \tag{15.2}$$

により定めると, 例題 14.1 の (1) より, $\boldsymbol{a}_1$, $\boldsymbol{a}_2$ は 1 次独立である.

ここで, $\begin{pmatrix} x_1 \\ x_2 \end{pmatrix} \in \mathbf{R}^2$ が $\boldsymbol{a}_1$, $\boldsymbol{a}_2$ の 1 次結合で

$$\begin{pmatrix} x_1 \\ x_2 \end{pmatrix} = c_1\boldsymbol{a}_1 + c_2\boldsymbol{a}_2 \quad (c_1, c_2 \in \mathbf{R}) \tag{15.3}$$

と表されるかどうかを調べよう．この式を

$$\begin{pmatrix} x_1 \\ x_2 \end{pmatrix} = \begin{pmatrix} 1 & 3 \\ 2 & 4 \end{pmatrix} \begin{pmatrix} c_1 \\ c_2 \end{pmatrix} \tag{15.4}$$

と書き直し，両辺に左から $\begin{pmatrix} 1 & 3 \\ 2 & 4 \end{pmatrix}^{-1}$ を掛けると,

$$\begin{aligned} \begin{pmatrix} c_1 \\ c_2 \end{pmatrix} &= \begin{pmatrix} 1 & 3 \\ 2 & 4 \end{pmatrix}^{-1} \begin{pmatrix} x_1 \\ x_2 \end{pmatrix} \overset{\because \text{定理 } 6.1}{=} -\frac{1}{2} \begin{pmatrix} 4 & -3 \\ -2 & 1 \end{pmatrix} \begin{pmatrix} x_1 \\ x_2 \end{pmatrix} \\ &= \begin{pmatrix} -2x_1 + \dfrac{3}{2}x_2 \\ x_1 - \dfrac{1}{2}x_2 \end{pmatrix} \end{aligned} \tag{15.5}$$

となるので,

$$c_1 = -2x_1 + \frac{3}{2}x_2, \qquad c_2 = x_1 - \frac{1}{2}x_2 \tag{15.6}$$

である．(15.3), (15.6) より, $\begin{pmatrix} x_1 \\ x_2 \end{pmatrix} \in \mathbf{R}^2$ は $\boldsymbol{a}_1$, $\boldsymbol{a}_2$ の 1 次結合で

$$\begin{pmatrix} x_1 \\ x_2 \end{pmatrix} = \left(-2x_1 + \frac{3}{2}x_2\right)\boldsymbol{a}_1 + \left(x_1 - \frac{1}{2}x_2\right)\boldsymbol{a}_2 \tag{15.7}$$

と表されるので, $\mathbf{R}^2$ は $\boldsymbol{a}_1$, $\boldsymbol{a}_2$ で生成される．

よって，定義 15.1 より, $\{\boldsymbol{a}_1, \boldsymbol{a}_2\}$ は $\mathbf{R}^2$ の基底である． ◆

15・3　次元

1 つのベクトル空間に対する基底には様々な例が考えられるが，次の定理 15.1 が成り立つ［⇨［佐武］p.95, 定理 1］.

定理 15.1

ベクトル空間が定義 15.1 で定義された基底をもつならば，基底を構成するベクトルの個数は基底の選び方によらない．

定義 15.2

V を定義 15.1 で定義された基底をもつベクトル空間とする．V の基底を構成するベクトルの個数を V の**次元**といい，$\dim V$ と書く[1]．ただし，零空間の次元は 0 であると約束する．

零空間および定義 15.1 で定義された基底をもつベクトル空間は**有限次元**であるといい，有限次元でないベクトル空間は**無限次元**であるという．

注意 15.1 無限次元ベクトル空間に対しても基底を考えることができる．ベクトル空間に対する基底の存在は選択公理［⇨［内田］p.41］と深く関わる．

15・4 次元の計算例

例 15.3 $\mathbf{R}^n$ の基底の例として標準基底を考えてみよう．$\mathbf{R}^n$ の標準基底は n 個の基本ベクトルからなる．よって，$\mathbf{R}^n$ の次元は

$$\dim \mathbf{R}^n = n \tag{15.8}$$

である． ◆

例 15.4 例 13.1 で述べた，実数を成分とする $m \times n$ 行列全体からなるベクトル空間 $M_{m,n}(\mathbf{R})$ を考えよう．そもそも，実数を成分とする $m \times n$ 行列とは実数を長方形状に mn 個並べたものであるので，$M_{m,n}(\mathbf{R})$ を数ベクトル空間 $\mathbf{R}^{mn}$ と同一視すれば（**図 15.2**），例 15.3 より，$M_{m,n}(\mathbf{R})$ の次元は

$$\dim M_{m,n}(\mathbf{R}) = \dim \mathbf{R}^{mn} = mn \tag{15.9}$$

である．

---

1) 定理 15.1 より，次元の定義は well-defined［⇨ 4・2］である．

$$M_{2,3}(\mathbf{R}) \ni \begin{pmatrix} a_{11} & a_{12} & a_{13} \\ a_{21} & a_{22} & a_{23} \end{pmatrix} \longleftrightarrow \begin{pmatrix} a_{11} \\ a_{12} \\ a_{13} \\ a_{21} \\ a_{22} \\ a_{23} \end{pmatrix} \in \mathbf{R}^6$$

成分を並び替えれば $M_{2,3}(\mathbf{R})$ と $\mathbf{R}^6$ は同じ空間

図 15.2　$M_{2,3}(\mathbf{R})$ と $\mathbf{R}^6$ の同一視

あるいは，$M_{m,n}(\mathbf{R})$ において数ベクトル空間の標準基底に対応するものとして，次のものを考えることができる．$i = 1, 2, \cdots, m$，$j = 1, 2, \cdots, n$ を固定しておき，(i, j) 成分が 1 で，その他の成分がすべて 0 の $M_{m,n}(\mathbf{R})$ の元を E_{ij} と書く．E_{ij} を**行列単位**という[2]．例えば，$M_{2,3}(\mathbf{R})$ における行列単位は

$$E_{11} = \begin{pmatrix} 1 & 0 & 0 \\ 0 & 0 & 0 \end{pmatrix},\ E_{12} = \begin{pmatrix} 0 & 1 & 0 \\ 0 & 0 & 0 \end{pmatrix},\ E_{13} = \begin{pmatrix} 0 & 0 & 1 \\ 0 & 0 & 0 \end{pmatrix},$$
$$E_{21} = \begin{pmatrix} 0 & 0 & 0 \\ 1 & 0 & 0 \end{pmatrix},\ E_{22} = \begin{pmatrix} 0 & 0 & 0 \\ 0 & 1 & 0 \end{pmatrix},\ E_{23} = \begin{pmatrix} 0 & 0 & 0 \\ 0 & 0 & 1 \end{pmatrix} \tag{15.10}$$

である．$M_{m,n}(\mathbf{R})$ において mn 個の行列単位 E_{ij}（$i = 1, 2, \cdots, m$，$j = 1, 2, \cdots, n$）は 1 次独立となる．さらに，$M_{m,n}(\mathbf{R})$ はこれらの行列で生成されるので，$\{E_{ij}\ (i = 1, 2, \cdots, m,\ j = 1, 2, \cdots, n)\}$[3] は $M_{m,n}(\mathbf{R})$ の基底となる．◆

例 15.5　例 14.2 より，$\mathbf{R}[t]_n$ の $(n+1)$ 個の元 1，t，t^2，$\cdots$，t^n は 1 次独立である．さらに，n 次以下の実数係数の t に関する多項式とはこれらの 1 次結合

$$c_1 + c_2 t + c_3 t^2 + \cdots + c_{n+1} t^n \quad (c_1, c_2, c_3, \cdots, c_{n+1} \in \mathbf{R}) \tag{15.11}$$

に他ならないから，

---

[2] 行列単位は単位行列とは異なることに注意しよう．

[3] 例えば，集合 $\{x_1, x_2, \cdots, x_n\}$ を $\{x_i\ (i = 1, 2, \cdots, n)\}$ と表す．これに対して，$\{x_i\}$（$i = 1, 2, \cdots, n$）は n 個の集合 $\{x_1\}$，$\{x_2\}$，$\cdots$，$\{x_n\}$ のことを指す．

$$\mathbf{R}[t]_n = \langle 1, t, t^2, \cdots, t^n \rangle_{\mathbf{R}} \tag{15.12}$$

である．よって，定義 15.1 より，$\{1, t, t^2, \cdots, t^n\}$ は $\mathbf{R}[t]_n$ の基底で，$\mathbf{R}[t]_n$ の次元は

$$\dim \mathbf{R}[t]_n = n + 1 \tag{15.13}$$

である．

なお，$\mathbf{R}[t]_n$ とは異なり，実数係数の t に関する多項式全体からなるベクトル空間 $\mathbf{R}[t]$ は無限次元である．なぜならば，$\mathbf{R}[t]$ から有限個の元を選んだだけでは，それらの元よりも次数の高い多項式をそれらの 1 次結合で表すことは不可能であるため，$\mathbf{R}[t]$ は有限次元とはなり得ないからである．◆

例題 13.2 で扱った同次連立 1 次方程式の解空間の次元についても考えてみよう．A を $m \times n$ 行列とし，W を同次連立 1 次方程式 $A\boldsymbol{x} = \mathbf{0}$ の解空間とする．すなわち，

$$W = \{\boldsymbol{x} \in \mathbf{R}^n | A\boldsymbol{x} = \mathbf{0}\} \tag{15.14}$$

である．解空間 W の基底を**基本解**（**図 15.3**）という．注意 5.1 より，次の定理 15.2 が成り立つ．

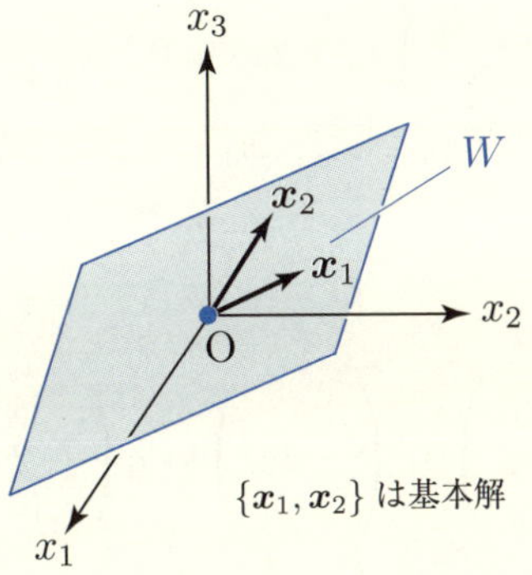

図 15.3　3 変数 x_1，x_2，x_3 の場合の基本解

定理 15.2

$$\dim W = n - \operatorname{rank} A$$

例題 15.1　同次連立 1 次方程式

$$\begin{pmatrix} 1 & 2 & 3 \\ 3 & 2 & 1 \end{pmatrix} \begin{pmatrix} x_1 \\ x_2 \\ x_3 \end{pmatrix} = \mathbf{0} \tag{15.15}$$

の解空間の次元と 1 組の基本解を求めよ.　□□□

解　係数行列の行に関する基本変形を行うと,

$$\begin{pmatrix} 1 & 2 & 3 \\ 3 & 2 & 1 \end{pmatrix} \xrightarrow{\text{第 2 行} - \text{第 1 行} \times 3} \begin{pmatrix} 1 & 2 & 3 \\ 0 & -4 & -8 \end{pmatrix} \xrightarrow{\text{第 2 行} \times (-\frac{1}{4})}$$
$$\begin{pmatrix} 1 & 2 & 3 \\ 0 & 1 & 2 \end{pmatrix} \xrightarrow{\text{第 1 行} - \text{第 2 行} \times 2} \begin{pmatrix} 1 & 0 & -1 \\ 0 & 1 & 2 \end{pmatrix}. \tag{15.16}$$

よって, 方程式に戻すと,

$$\begin{pmatrix} 1 & 0 & -1 \\ 0 & 1 & 2 \end{pmatrix} \begin{pmatrix} x_1 \\ x_2 \\ x_3 \end{pmatrix} = \begin{pmatrix} 0 \\ 0 \end{pmatrix}. \tag{15.17}$$

すなわち,

$$\begin{cases} x_1 - x_3 = 0 \\ x_2 + 2x_3 = 0 \end{cases} \tag{15.18}$$

となり, $c \in \mathbf{R}$ を任意の定数として, $x_3 = c$ とおくと, 解は

$$x_1 = c, \quad x_2 = -2c, \quad x_3 = c \tag{15.19}$$

と表されるので,

$$\begin{pmatrix} x_1 \\ x_2 \\ x_3 \end{pmatrix} = \begin{pmatrix} c \\ -2c \\ c \end{pmatrix} = c \begin{pmatrix} 1 \\ -2 \\ 1 \end{pmatrix}. \tag{15.20}$$

したがって, 解空間 W は

$$W = \left\{ c \begin{pmatrix} 1 \\ -2 \\ 1 \end{pmatrix} \middle| \, c \in \mathbf{R} \right\} \tag{15.21}$$

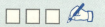

となる．さらに，解空間の次元は $\dim W = 1$ で，例えば，$c = 1$ とした $\left\{ \begin{pmatrix} 1 \\ -2 \\ 1 \end{pmatrix} \right\}$ が 1 組の基本解である．

なお，係数行列を

$$A = \begin{pmatrix} 1 & 2 & 3 \\ 3 & 2 & 1 \end{pmatrix} \tag{15.22}$$

とおくと，$\mathrm{rank}\, A = 2$ で，定理 15.2 が

$$\dim W = n - \mathrm{rank}\, A = 3 - 2 = 1 \tag{15.23}$$

として成り立っていることも確認できる．◇

15・5　基底となるための条件

ベクトル空間が有限次元とわかっている場合は，基底となりうるベクトルの組は少なくとも次元と同じ個数のベクトルからなる必要がある．実は，これらが実際に基底となるかどうかは定義 15.1 の条件 (1), (2) の一方のみを調べればよい．すなわち，次の定理 15.3 が成り立つ［⇨［佐武］p.100］．

定理 15.3

V を n 次元のベクトル空間とし，$\boldsymbol{a}_1, \boldsymbol{a}_2, \cdots, \boldsymbol{a}_n \in V$ とする．次の (1) ～(3) は互いに同値である．

(1) $\{\boldsymbol{a}_1, \boldsymbol{a}_2, \cdots, \boldsymbol{a}_n\}$ は V の基底である．

(2) $\boldsymbol{a}_1$, $\boldsymbol{a}_2$, $\cdots$, $\boldsymbol{a}_n$ は 1 次独立である．

(3) $V = \langle \boldsymbol{a}_1, \boldsymbol{a}_2, \cdots, \boldsymbol{a}_n \rangle_{\mathbf{R}}$

例題 15.2　$\mathbf{R}^3$ の 3 つのベクトル

$$\boldsymbol{a}_1 = \begin{pmatrix} 1 \\ 1 \\ 1 \end{pmatrix}, \quad \boldsymbol{a}_2 = \begin{pmatrix} 0 \\ 1 \\ 1 \end{pmatrix}, \quad \boldsymbol{a}_3 = \begin{pmatrix} 0 \\ 0 \\ 1 \end{pmatrix} \tag{15.24}$$

は $\mathbf{R}^3$ の基底であることを示せ．□□□

解　まず，例 15.3 より，$\dim \mathbf{R}^3 = 3$ であることに注意する．また，

$$\left| \, \boldsymbol{a}_1 \quad \boldsymbol{a}_2 \quad \boldsymbol{a}_3 \, \right| \overset{\text{☉ 定理 8.4}}{=} 1 \neq 0. \tag{15.25}$$

よって，定理 14.3 より，$\boldsymbol{a}_1$，$\boldsymbol{a}_2$，$\boldsymbol{a}_3$ は 1 次独立である．したがって，定理 15.3 より，$\{\boldsymbol{a}_1, \boldsymbol{a}_2, \boldsymbol{a}_3\}$ は $\mathbf{R}^3$ の基底である． ◇

§15の問題

確認問題

問 15.1　同次連立 1 次方程式

$$\begin{pmatrix} 1 & 0 & 1 & 1 \\ 2 & 1 & 3 & 1 \\ 3 & 2 & 5 & 1 \end{pmatrix} \begin{pmatrix} x_1 \\ x_2 \\ x_3 \\ x_4 \end{pmatrix} = \mathbf{0}$$

の解空間の次元と 1 組の基本解を求めよ．　□□□ [⇨ 15・4]

問 15.2　$\mathbf{R}^3$ の 3 つのベクトル

$$\boldsymbol{a}_1 = \begin{pmatrix} \cos\theta \\ \sin\theta \\ 0 \end{pmatrix}, \quad \boldsymbol{a}_2 = \begin{pmatrix} -\sin\theta \\ \cos\theta \\ 0 \end{pmatrix}, \quad \boldsymbol{a}_3 = \begin{pmatrix} 0 \\ 0 \\ 1 \end{pmatrix}$$

は $\mathbf{R}^3$ の基底であることを示せ．　□□□ [⇨ 15・5]

基本問題

問 15.3　$a \in \mathbf{R}$ とし，$\boldsymbol{a}_1, \boldsymbol{a}_2, \boldsymbol{a}_3, \boldsymbol{a}_4 \in \mathbf{R}^4$ を

$$\boldsymbol{a}_1 = \begin{pmatrix} a \\ 1 \\ 1 \\ 1 \end{pmatrix}, \quad \boldsymbol{a}_2 = \begin{pmatrix} 1 \\ a \\ 1 \\ 1 \end{pmatrix}, \quad \boldsymbol{a}_3 = \begin{pmatrix} 1 \\ 1 \\ a \\ 1 \end{pmatrix}, \quad \boldsymbol{a}_4 = \begin{pmatrix} 1 \\ 1 \\ 1 \\ a \end{pmatrix}$$

により定める．$\mathbf{R}^4$ が $\boldsymbol{a}_1$，$\boldsymbol{a}_2$，$\boldsymbol{a}_3$，$\boldsymbol{a}_4$ で**生成されない**ときの a の値を求めよ．

□□□ [⇨ 15・5]

問 15.4　数物系　実数を成分とする n 次の正方行列全体からなるベクトル空間 $M_n(\mathbf{R})$ の部分集合 W を次の (1)～(4) により定めると，W は $M_n(\mathbf{R})$ の部分空間となる（✍）．それぞれの場合について W の次元と 1 組の基底を求めよ．

(1) $W = \{X \in M_n(\mathbf{R}) \mid X$ は対称行列$\}$

(2) $W = \{X \in M_n(\mathbf{R}) \mid X$ は交代行列$\}$

(3) $W = \{X \in M_n(\mathbf{R}) \mid X$ は上三角行列$\}$

(4) $W = \{X \in M_n(\mathbf{R}) \mid \operatorname{tr} X = 0\}$（$\operatorname{tr} X$ は X のトレース［⇨ 12・4］）

□□□［⇨ 15・4］

チャレンジ問題

問 15.5　数物系　W_1，W_2 をベクトル空間 V の有限次元部分空間とする．このとき，等式

$$\dim(W_1 + W_2) = \dim W_1 + \dim W_2 - \dim(W_1 \cap W_2)$$

が成り立つ［⇨［佐武］p.102，定理 4］．これを部分空間に対する**次元定理**という．部分空間に対する次元定理を用いて，次の (1)～(3) が互いに同値であることを示せ．

(1) $\dim(W_1 + W_2) = \dim W_1 + \dim W_2$

(2) $W_1 \cap W_2 = \{\mathbf{0}\}$

(3) 任意の $\boldsymbol{x} \in W_1 + W_2$ は

$$\boldsymbol{x} = \boldsymbol{x}_1 + \boldsymbol{x}_2 \quad (\boldsymbol{x}_1 \in W_1,\ \boldsymbol{x}_2 \in W_2)$$

と一意的に表される．

補足　上の (1)～(3) が成り立つとき，$W_1 + W_2$ は W_1 と W_2 の**直和**であるといい，

$$W_1 + W_2 = W_1 \oplus W_2$$

と書く．

□□□［⇨ 15・3］

§16 基底変換

§16のポイント

- ベクトル空間の基底を選んでおくと，ベクトルにはその基底に関する**成分**が対応する．
- ベクトル空間の基底の取り替えは**基底変換行列**を用いて表す．
- **基底変換行列は正則である**．
- 基底変換によってベクトルの成分がどう変わるかは基底変換行列を用いて表すことができる．

ベクトル空間に対する基底の選び方は1通りではない．有限次元ベクトル空間の場合，2つの基底の間の変換を考えると，それは正方行列を用いて表すことができる．

16・1 基底に関する成分

まず準備として，ベクトルの成分について述べよう．V を n 次元のベクトル空間とする（$\dim V = n$）．V の基底を1組選んでおき，$\{\boldsymbol{a}_1, \boldsymbol{a}_2, \cdots, \boldsymbol{a}_n\}$ とする．このとき，V の任意のベクトル $\boldsymbol{v}$ は

$$\boldsymbol{v} = x_1\boldsymbol{a}_1 + x_2\boldsymbol{a}_2 + \cdots + x_n\boldsymbol{a}_n \quad (x_1, x_2, \cdots, x_n \in \mathbf{R}) \tag{16.1}$$

と表される．なぜならば，基底の定義15.1の（2）より，V は $\boldsymbol{a}_1$，$\boldsymbol{a}_2$，$\cdots$，$\boldsymbol{a}_n$ で生成されるからである．しかも，(16.1) の実数 x_1，x_2，$\cdots$ ，x_n は一意的である．実際，$\boldsymbol{v}$ が

$$\boldsymbol{v} = x'_1\boldsymbol{a}_1 + x'_2\boldsymbol{a}_2 + \cdots + x'_n\boldsymbol{a}_n \quad (x'_1, x'_2, \cdots, x'_n \in \mathbf{R}) \tag{16.2}$$

とも表されるとすると，

$$x_1\boldsymbol{a}_1 + x_2\boldsymbol{a}_2 + \cdots + x_n\boldsymbol{a}_n = x'_1\boldsymbol{a}_1 + x'_2\boldsymbol{a}_2 + \cdots + x'_n\boldsymbol{a}_n \tag{16.3}$$

となるので，

$$(x_1 - x_1')\boldsymbol{a}_1 + (x_2 - x_2')\boldsymbol{a}_2 + \cdots + (x_n - x_n')\boldsymbol{a}_n = \boldsymbol{0}. \tag{16.4}$$

ここで，基底の定義 15.1 の (1) より，$\boldsymbol{a}_1$，$\boldsymbol{a}_2$，$\cdots$，$\boldsymbol{a}_n$ は 1 次独立なので，$\boldsymbol{a}_1$，$\boldsymbol{a}_2$，$\cdots$，$\boldsymbol{a}_n$ は自明な 1 次関係

$$0\boldsymbol{a}_1 + 0\boldsymbol{a}_2 + \cdots + 0\boldsymbol{a}_n = \boldsymbol{0} \tag{16.5}$$

しかもたない．よって，

$$x_1 - x_1' = x_2 - x_2' = \cdots = x_n - x_n' = 0. \tag{16.6}$$

すなわち，

$$x_1 = x_1', \quad x_2 = x_2', \quad \cdots, \quad x_n = x_n' \tag{16.7}$$

である．(16.1) の x_1，x_2，$\cdots$，x_n を基底 $\{\boldsymbol{a}_1, \boldsymbol{a}_2, \cdots, \boldsymbol{a}_n\}$ に関する $\boldsymbol{v}$ の**成分**といい，

$$\boldsymbol{v} = \begin{pmatrix} \boldsymbol{a}_1 & \boldsymbol{a}_2 & \cdots & \boldsymbol{a}_n \end{pmatrix} \begin{pmatrix} x_1 \\ x_2 \\ \vdots \\ x_n \end{pmatrix} \tag{16.8}$$

と表す．ベクトルを成分とするような行列 $\begin{pmatrix} \boldsymbol{a}_1 & \boldsymbol{a}_2 & \cdots & \boldsymbol{a}_n \end{pmatrix}$ に対しても，(16.8) のような行列の積を考えるのである．このように表しておくと，今後の計算がすっきりすることがある．また，$V = \mathbf{R}^n$ のときは，(16.8) は未知変数 x_1，x_2，$\cdots$，x_n についての連立 1 次方程式とみなせることにも注意しよう．上で述べたことを定理 16.1 として簡単にまとめておこう．

定理 16.1

ベクトル空間の 1 つの基底に関する成分は一意的である．

16・2　成分の計算例

まず，$\mathbf{R}^n$ の標準基底 [⇨ 例 15.1] に関する成分を考えてみよう．

例 16.1　$\{\boldsymbol{e}_1, \boldsymbol{e}_2, \cdots, \boldsymbol{e}_n\}$ を $\mathbf{R}^n$ の標準基底とし，$\boldsymbol{v} = \begin{pmatrix} v_1 \\ v_2 \\ \vdots \\ v_n \end{pmatrix} \in \mathbf{R}^n$ とする．このとき，

$$\boldsymbol{v} = v_1\boldsymbol{e}_1 + v_2\boldsymbol{e}_2 + \cdots + v_n\boldsymbol{e}_n \tag{16.9}$$

なので，標準基底 $\{\boldsymbol{e}_1, \boldsymbol{e}_2, \cdots, \boldsymbol{e}_n\}$ に関する $\boldsymbol{v}$ の成分は v_1，v_2，$\cdots$，v_n である． ◆

ベクトルの成分は基底に依存する．次の例題 16.1 で確認してみよう．

例題 16.1　$\boldsymbol{a}_1, \boldsymbol{a}_2, \boldsymbol{a}_3, \boldsymbol{v} \in \mathbf{R}^3$ を

$$\boldsymbol{a}_1 = \begin{pmatrix} 0 \\ 1 \\ 2 \end{pmatrix}, \quad \boldsymbol{a}_2 = \begin{pmatrix} 1 \\ 0 \\ 3 \end{pmatrix}, \quad \boldsymbol{a}_3 = \begin{pmatrix} 2 \\ 3 \\ 0 \end{pmatrix}, \quad \boldsymbol{v} = \begin{pmatrix} 1 \\ 2 \\ 3 \end{pmatrix} \tag{16.10}$$

により定める．例題 14.1 の (3) より，$\{\boldsymbol{a}_1, \boldsymbol{a}_2, \boldsymbol{a}_3\}$ は $\mathbf{R}^3$ の基底である．基底 $\{\boldsymbol{a}_1, \boldsymbol{a}_2, \boldsymbol{a}_3\}$ に関する $\boldsymbol{v}$ の成分を求めよ． □□□

解　求める成分を x_1，x_2，x_3 とすると，(16.8) より，x_1，x_2，x_3 は連立 1 次方程式

$$\begin{pmatrix} \boldsymbol{a}_1 & \boldsymbol{a}_2 & \boldsymbol{a}_3 \end{pmatrix} \begin{pmatrix} x_1 \\ x_2 \\ x_3 \end{pmatrix} = \boldsymbol{v}, \tag{16.11}$$

すなわち，

$$\begin{pmatrix} 0 & 1 & 2 \\ 1 & 0 & 3 \\ 2 & 3 & 0 \end{pmatrix} \begin{pmatrix} x_1 \\ x_2 \\ x_3 \end{pmatrix} = \begin{pmatrix} 1 \\ 2 \\ 3 \end{pmatrix} \tag{16.12}$$

の解である．係数行列を A，$\boldsymbol{b} = \begin{pmatrix} 1 \\ 2 \\ 3 \end{pmatrix}$ とし，拡大係数行列 $(A|\boldsymbol{b})$ の行に関する基本変形を行うと，

$$(A|\boldsymbol{b}) = \left(\begin{array}{ccc|c} 0 & 1 & 2 & 1 \\ 1 & 0 & 3 & 2 \\ 2 & 3 & 0 & 3 \end{array}\right) \xrightarrow{\text{第 3 行} - \text{第 2 行} \times 2} \left(\begin{array}{ccc|c} 0 & 1 & 2 & 1 \\ 1 & 0 & 3 & 2 \\ 0 & 3 & -6 & -1 \end{array}\right)$$

$$\xrightarrow{\text{第 3 行} - \text{第 1 行} \times 3} \left(\begin{array}{ccc|c} 0 & 1 & 2 & 1 \\ 1 & 0 & 3 & 2 \\ 0 & 0 & -12 & -4 \end{array}\right) \xrightarrow[\text{第 3 行} \times \left(-\frac{1}{12}\right)]{\text{第 1 行と第 2 行の入れ替え}}$$

$$\left(\begin{array}{ccc|c} 1 & 0 & 3 & 2 \\ 0 & 1 & 2 & 1 \\ 0 & 0 & 1 & \frac{1}{3} \end{array}\right) \xrightarrow[\text{第 2 行} - \text{第 3 行} \times 2]{\text{第 1 行} - \text{第 3 行} \times 3} \left(\begin{array}{ccc|c} 1 & 0 & 0 & 1 \\ 0 & 1 & 0 & \frac{1}{3} \\ 0 & 0 & 1 & \frac{1}{3} \end{array}\right). \tag{16.13}$$

よって，方程式に戻すと，

$$\begin{pmatrix} 1 & 0 & 0 \\ 0 & 1 & 0 \\ 0 & 0 & 1 \end{pmatrix} \begin{pmatrix} x_1 \\ x_2 \\ x_3 \end{pmatrix} = \begin{pmatrix} 1 \\ \frac{1}{3} \\ \frac{1}{3} \end{pmatrix}. \tag{16.14}$$

したがって，$\boldsymbol{v}$ の成分は

$$x_1 = 1, \quad x_2 = \frac{1}{3}, \quad x_3 = \frac{1}{3}. \tag{16.15}$$

◇

16・3　基底変換行列

それでは，基底の取り替えを正方行列で表してみよう．再び，V を n 次元のベクトル空間とし，今度は V の 2 組の基底として $\{\boldsymbol{a}_1, \boldsymbol{a}_2, \cdots, \boldsymbol{a}_n\}$，$\{\boldsymbol{b}_1, \boldsymbol{b}_2, \cdots, \boldsymbol{b}_n\}$ を選んでおく．このとき，各 $j = 1, 2, \cdots, n$ に対して，基底 $\{\boldsymbol{a}_1, \boldsymbol{a}_2, \cdots, \boldsymbol{a}_n\}$ に関する $\boldsymbol{b}_j$ の成分を p_{1j}，p_{2j}，$\cdots$，p_{nj} としよう．すなわち，

$$\boldsymbol{b}_1 = p_{11}\boldsymbol{a}_1 + p_{21}\boldsymbol{a}_2 + \cdots + p_{n1}\boldsymbol{a}_n, \tag{16.16}$$

$$\boldsymbol{b}_2 = p_{12}\boldsymbol{a}_1 + p_{22}\boldsymbol{a}_2 + \cdots + p_{n2}\boldsymbol{a}_n, \tag{16.17}$$

$$\vdots$$

$$\boldsymbol{b}_n = p_{1n}\boldsymbol{a}_1 + p_{2n}\boldsymbol{a}_2 + \cdots + p_{nn}\boldsymbol{a}_n \tag{16.18}$$

である．ここで，p_{ij} を (i,j) 成分とする n 次の正方行列を P とおくと，上の式は

$$\begin{pmatrix} \boldsymbol{b}_1 & \boldsymbol{b}_2 & \cdots & \boldsymbol{b}_n \end{pmatrix} = \begin{pmatrix} \boldsymbol{a}_1 & \boldsymbol{a}_2 & \cdots & \boldsymbol{a}_n \end{pmatrix} P \quad (16.19)$$

と表すことができる．P を基底変換 $\{\boldsymbol{a}_1, \boldsymbol{a}_2, \cdots, \boldsymbol{a}_n\} \to \{\boldsymbol{b}_1, \boldsymbol{b}_2, \cdots, \boldsymbol{b}_n\}$ の**基底変換行列**という．定理 16.1 より，1 つの基底変換に対して基底変換行列は一意的に定まる．(16.8) と同様に，$V = \mathbf{R}^n$ のときは，(16.19) は通常の行列についての等式とみなせることにも注意しよう．

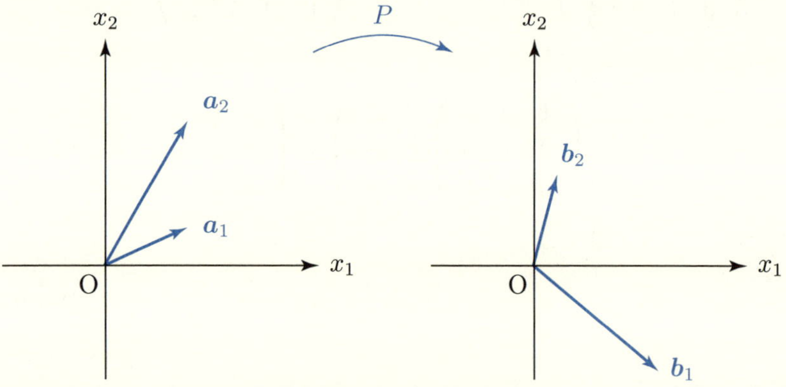

図 16.1　$\mathbf{R}^2$ の基底変換

逆に，1 組の基底に正方行列を掛けることにより，次元と同じ個数のベクトルを定めることができる．このとき，これらのベクトルが基底となる条件は次のようになる［⇨［佐武］p.127］．

定理 16.2

$\{\boldsymbol{a}_1, \boldsymbol{a}_2, \cdots, \boldsymbol{a}_n\}$ を n 次元ベクトル空間 V の基底，P を n 次の正方行列とし，$\boldsymbol{b}_1, \boldsymbol{b}_2, \cdots, \boldsymbol{b}_n \in V$ を (16.19) により定める．$\{\boldsymbol{b}_1, \boldsymbol{b}_2, \cdots, \boldsymbol{b}_n\}$ が V の基底となるための必要十分条件は $|P| \neq 0$ である．とくに，基底変換行列は正則である．

16・4　基底変換行列の計算例

具体的な例で基底変換行列を計算してみよう.

例題 16.2　$\boldsymbol{a}_1, \boldsymbol{a}_2, \boldsymbol{b}_1, \boldsymbol{b}_2 \in \mathbf{R}^2$ を

$$\boldsymbol{a}_1 = \begin{pmatrix} 1 \\ 2 \end{pmatrix}, \ \boldsymbol{a}_2 = \begin{pmatrix} 3 \\ 4 \end{pmatrix}, \ \boldsymbol{b}_1 = \begin{pmatrix} 1 \\ 0 \end{pmatrix}, \ \boldsymbol{b}_2 = \begin{pmatrix} 1 \\ 1 \end{pmatrix} \tag{16.20}$$

により定めると, $\{\boldsymbol{a}_1, \boldsymbol{a}_2\}$, $\{\boldsymbol{b}_1, \boldsymbol{b}_2\}$ はともに $\mathbf{R}^2$ の基底である. 基底変換 $\{\boldsymbol{a}_1, \boldsymbol{a}_2\} \to \{\boldsymbol{b}_1, \boldsymbol{b}_2\}$ の基底変換行列を求めよ. □□□

解　求める基底変換行列を P とすると, (16.19) より,

$$\begin{pmatrix} 1 & 1 \\ 0 & 1 \end{pmatrix} = \begin{pmatrix} 1 & 3 \\ 2 & 4 \end{pmatrix} P. \tag{16.21}$$

よって, (16.21) の両辺に左から $\begin{pmatrix} 1 & 3 \\ 2 & 4 \end{pmatrix}^{-1}$ を掛けると,

$$\begin{aligned} P &= \begin{pmatrix} 1 & 3 \\ 2 & 4 \end{pmatrix}^{-1} \begin{pmatrix} 1 & 1 \\ 0 & 1 \end{pmatrix} \overset{\because \text{定理 6.1}}{=} -\frac{1}{2} \begin{pmatrix} 4 & -3 \\ -2 & 1 \end{pmatrix} \begin{pmatrix} 1 & 1 \\ 0 & 1 \end{pmatrix} \\ &= \begin{pmatrix} -2 & -\frac{1}{2} \\ 1 & \frac{1}{2} \end{pmatrix}. \end{aligned} \tag{16.22}$$

◇

注意 16.1　基底変換を考える際には, 2 つの基底のうちどちらの基底からどちらの基底へと変換しているかについて注意する必要がある. 実際, 基底変換 $\{\boldsymbol{a}_1, \boldsymbol{a}_2, \cdots, \boldsymbol{a}_n\} \to \{\boldsymbol{b}_1, \boldsymbol{b}_2, \cdots, \boldsymbol{b}_n\}$ の基底変換行列を P とすると, (16.19) より,

$$\begin{pmatrix} \boldsymbol{a}_1 & \boldsymbol{a}_2 & \cdots & \boldsymbol{a}_n \end{pmatrix} = \begin{pmatrix} \boldsymbol{b}_1 & \boldsymbol{b}_2 & \cdots & \boldsymbol{b}_n \end{pmatrix} P^{-1} \tag{16.23}$$

となるので, 基底変換 $\{\boldsymbol{b}_1, \boldsymbol{b}_2, \cdots, \boldsymbol{b}_n\} \to \{\boldsymbol{a}_1, \boldsymbol{a}_2, \cdots, \boldsymbol{a}_n\}$ の基底変換行列は P^{-1} となる.

16・5　基底変換と成分

最後に，基底変換によって成分がどのように変わるのかを基底変換行列を用いて述べよう．

定理 16.3

$\{\boldsymbol{a}_1, \boldsymbol{a}_2, \cdots, \boldsymbol{a}_n\}$，$\{\boldsymbol{b}_1, \boldsymbol{b}_2, \cdots, \boldsymbol{b}_n\}$ を n 次元ベクトル空間 V の基底，P を基底変換 $\{\boldsymbol{a}_1, \boldsymbol{a}_2, \cdots, \boldsymbol{a}_n\} \to \{\boldsymbol{b}_1, \boldsymbol{b}_2, \cdots, \boldsymbol{b}_n\}$ の基底変換行列とする．さらに，$\boldsymbol{v} \in V$ とし，x_1，x_2，$\cdots$，x_n を基底 $\{\boldsymbol{a}_1, \boldsymbol{a}_2, \cdots, \boldsymbol{a}_n\}$ に関する $\boldsymbol{v}$ の成分，y_1，y_2，$\cdots$，y_n を基底 $\{\boldsymbol{b}_1, \boldsymbol{b}_2, \cdots, \boldsymbol{b}_n\}$ に関する $\boldsymbol{v}$ の成分とする．このとき，

$$\begin{pmatrix} x_1 \\ x_2 \\ \vdots \\ x_n \end{pmatrix} = P \begin{pmatrix} y_1 \\ y_2 \\ \vdots \\ y_n \end{pmatrix}. \qquad (16.24)$$

証明　まず，x_1，x_2，$\cdots$，x_n は基底 $\{\boldsymbol{a}_1, \boldsymbol{a}_2, \cdots, \boldsymbol{a}_n\}$ に関する $\boldsymbol{v}$ の成分なので，(16.8) が成り立つ．

一方，y_1，y_2，$\cdots$，y_n は基底 $\{\boldsymbol{b}_1, \boldsymbol{b}_2, \cdots, \boldsymbol{b}_n\}$ に関する $\boldsymbol{v}$ の成分で，P は基底変換 $\{\boldsymbol{a}_1, \boldsymbol{a}_2, \cdots, \boldsymbol{a}_n\} \to \{\boldsymbol{b}_1, \boldsymbol{b}_2, \cdots, \boldsymbol{b}_n\}$ の基底変換行列なので，

$$\boldsymbol{v} = \begin{pmatrix} \boldsymbol{b}_1 & \boldsymbol{b}_2 & \cdots & \boldsymbol{b}_n \end{pmatrix} \begin{pmatrix} y_1 \\ y_2 \\ \vdots \\ y_n \end{pmatrix}$$

☺ $$\overset{(16.19)}{=} \begin{pmatrix} \boldsymbol{a}_1 & \boldsymbol{a}_2 & \cdots & \boldsymbol{a}_n \end{pmatrix} P \begin{pmatrix} y_1 \\ y_2 \\ \vdots \\ y_n \end{pmatrix}. \qquad (16.25)$$

(16.8)，(16.25) および定理 16.1 より，(16.24) が成り立つ．　◇

§16の問題

確認問題

問 16.1　$\boldsymbol{a}_1, \boldsymbol{a}_2, \boldsymbol{a}_3, \boldsymbol{v} \in \mathbf{R}^3$ を

$$\boldsymbol{a}_1 = \begin{pmatrix} 2 \\ 1 \\ 1 \end{pmatrix}, \quad \boldsymbol{a}_2 = \begin{pmatrix} 1 \\ 2 \\ 1 \end{pmatrix}, \quad \boldsymbol{a}_3 = \begin{pmatrix} 1 \\ 1 \\ 2 \end{pmatrix}, \quad \boldsymbol{v} = \begin{pmatrix} 1 \\ 2 \\ 3 \end{pmatrix}$$

により定める．問 14.1 (2) の（ア）より，$\{\boldsymbol{a}_1, \boldsymbol{a}_2, \boldsymbol{a}_3\}$ は $\mathbf{R}^3$ の基底である．基底 $\{\boldsymbol{a}_1, \boldsymbol{a}_2, \boldsymbol{a}_3\}$ に関する $\boldsymbol{v}$ の成分を求めよ．　□□□ [⇨ 16・2]

問 16.2　$\boldsymbol{a}_1, \boldsymbol{a}_2, \boldsymbol{a}_3, \boldsymbol{b}_1, \boldsymbol{b}_2, \boldsymbol{b}_3 \in \mathbf{R}^3$ を

$$\boldsymbol{a}_1 = \begin{pmatrix} 0 \\ 1 \\ 2 \end{pmatrix}, \quad \boldsymbol{a}_2 = \begin{pmatrix} 1 \\ 0 \\ 3 \end{pmatrix}, \quad \boldsymbol{a}_3 = \begin{pmatrix} 2 \\ 3 \\ 0 \end{pmatrix}$$

$$\boldsymbol{b}_1 = \begin{pmatrix} 2 \\ 1 \\ 1 \end{pmatrix}, \quad \boldsymbol{b}_2 = \begin{pmatrix} 1 \\ 2 \\ 1 \end{pmatrix}, \quad \boldsymbol{b}_3 = \begin{pmatrix} 1 \\ 1 \\ 2 \end{pmatrix}$$

により定めると，$\{\boldsymbol{a}_1, \boldsymbol{a}_2, \boldsymbol{a}_3\}$，$\{\boldsymbol{b}_1, \boldsymbol{b}_2, \boldsymbol{b}_3\}$ はともに $\mathbf{R}^3$ の基底である．基底変換 $\{\boldsymbol{a}_1, \boldsymbol{a}_2, \boldsymbol{a}_3\} \to \{\boldsymbol{b}_1, \boldsymbol{b}_2, \boldsymbol{b}_3\}$ の基底変換行列を求めよ．

□□□ [⇨ 16・4]

基本問題

問 16.3　次の □ をうめよ．

$\{\boldsymbol{a}_1, \boldsymbol{a}_2, \cdots, \boldsymbol{a}_n\}$，$\{\boldsymbol{b}_1, \boldsymbol{b}_2, \cdots, \boldsymbol{b}_n\}$，$\{\boldsymbol{c}_1, \boldsymbol{c}_2, \cdots, \boldsymbol{c}_n\}$ を n 次元ベクトル空間 V の基底，P，Q をそれぞれ基底変換 $\{\boldsymbol{a}_1, \boldsymbol{a}_2, \cdots, \boldsymbol{a}_n\} \to \{\boldsymbol{b}_1, \boldsymbol{b}_2, \cdots, \boldsymbol{b}_n\}$，$\{\boldsymbol{b}_1, \boldsymbol{b}_2, \cdots, \boldsymbol{b}_n\} \to \{\boldsymbol{c}_1, \boldsymbol{c}_2, \cdots, \boldsymbol{c}_n\}$ の基底変換行列とする．このとき，

$$\begin{pmatrix} \boldsymbol{b}_1 & \boldsymbol{b}_2 & \cdots & \boldsymbol{b}_n \end{pmatrix} = \begin{pmatrix} \boldsymbol{a}_1 & \boldsymbol{a}_2 & \cdots & \boldsymbol{a}_n \end{pmatrix} \boxed{①}$$

$$\begin{pmatrix} \boldsymbol{c}_1 & \boldsymbol{c}_2 & \cdots & \boldsymbol{c}_n \end{pmatrix} = \begin{pmatrix} \boldsymbol{b}_1 & \boldsymbol{b}_2 & \cdots & \boldsymbol{b}_n \end{pmatrix} \boxed{②}$$

と表され，さらに，

$$\begin{pmatrix} \boldsymbol{c}_1 & \boldsymbol{c}_2 & \cdots & \boldsymbol{c}_n \end{pmatrix} = \begin{pmatrix} \boldsymbol{a}_1 & \boldsymbol{a}_2 & \cdots & \boldsymbol{a}_n \end{pmatrix} \boxed{\text{③}}$$

と表される．よって，基底変換 $\{\boldsymbol{a}_1, \boldsymbol{a}_2, \cdots, \boldsymbol{a}_n\} \to \{\boldsymbol{c}_1, \boldsymbol{c}_2, \cdots, \boldsymbol{c}_n\}$ の基底変換行列は $\boxed{\text{③}}$ である．一方，逆の基底変換 $\{\boldsymbol{c}_1, \boldsymbol{c}_2, \cdots, \boldsymbol{c}_n\} \to \{\boldsymbol{a}_1, \boldsymbol{a}_2, \cdots, \boldsymbol{a}_n\}$ の基底変換行列は $\left(\boxed{\text{③}}\right)^{-1} = \boxed{\text{④}}$ である．

□□□ [⇨16・3]

問 16.4　$\{\boldsymbol{a}_1, \boldsymbol{a}_2\}$，$\{\boldsymbol{b}_1, \boldsymbol{b}_2\}$ を 2 次元ベクトル空間 V の基底とし，$\boldsymbol{v} \in V$ とする．

(1) 基底 $\{\boldsymbol{a}_1, \boldsymbol{a}_2\}$ に関する $\boldsymbol{v}$ の成分 x_1，x_2 の定義を書け．

(2) 基底変換 $\{\boldsymbol{a}_1, \boldsymbol{a}_2\} \to \{\boldsymbol{b}_1, \boldsymbol{b}_2\}$ の基底変換行列 P の定義を書け．

(3) (1)，(2) の x_1，x_2，P がそれぞれ

$$x_1 = 1, \quad x_2 = 2, \quad P = \begin{pmatrix} 1 & 1 \\ 0 & 1 \end{pmatrix}$$

によりあたえられるとき，基底 $\{\boldsymbol{b}_1, \boldsymbol{b}_2\}$ に関する $\boldsymbol{v}$ の成分 y_1，y_2 を求めよ．

□□□ [⇨16・5]

チャレンジ問題

問 16.5　数物系　$f_1(t), f_2(t), f_3(t), f_4(t) \in \mathbf{R}[t]_3$ を

$f_1(t) = 1$，$f_2(t) = 2 + 5t$，$f_3(t) = 3 + 6t + 8t^2$，$f_4(t) = 4 + 7t + 9t^2 + 10t^3$

により定め，これらを $\mathbf{R}[t]_3$ の基底 $\{1, t, t^2, t^3\}$ の 1 次結合で表し，4 次の正方行列 P を用いて

$$\begin{pmatrix} f_1(t) & f_2(t) & f_3(t) & f_4(t) \end{pmatrix} = \begin{pmatrix} 1 & t & t^2 & t^3 \end{pmatrix} P$$

と表す．

(1) P を求めよ．

(2) $\{f_1(t), f_2(t), f_3(t), f_4(t)\}$ は $\mathbf{R}[t]_3$ の基底であることを示せ．

□□□ [⇨16・3]

第 5 章のまとめ

1 次独立と 1 次従属

○ V：ベクトル空間

$\boldsymbol{x}_1, \boldsymbol{x}_2, \cdots, \boldsymbol{x}_m \in V$

$$\boldsymbol{x}_1,\ \boldsymbol{x}_2,\ \cdots,\ \boldsymbol{x}_m$$ ：**1 次独立**

$$\Updownarrow$$

$$\boldsymbol{x}_1,\ \boldsymbol{x}_2,\ \cdots,\ \boldsymbol{x}_m$$ ：自明な 1 次関係しかもたない

$$\Updownarrow$$

$c_1\boldsymbol{x}_1 + c_2\boldsymbol{x}_2 + \cdots c_m\boldsymbol{x}_m = \boldsymbol{0}$ となるのは

$c_1 = c_2 = \cdots = c_m$ のときに限る

○ 1 次独立でないとき **1 次従属**であるという．

基底と次元

V：ベクトル空間

$\boldsymbol{a}_1, \boldsymbol{a}_2, \cdots, \boldsymbol{a}_n \in V$

$$\{\boldsymbol{a}_1, \boldsymbol{a}_2, \cdots, \boldsymbol{a}_n\}$$ ：**基底**

$$\Updownarrow$$

(1) $\boldsymbol{a}_1,\ \boldsymbol{a}_2,\ \cdots,\ \boldsymbol{a}_n$ は 1 次独立

(2) $V = \langle \boldsymbol{a}_1, \boldsymbol{a}_2, \cdots, \boldsymbol{a}_n \rangle_{\mathbf{R}}$

$n = \dim V$（**次元**）

数ベクトル空間

○ $$\mathbf{R}^n = \left\{ \begin{pmatrix} x_1 \\ x_2 \\ \vdots \\ x_n \end{pmatrix} \middle|\ x_1, x_2, \cdots, x_n \in \mathbf{R} \right\}$$

- 基本ベクトル：$\boldsymbol{e}_1 = \begin{pmatrix} 1 \\ 0 \\ \vdots \\ 0 \end{pmatrix}$, $\boldsymbol{e}_2 = \begin{pmatrix} 0 \\ 1 \\ \vdots \\ 0 \end{pmatrix}$, $\cdots$, $\boldsymbol{e}_n = \begin{pmatrix} 0 \\ 0 \\ \vdots \\ 1 \end{pmatrix}$
- 標準基底：$\{\boldsymbol{e}_1, \boldsymbol{e}_2, \cdots, \boldsymbol{e}_n\}$
- $\dim \mathbf{R}^n = n$

同次連立 1 次方程式の解空間

- $A \in M_{m,n}(\mathbf{R})$, $W = \{\boldsymbol{x} \in \mathbf{R}^n \mid A\boldsymbol{x} = \mathbf{0}\}$

  $\Longrightarrow W$ は $\mathbf{R}^n$ の部分空間
- $\dim W = n - \operatorname{rank} A$

基底変換

V：n 次元ベクトル空間

$\{\boldsymbol{a}_1, \boldsymbol{a}_2, \cdots, \boldsymbol{a}_n\}$, $\{\boldsymbol{b}_1, \boldsymbol{b}_2, \cdots, \boldsymbol{b}_n\}$：$V$ の基底

P：基底変換 $\{\boldsymbol{a}_1, \boldsymbol{a}_2, \cdots, \boldsymbol{a}_n\} \to \{\boldsymbol{b}_1, \boldsymbol{b}_2, \cdots, \boldsymbol{b}_n\}$ の基底変換行列

$$\Downarrow$$

- $\begin{pmatrix} \boldsymbol{b}_1 & \boldsymbol{b}_2 & \cdots & \boldsymbol{b}_n \end{pmatrix} = \begin{pmatrix} \boldsymbol{a}_1 & \boldsymbol{a}_2 & \cdots & \boldsymbol{a}_n \end{pmatrix} P$
- P の第 j 列は $\{\boldsymbol{a}_1, \boldsymbol{a}_2, \cdots, \boldsymbol{a}_n\}$ に関する $\boldsymbol{b}_j$ の成分
- P は正則行列

6 線形写像

§17 線形写像

§17 のポイント

- ベクトル空間の間の写像として，**線形写像**を考えることができる．
- 数ベクトル空間の間の線形写像は行列の積を用いて表される．
- 線形写像の**像**は値域の部分空間となり，その次元を**階数**という．
- 線形写像の**核**は定義域の部分空間となり，その次元を**退化次数**という．
- 線形写像の階数と退化次数の和は定義域の次元に等しい（**線形写像に対する次元定理**）．

17・1 写像に関する用語

A, B を集合とし，A の任意の元に対して B の元を対応させる規則 f があたえられているとき，f を A から B への**写像**，A を f の**定義域**，B を f の**値域**という[1)]．A から B への写像 f を簡単に

$$f : A \to B \tag{17.1}$$

1) 定義域と値域が同じ集合の場合，写像を**変換**ともいう．

と書く．写像 f によって $a \in A$ に $b \in B$ が対応するとき，$b = f(a)$ と書く．

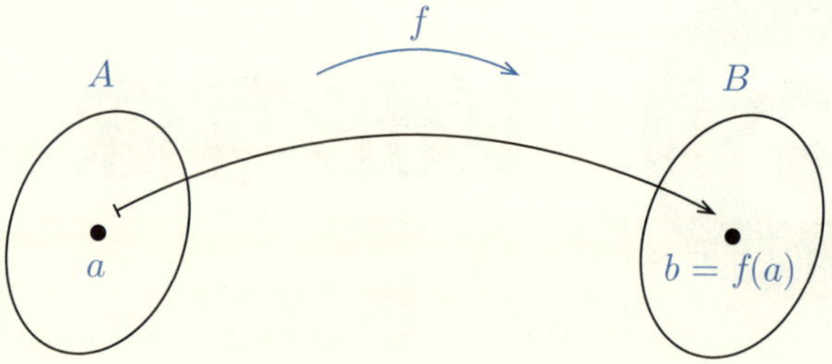

図 17.1　A から B への写像 $f : A \to B$

f，g をともに A から B への写像とする．任意の $a \in A$ に対して，$f(a) = g(a)$ が成り立つとき，f と g は等しいといい，$f = g$ と記す．

$f : A \to B$ を写像とする．任意の $b \in B$ に対して，

$$f(a) = b \text{ となる } a \in A \text{ が存在する} \tag{17.2}$$

とき，f を**全射**または**上への写像**という（**図 17.2 左**）．また，任意の $a_1, a_2 \in A$ に対して，

$$f(a_1) = f(a_2) \text{ ならば } a_1 = a_2 \tag{17.3}$$

となるとき，f を**単射**または **1 対 1 の写像**という（**図 17.2 右**）．対偶を考えると，f が単射であるということは，任意の $a_1, a_2 \in A$ に対して，

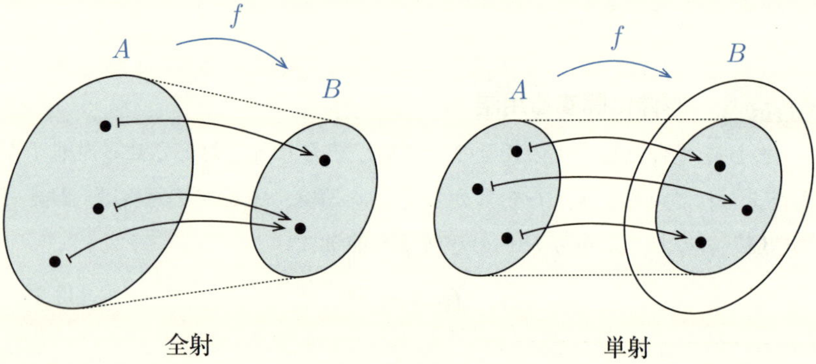

図 17.2　全射，単射

$$a_1 \neq a_2 \text{ ならば } f(a_1) \neq f(a_2) \tag{17.4}$$

ともいい換えることができる．

$f : A \to B$，$g : B \to C$ を写像とする．このとき，写像 $g \circ f : A \to C$ を

$$(g \circ f)(a) = g(f(a)) \quad (a \in A) \tag{17.5}$$

により定め，$g \circ f$ を f と g の**合成写像**という．合成写像は**可換図式**とよばれる**図 17.3** のような図で表すことができる[2)]．

写像 $f : A \to B$ が全射かつ単射であるとき，f を**全単射**という．f が全単射であるとき，任意の $a \in A$ および任意の $b \in B$ に対して，

$$(f^{-1} \circ f)(a) = a, \quad (f \circ f^{-1})(b) = b \tag{17.6}$$

が成り立つような写像 $f^{-1} : B \to A$ が存在する．f^{-1} を f の**逆写像**という．

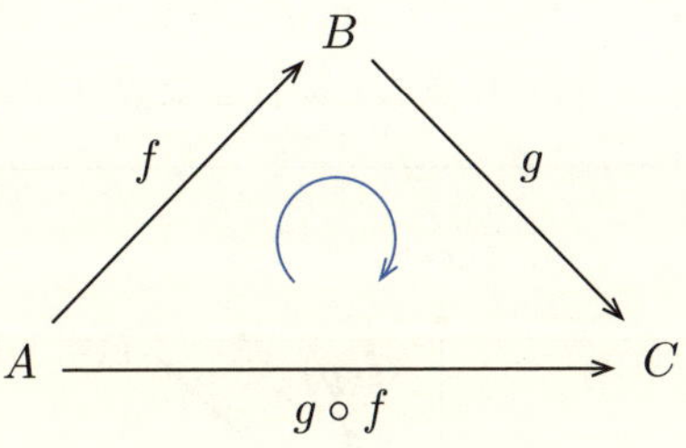

図 17.3　合成写像

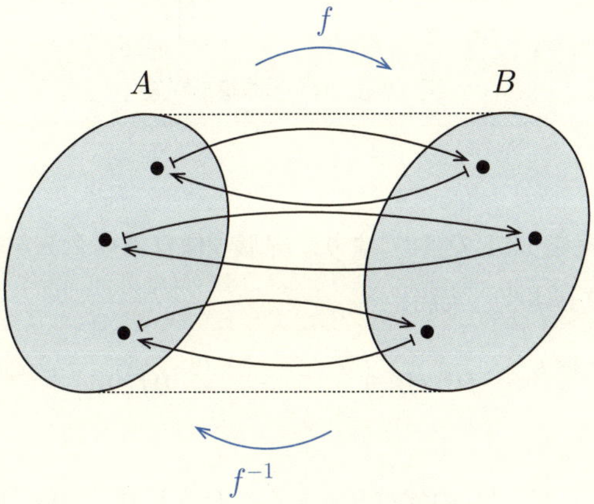

図 17.4　全単射，逆写像

---

2) 本書では可換図式に現れる矢印は右回りに統一する．

17・2　線形写像の定義

線形代数では (17.1) の集合 A，B としてベクトル空間，写像 f として線形写像というものを考える．

定義 17.1

V，W をベクトル空間，$f: V \to W$ を写像とする．f が次の (1)，(2) をみたすとき，f を**線形写像**という．

(1) 任意の $\boldsymbol{x}, \boldsymbol{y} \in V$ に対して，$f(\boldsymbol{x}+\boldsymbol{y}) = f(\boldsymbol{x}) + f(\boldsymbol{y})$

(2) 任意の $c \in \mathbf{R}$ および任意の $\boldsymbol{x} \in V$ に対して，$f(c\boldsymbol{x}) = cf(\boldsymbol{x})$

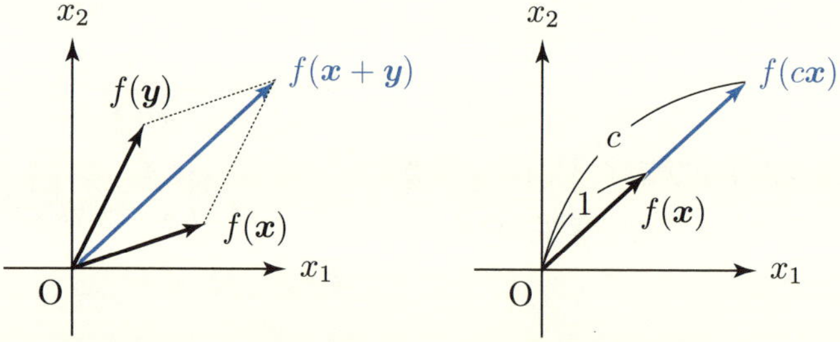

図 17.5　$\mathbf{R}^2$ への線形写像

注意 17.1　定義 17.1 の (2) より，線形写像は零ベクトルを零ベクトルへ写すことに注意しよう．実際，

$$f(\mathbf{0}_V) \overset{\because\ 定義\,13.1\,(8)}{=} f(0 \cdot \mathbf{0}_V) \overset{\because\ 定義\,17.1\,(2)}{=} 0f(\mathbf{0}_V) \overset{\because\ 定義\,13.1\,(8)}{=} \mathbf{0}_W \tag{17.7}$$

である．ただし，V，W の零ベクトルをそれぞれ $\mathbf{0}_V$，$\mathbf{0}_W$ と書いた．

f をベクトル空間 V からベクトル空間 W への線形写像とし，$\boldsymbol{x}_1, \boldsymbol{x}_2, \cdots, \boldsymbol{x}_m \in V$，$c_1, c_2, \cdots, c_m \in \mathbf{R}$ とすると，m に関する数学的帰納法により，

$$f(c_1\boldsymbol{x}_1 + c_2\boldsymbol{x}_2 + \cdots + c_m\boldsymbol{x}_m) = c_1 f(\boldsymbol{x}_1) + c_2 f(\boldsymbol{x}_2) + \cdots + c_m f(\boldsymbol{x}_m) \tag{17.8}$$

が成り立つことがわかる（✍）.

17・3 線形写像の例

まずは，以下のような自明な線形写像を例としてあたえよう．

例 17.1（零写像） V, W をベクトル空間とし，写像 $f: V \to W$ を

$$f(\boldsymbol{x}) = \boldsymbol{0}_W \quad (\boldsymbol{x} \in V) \tag{17.9}$$

により定める．このとき，f は定義 17.1 の (1), (2) の性質をみたすので，線形写像である．これを**零写像**（れい）という． ◆

例 17.2（線形変換，恒等変換） V をベクトル空間とする．このとき，線形写像 $f: V \to V$ をとくに V の**線形変換**という［⇨ 17・1 脚注 1) 参照］.

写像 $1_V: V \to V$ を

$$1_V(\boldsymbol{x}) = \boldsymbol{x} \quad (\boldsymbol{x} \in V) \tag{17.10}$$

により定めると，1_V は定義 17.1 の (1), (2) の性質をみたすので，V の線形変換である．これを V の**恒等変換**という． ◆

例題 17.1 $A \in M_{m,n}(\mathbf{R})$ に対して，写像 $f_A: \mathbf{R}^n \to \mathbf{R}^m$ を

$$f_A(\boldsymbol{x}) = A\boldsymbol{x} \quad (\boldsymbol{x} \in \mathbf{R}^n) \tag{17.11}$$

により定める．f_A は線形写像であることを示せ． □□□ ✍

解 $\boldsymbol{x}, \boldsymbol{y} \in \mathbf{R}^n$ とすると，

$$f_A(\boldsymbol{x} + \boldsymbol{y}) = A(\boldsymbol{x} + \boldsymbol{y}) = A\boldsymbol{x} + A\boldsymbol{y} = f_A(\boldsymbol{x}) + f_A(\boldsymbol{y}). \tag{17.12}$$

よって，

$$f_A(\boldsymbol{x} + \boldsymbol{y}) = f_A(\boldsymbol{x}) + f_A(\boldsymbol{y}) \tag{17.13}$$

となり，定義 17.1 の (1) の性質が成り立つ．

また，$c \in \mathbf{R}$，$\boldsymbol{x} \in \mathbf{R}^n$ とすると，

$$f_A(c\boldsymbol{x}) = A(c\boldsymbol{x}) = cA\boldsymbol{x} = cf_A(\boldsymbol{x}). \tag{17.14}$$

よって，

$$f_A(c\boldsymbol{x}) = cf_A(\boldsymbol{x}) \tag{17.15}$$

となり，定義 17.1 の (2) の性質が成り立つ．

したがって，f_A は線形写像である．◇

実は，$\mathbf{R}^n$ から $\mathbf{R}^m$ への線形写像はすべて例題 17.1 の f_A のように表される．すなわち，次の定理 17.1 が成り立つ．

定理 17.1

$f : \mathbf{R}^n \to \mathbf{R}^m$ を線形写像とするとき，ある $A \in M_{m,n}(\mathbf{R})$ が存在し，

$$f(\boldsymbol{x}) = A\boldsymbol{x} \quad (\boldsymbol{x} \in \mathbf{R}^n) \tag{17.16}$$

と表される．

証明　$\{\mathbf{e}_1, \mathbf{e}_2, \cdots, \mathbf{e}_n\}$，$\{\mathbf{e}'_1, \mathbf{e}'_2, \cdots, \mathbf{e}'_m\}$ をそれぞれ $\mathbf{R}^n$，$\mathbf{R}^m$ の標準基底とする．このとき，各 $j = 1, 2, \cdots, n$ に対して，$f(\mathbf{e}_j)$ を $\mathbf{e}'_1$，$\mathbf{e}'_2$，$\cdots$，$\mathbf{e}'_m$ の1次結合で

$$f(\mathbf{e}_j) = a_{1j}\mathbf{e}'_1 + a_{2j}\mathbf{e}'_2 + \cdots + a_{mj}\mathbf{e}'_m \quad (a_{1j}, a_{2j}, \cdots, a_{mj} \in \mathbf{R}) \tag{17.17}$$

と表すことができる．よって，$\boldsymbol{x} = \begin{pmatrix} x_1 \\ x_2 \\ \vdots \\ x_n \end{pmatrix} \in \mathbf{R}^n$ とすると，

$$\begin{aligned} f(\boldsymbol{x}) &= f(x_1\mathbf{e}_1 + x_2\mathbf{e}_2 + \cdots + x_n\mathbf{e}_n) \overset{\because (17.8)}{=} x_1 f(\mathbf{e}_1) + x_2 f(\mathbf{e}_2) + \cdots + x_n f(\\ &= x_1(a_{11}\mathbf{e}'_1 + a_{21}\mathbf{e}'_2 + \cdots + a_{m1}\mathbf{e}'_m) + x_2(a_{12}\mathbf{e}'_1 + a_{22}\mathbf{e}'_2 + \cdots + a_{m2}\mathbf{e}'_m) \\ &\quad + \cdots + x_n(a_{1n}\mathbf{e}'_1 + a_{2n}\mathbf{e}'_2 + \cdots + a_{mn}\mathbf{e}'_m) \end{aligned}$$

$$= \begin{pmatrix} a_{11}x_1 + a_{12}x_2 + \cdots + a_{1n}x_n \\ a_{21}x_1 + a_{22}x_2 + \cdots + a_{2n}x_n \\ \vdots \\ a_{m1}x_1 + a_{m2}x_2 + \cdots + a_{mn}x_n \end{pmatrix} = A\boldsymbol{x}. \tag{17.18}$$

ただし，(i, j) 成分が a_{ij} の $m \times n$ 行列を A とおいた．したがって (17.16) が成り立つ．◇

17・4　像と核

ベクトル空間 V からベクトル空間 W への線形写像 f に対して，W の部分集合 $\mathrm{Im}\, f$ および V の部分集合 $\mathrm{Ker}\, f$ をそれぞれ

$$\mathrm{Im}\, f = \{f(\boldsymbol{x}) \in W \mid \boldsymbol{x} \in V\}, \quad \mathrm{Ker}\, f = \{\boldsymbol{x} \in V \mid f(\boldsymbol{x}) = \mathbf{0}_W\} \tag{17.19}$$

により定める．$\mathrm{Im}\, f$ を f の**像**，$\mathrm{Ker}\, f$ を f の**核**という[3]．

実は，$\mathrm{Im}\, f$ および $\mathrm{Ker}\, f$ はそれぞれ W および V の部分空間となる．

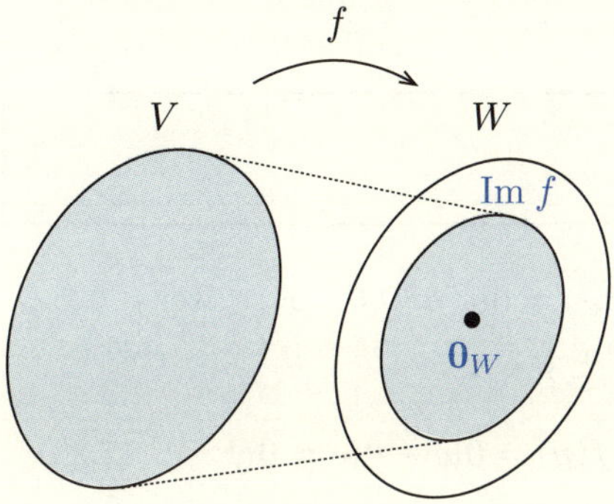

図 17.6　像

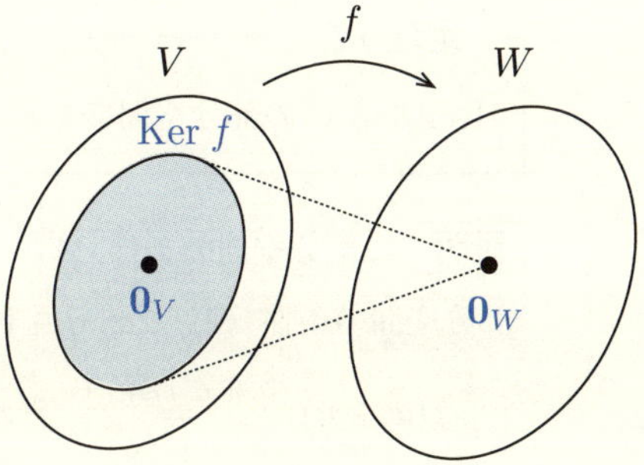

図 17.7　核

---

3) Im および Ker はそれぞれ「像」,「核」を意味する英単語 “image”（イメージ），“kernel”（カーネル）を略したものである．

定理 17.2

$\mathrm{Im} f$ は W の部分空間である.

証明　定理 13.3 の部分空間の条件を復習しながら証明してみよう.

部分空間の条件 (1)　注意 17.1 より,

$$\mathbf{0}_W = f(\mathbf{0}_V) \in \mathrm{Im}\, f \tag{17.20}$$

となる.

部分空間の条件 (2)　$f(\boldsymbol{x}), f(\boldsymbol{y}) \in \mathrm{Im}\, f$ $(\boldsymbol{x}, \boldsymbol{y} \in V)$ とすると,

$$f(\boldsymbol{x}) + f(\boldsymbol{y}) \overset{\because\ \text{定義 17.1 (1)}}{=} f(\boldsymbol{x} + \boldsymbol{y}) \in \mathrm{Im}\, f \tag{17.21}$$

となる.

部分空間の条件 (3)　$c \in \mathbf{R}$, $f(\boldsymbol{x}) \in \mathrm{Im}\, f$ $(\boldsymbol{x} \in V)$ とすると,

$$cf(\boldsymbol{x}) \overset{\because\ \text{定義 17.1 (2)}}{=} f(c\boldsymbol{x}) \in \mathrm{Im}\, f \tag{17.22}$$

となる.

よって, 定理 13.3 より, $\mathrm{Im} f$ は W の部分空間である.　◇

定理 17.3

$\mathrm{Ker}\, f$ は V の部分空間である.

証明　**部分空間の条件 (1)**　$f(\mathbf{0}_V) = \mathbf{0}_W$ なので, $\mathbf{0}_V \in \mathrm{Ker}\, f$ である.

部分空間の条件 (2)　$\boldsymbol{x}, \boldsymbol{y} \in \mathrm{Ker}\, f$ とすると,

$$f(\boldsymbol{x} + \boldsymbol{y}) \overset{\because\ \text{定義 17.1 (1)}}{=} f(\boldsymbol{x}) + f(\boldsymbol{y}) = \mathbf{0}_W + \mathbf{0}_W = \mathbf{0}_W \tag{17.23}$$

なので, $\boldsymbol{x} + \boldsymbol{y} \in \mathrm{Ker}\, f$ となる.

部分空間の条件 (3)　$c \in \mathbf{R}$, $\boldsymbol{x} \in \mathrm{Ker}\, f$ とすると,

$$f(c\boldsymbol{x}) \overset{\because\ \text{定義 17.1 (2)}}{=} cf(\boldsymbol{x}) = c\mathbf{0}_W = \mathbf{0}_W \tag{17.24}$$

なので, $c\boldsymbol{x} \in \mathrm{Ker}\, f$ となる.

よって, 定理 13.3 より, $\mathrm{Ker}\, f$ は V の部分空間である.　◇

17・5 階数と退化次数

有限次元ベクトル空間で定義された線形写像に対して，次の定理 17.4 が成り立つ［⇨［佐武］p.109, 定理 7］.

定理 17.4（線形写像に対する次元定理）

f を有限次元ベクトル空間 V からベクトル空間 W への線形写像とする．このとき，

$$\dim(\operatorname{Im} f) + \dim(\operatorname{Ker} f) = \dim V. \qquad (17.25)$$

定理 17.4 において，とくに，$\operatorname{Im} f$ および $\operatorname{Ker} f$ はともに有限次元のベクトル空間となる．$\operatorname{Im} f$ の次元を f の**階数**といい，$\operatorname{rank} f$ と書く．また，$\operatorname{Ker} f$ の次元を f の**退化次数**といい，$\operatorname{null} f$ と書く [4]．すなわち，

$$\operatorname{rank} f = \dim(\operatorname{Im} f), \qquad \operatorname{null} f = \dim(\operatorname{Ker} f) \qquad (17.26)$$

である．

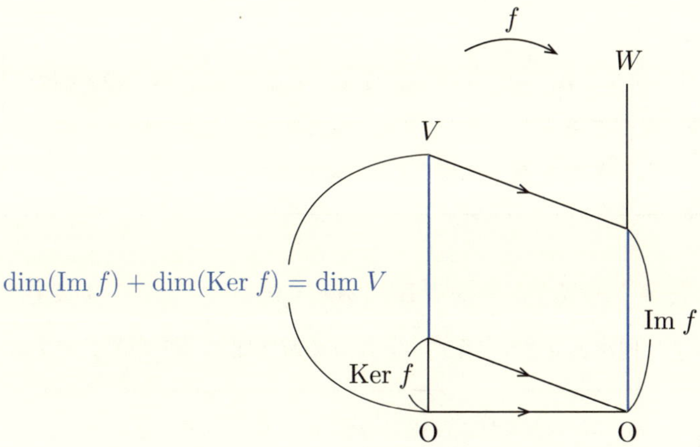

図 17.8 線形写像に対する次元定理

---

4) null は「退化次数」を意味する英単語 “nullity（ナリティ）” を略したものである．

17・6　$\mathbf{R}^n$ から $\mathbf{R}^m$ への線形写像の場合

線形写像 $f: \mathbf{R}^n \to \mathbf{R}^m$ の像と核について考えよう．定理 17.1 より，f は $m \times n$ 行列 $A \in M_{m,n}(\mathbf{R})$ を用いて，

$$f(\boldsymbol{x}) = A\boldsymbol{x} \quad (\boldsymbol{x} \in \mathbf{R}^n) \tag{17.27}$$

と表すことができる．

まず，定理 17.2 より，$\mathrm{Im}\, f$ は $\mathbf{R}^m$ の部分空間であり，$\mathrm{Im} f$ を求めるにはその基底がわかればよい．そのために次の定理 17.5 を用いる［⇨［佐武］p.110］．

定理 17.5

$A \in M_{m,n}(\mathbf{R})$ を列ベクトルに分割しておき，

$$A = \begin{pmatrix} \boldsymbol{a}_1 & \boldsymbol{a}_2 & \cdots & \boldsymbol{a}_n \end{pmatrix} \tag{17.28}$$

と表しておく．このとき，次の (1), (2) が成り立つ．

(1) $\boldsymbol{a}_1$，$\boldsymbol{a}_2$，$\cdots$，$\boldsymbol{a}_n$ の中に r 個の 1 次独立なベクトルが存在し，$\boldsymbol{a}_1$，$\boldsymbol{a}_2$，$\cdots$，$\boldsymbol{a}_n$ のどの $(r+1)$ 個のベクトルも 1 次従属であるならば，$\mathrm{rank}\, A = r$ である．

(2) $\mathrm{rank}\, A = r$ で，$\boldsymbol{a}_{i_1}, \boldsymbol{a}_{i_2}, \cdots, \boldsymbol{a}_{i_r}$ を $\boldsymbol{a}_1, \boldsymbol{a}_2, \cdots, \boldsymbol{a}_n$ の中の r 個の 1 次独立なベクトルとすると，$\{\boldsymbol{a}_{i_1}, \boldsymbol{a}_{i_2}, \cdots, \boldsymbol{a}_{i_r}\}$ は (17.27) により定められる線形写像 f の像 $\mathrm{Im}\, f$ の基底となる．

また，

$$\mathrm{Ker}\, f = \{\boldsymbol{x} \in \mathbf{R}^n \mid A\boldsymbol{x} = \boldsymbol{0}\} \tag{17.29}$$

なので，$\mathrm{Ker}\, f$ は同次連立1次方程式 $A\boldsymbol{x} = \boldsymbol{0}$ の解空間［⇨ 注意13.4］である．

例題 17.2　$A \in M_{2,3}(\mathbf{R})$ および線形写像 $f_A: \mathbf{R}^3 \to \mathbf{R}^2$ を

$$A = \begin{pmatrix} 1 & 0 & 0 \\ 0 & 1 & 1 \end{pmatrix}, \quad f_A(\boldsymbol{x}) = A\boldsymbol{x} \quad (\boldsymbol{x} \in \mathbf{R}^3) \tag{17.30}$$

により定める．$\mathrm{Im}\, f_A$ および $\mathrm{Ker}\, f_A$ の基底を 1 組求めよ．さらに，f_A

の階数および退化次数を求め，f_A に対して次元定理が成り立つことを確かめよ．□□□

解　まず，2 個のベクトル $\begin{pmatrix} 1 \\ 0 \end{pmatrix}$, $\begin{pmatrix} 0 \\ 1 \end{pmatrix}$ は 1 次独立で，3 個のベクトル $\begin{pmatrix} 1 \\ 0 \end{pmatrix}$, $\begin{pmatrix} 0 \\ 1 \end{pmatrix}$, $\begin{pmatrix} 0 \\ 1 \end{pmatrix}$ は 1 次従属である．よって，定理 17.5 より，$\operatorname{rank} A = 2$ で，$\left\{ \begin{pmatrix} 1 \\ 0 \end{pmatrix}, \begin{pmatrix} 0 \\ 1 \end{pmatrix} \right\}$ は $\operatorname{Im} f_A$ の 1 組の基底である．

次に，同次連立 1 次方程式 $A\boldsymbol{x} = \boldsymbol{0}$ を考えると，

$$\begin{cases} x_1 = 0 \\ x_2 + x_3 = 0. \end{cases} \tag{17.31}$$

よって，$c \in \mathbf{R}$ を任意の定数として，$x_3 = c$ とおくと，解は

$$x_1 = 0, \quad x_2 = -c, \quad x_3 = c \tag{17.32}$$

と表されるので，

$$\begin{pmatrix} x_1 \\ x_2 \\ x_3 \end{pmatrix} = \begin{pmatrix} 0 \\ -c \\ c \end{pmatrix} = c \begin{pmatrix} 0 \\ -1 \\ 1 \end{pmatrix}. \tag{17.33}$$

したがって，

$$\operatorname{Ker} f_A = \left\{ c \begin{pmatrix} 0 \\ -1 \\ 1 \end{pmatrix} \middle| \, c \in \mathbf{R} \right\} \tag{17.34}$$

となり，例えば，$c = 1$ とした $\left\{ \begin{pmatrix} 0 \\ -1 \\ 1 \end{pmatrix} \right\}$ が $\operatorname{Ker} f_A$ の 1 組の基底である．

さらに，上の計算より，f_A の階数 $\operatorname{rank} f_A$ および退化次数 $\operatorname{null} f_A$ はそれぞれ

$$\operatorname{rank} f_A = \dim(\operatorname{Im} f_A) = 2, \qquad \operatorname{null} f_A = \dim(\operatorname{Ker} f_A) = 1 \tag{17.35}$$

である．よって，

$$\mathrm{rank}\, f_A + \mathrm{null}\, f_A = 2 + 1 = 3 = \dim \mathbf{R}^3 \tag{17.36}$$

となり，f_A に対して次元定理

$$\mathrm{rank}\, f_A + \mathrm{null}\, f_A = \dim \mathbf{R}^3 \tag{17.37}$$

が成り立つ． ◇

(17.11) によってあたえられる一般の線形写像 $f_A : \mathbf{R}^n \to \mathbf{R}^m$ に対して，次元定理を適用してみよう．

例 17.3　$f_A : \mathbf{R}^n \to \mathbf{R}^m$ を（17.11）によってあたえられる線形写像とすると，(17.29) および定理 15.2 より，

$$\mathrm{null}\, f_A = n - \mathrm{rank}\, A. \tag{17.38}$$

f_A は $\mathbf{R}^n$ から $\mathbf{R}^m$ への線形写像であり，また，$n = \dim \mathbf{R}^n$ なので，線形写像に対する次元定理より，

$$\mathrm{rank}\, f_A = \dim \mathbf{R}^n - \mathrm{null}\, f_A \overset{⊙(17.38)}{=} n - (n - \mathrm{rank}\, A) = \mathrm{rank}\, A. \tag{17.39}$$

すなわち，線形写像 f_A の階数 $\mathrm{rank}\, f_A$ は行列 A の階数 $\mathrm{rank}\, A$ に等しい． ◆

§17の問題

確認問題

問 17.1　U，V，W をベクトル空間，$f : U \to V$，$g : V \to W$ を線形写像とする．このとき，f と g の合成写像 $g \circ f : U \to W$ は線形写像であることを示せ．

□□□ [⇨ **17・3**]

問 17.2　$A \in M_4(\mathbf{R})$ および線形写像 $f_A : \mathbf{R}^4 \to \mathbf{R}^4$ を

$$A = \begin{pmatrix} 1 & 0 & 0 & 0 \\ 1 & 0 & 0 & 0 \\ 0 & 1 & 2 & 0 \\ 0 & 1 & 2 & 0 \end{pmatrix}, \quad f_A(\boldsymbol{x}) = A\boldsymbol{x} \quad (\boldsymbol{x} \in \mathbf{R}^4)$$

により定める．$\mathrm{Im}\, f_A$ および $\mathrm{Ker}\, f_A$ の基底を 1 組求めよ．さらに，f_A の階数および退化次数を求め，f_A に対して次元定理が成り立つことを確かめよ．

□□□ [⇨ 17・6]

基本問題

問 17.3　f をベクトル空間 V からベクトル空間 W への線形写像とし，$\boldsymbol{x}_1, \boldsymbol{x}_2, \cdots, \boldsymbol{x}_m \in V$ とする．$f(\boldsymbol{x}_1), f(\boldsymbol{x}_2), \cdots, f(\boldsymbol{x}_m) \in W$ が 1 次独立ならば，$\boldsymbol{x}_1$，$\boldsymbol{x}_2$，$\cdots$，$\boldsymbol{x}_m$ も 1 次独立であることを示せ．

□□□ [⇨ 17・2]

問 17.4　f をベクトル空間 V からベクトル空間 W への線形写像とする．

(1) f が全射であることと $\mathrm{Im}\, f = W$ は同値であることを示せ．

(2) f が単射であることと $\mathrm{Ker}\, f = \{\mathbf{0}_V\}$ は同値であることを示せ．

(3) f が全単射ならば，f の逆写像 f^{-1} は W から V への線形写像であることを示せ．なお，このような f が存在するとき，f を**同型写像**といい，V と W は**同型**であるという．また，V と W が同型であることを $V \cong W$ と表す．

□□□ [⇨ 17・4]

問 17.5　数物系　f をベクトル空間 V の線形変換とする．f と f 自身の合成写像 $f \circ f$ が零写像であることと $\mathrm{Im}\, f \subset \mathrm{Ker}\, f$ は同値であることを示せ．

□□□ [⇨ 17・4]

チャレンジ問題

問 17.6　数物系　ベクトル空間 V から $\mathbf{R}$ への線形写像全体のなす集合

を V^* または $\mathrm{Hom}(V, \mathbf{R})$ と表す[5)]．すなわち，

$$V^* = \mathrm{Hom}(V, \mathbf{R}) = \{ f : V \to \mathbf{R} \mid f \text{ は線形写像} \}$$

である．$f, g \in V^*$，$c \in \mathbf{R}$ とし，V から $\mathbf{R}$ への写像 $f+g$，cf をそれぞれ

$$(f+g)(\boldsymbol{x}) = f(\boldsymbol{x}) + g(\boldsymbol{x}), \quad (cf)(\boldsymbol{x}) = cf(\boldsymbol{x}) \quad (\boldsymbol{x} \in V)$$

により定める．

(1) $f+g, cf \in V^*$ を示せ．

(2) (1) で定めた和とスカラー倍によって，V^* はベクトル空間となることを示せ．なお，V^* を V の**双対ベクトル空間**または**双対空間**という．

(3) V が n 次元で，$\{\boldsymbol{a}_1, \boldsymbol{a}_2, \cdots, \boldsymbol{a}_n\}$ を V の基底とすると，$i = 1, 2, \cdots, n$ に対して，$f_i \in V^*$ を

$$f_i(\boldsymbol{a}_j) = \delta_{ij} \quad (j = 1, 2, \cdots, n)$$

により定めることができる．$\{f_1, f_2, \cdots, f_n\}$ は V^* の基底であることを示せ．$\{f_1, f_2, \cdots, f_n\}$ を $\{\boldsymbol{a}_1, \boldsymbol{a}_2, \cdots, \boldsymbol{a}_n\}$ の**双対基底**という．

□□□ [⇨ 17・3]

---

5) Hom は数学的な構造を保つ写像に対して用いられる「準同型写像」を意味する英単語 "homomorphism"（ホモモーフィズム）を略したものである．

§18 表現行列

§18 のポイント

- ベクトル空間の基底を選ぶと，線形写像は**表現行列**で表すことができる．
- 行列の定める数ベクトル空間の間の自然な線形写像の表現行列は標準基底に関してはその行列に一致する．
- 線形写像によってベクトルの成分は表現行列を掛けたものへと写る．
- 基底変換によって表現行列がどう変わるかは基底変換行列を用いて表すことができる．

§ 18 では，ベクトル空間は有限次元であるとする．

ベクトル空間や線形写像といった概念は抽象的に感じるかも知れないが，16・1 で述べたように，基底を選んでおけば，ベクトルの成分を対応させることにより，ベクトル空間は数ベクトル空間とみなすことができる．ここでは，ベクトル空間の基底を選ぶことにより，線形写像に行列を対応させよう．

18・1 表現行列の定義

f をベクトル空間 V からベクトル空間 W への線形写像，$\{\boldsymbol{a}_1, \boldsymbol{a}_2, \cdots, \boldsymbol{a}_n\}$，$\{\boldsymbol{b}_1, \boldsymbol{b}_2, \cdots, \boldsymbol{b}_m\}$ をそれぞれ V，W の基底とする．このとき，(16.19) を導いたときと同様に，ある $A \in M_{m,n}(\mathbf{R})$ が存在し，

$$\begin{pmatrix} f(\boldsymbol{a}_1) & f(\boldsymbol{a}_2) & \cdots & f(\boldsymbol{a}_n) \end{pmatrix} = \begin{pmatrix} \boldsymbol{b}_1 & \boldsymbol{b}_2 & \cdots & \boldsymbol{b}_m \end{pmatrix} A \quad (18.1)$$

と表すことができる．ここで，$\boldsymbol{b}_1$，$\boldsymbol{b}_2$，$\cdots$，$\boldsymbol{b}_m$ は 1 次独立なので，このような A は一意的に定まる．

定義 18.1

(18.1) の行列 A を基底 $\{\boldsymbol{a}_1, \boldsymbol{a}_2, \cdots, \boldsymbol{a}_n\}$，$\{\boldsymbol{b}_1, \boldsymbol{b}_2, \cdots, \boldsymbol{b}_m\}$ に関する f の**表現行列**という．とくに，V の線形変換 [⇨例 17.2] を考えたとき，V の同じ基底 $\{\boldsymbol{a}_1, \boldsymbol{a}_2, \cdots, \boldsymbol{a}_n\}$，$\{\boldsymbol{a}_1, \boldsymbol{a}_2, \cdots, \boldsymbol{a}_n\}$ に関する表現行列を基底 $\{\boldsymbol{a}_1, \boldsymbol{a}_2, \cdots, \boldsymbol{a}_n\}$ に関する表現行列という．

例 18.1　$A = (a_{ij})_{m\times n} \in M_{m,n}(\mathbf{R})$ に対して，線形写像 $f_A : \mathbf{R}^n \to \mathbf{R}^m$ を

$$f_A(\boldsymbol{x}) = A\boldsymbol{x} \quad (\boldsymbol{x} \in \mathbf{R}^n) \tag{18.2}$$

により定める．$\{\boldsymbol{e}_1, \boldsymbol{e}_2, \cdots, \boldsymbol{e}_n\}$，$\{\boldsymbol{e}'_1, \boldsymbol{e}'_2, \cdots, \boldsymbol{e}'_m\}$ をそれぞれ $\mathbf{R}^n$，$\mathbf{R}^m$ の標準基底とすると，

$$f_A(\boldsymbol{e}_1) = A\boldsymbol{e}_1 = \begin{pmatrix} a_{11} \\ a_{21} \\ \vdots \\ a_{m1} \end{pmatrix} = a_{11}\boldsymbol{e}'_1 + a_{21}\boldsymbol{e}'_2 + \cdots + a_{m1}\boldsymbol{e}'_m. \tag{18.3}$$

よって，

$$f_A(\boldsymbol{e}_1) = a_{11}\boldsymbol{e}'_1 + a_{21}\boldsymbol{e}'_2 + \cdots + a_{m1}\boldsymbol{e}'_m. \tag{18.4}$$

同様に，

$$f_A(\boldsymbol{e}_2) = a_{12}\boldsymbol{e}'_1 + a_{22}\boldsymbol{e}'_2 + \cdots + a_{m2}\boldsymbol{e}'_m \tag{18.5}$$

$$\vdots$$

$$f_A(\boldsymbol{e}_n) = a_{1n}\boldsymbol{e}'_1 + a_{2n}\boldsymbol{e}'_2 + \cdots + a_{mn}\boldsymbol{e}'_m \tag{18.6}$$

と表されるので，

$$\begin{pmatrix} f_A(\boldsymbol{e}_1) & f_A(\boldsymbol{e}_2) & \cdots & f_A(\boldsymbol{e}_n) \end{pmatrix} = \begin{pmatrix} \boldsymbol{e}'_1 & \boldsymbol{e}'_2 & \cdots & \boldsymbol{e}'_m \end{pmatrix} A. \tag{18.7}$$

したがって，$\mathbf{R}^n$，$\mathbf{R}^m$ の標準基底に関する f_A の表現行列は A である．◆

例題 18.1　$\boldsymbol{a}_1, \boldsymbol{a}_2 \in \mathbf{R}^2$ を

$$\boldsymbol{a}_1 = \begin{pmatrix} 1 \\ 2 \end{pmatrix}, \quad \boldsymbol{a}_2 = \begin{pmatrix} 3 \\ 4 \end{pmatrix} \tag{18.8}$$

により定めると，$\{\boldsymbol{a}_1, \boldsymbol{a}_2\}$ は $\mathbf{R}^2$ の基底となる．$\mathbf{R}^2$ の線形変換 f を

$$f(\boldsymbol{x}) = \begin{pmatrix} 1 & 0 \\ 0 & 2 \end{pmatrix} \boldsymbol{x} \quad (\boldsymbol{x} \in \mathbf{R}^2) \tag{18.9}$$

により定める．基底 $\{\boldsymbol{a}_1, \boldsymbol{a}_2\}$ に関する f の表現行列を求めよ．

□□□

解　まず，

$$f(\boldsymbol{a}_1) = \begin{pmatrix} 1 & 0 \\ 0 & 2 \end{pmatrix} \begin{pmatrix} 1 \\ 2 \end{pmatrix} = \begin{pmatrix} 1 \\ 4 \end{pmatrix}, \ f(\boldsymbol{a}_2) = \begin{pmatrix} 1 & 0 \\ 0 & 2 \end{pmatrix} \begin{pmatrix} 3 \\ 4 \end{pmatrix} = \begin{pmatrix} 3 \\ 8 \end{pmatrix}. \tag{18.10}$$

よって，求める表現行列を A とおくと，

$$\begin{pmatrix} 1 & 3 \\ 4 & 8 \end{pmatrix} = \begin{pmatrix} 1 & 3 \\ 2 & 4 \end{pmatrix} A. \tag{18.11}$$

したがって，

$$A = \begin{pmatrix} 1 & 3 \\ 2 & 4 \end{pmatrix}^{-1} \begin{pmatrix} 1 & 3 \\ 4 & 8 \end{pmatrix} \overset{\because\ \text{定理 } 6.1}{=} -\frac{1}{2} \begin{pmatrix} 4 & -3 \\ -2 & 1 \end{pmatrix} \begin{pmatrix} 1 & 3 \\ 4 & 8 \end{pmatrix}$$
$$= \begin{pmatrix} 4 & 6 \\ -1 & -1 \end{pmatrix}. \tag{18.12}$$

◇

18・2　表現行列と成分

基底に関する表現行列と成分［⇨ 16・1］の関係をみてみよう．

定理 18.1

f をベクトル空間 V からベクトル空間 W への線形写像とし，$\{a_1, a_2, \cdots, a_n\}$，$\{b_1, b_2, \cdots, b_m\}$ をそれぞれ V，W の基底，A を基底 $\{a_1, a_2, \cdots, a_n\}$，$\{b_1, b_2, \cdots, b_m\}$ に関する f の表現行列とする．$v \in V$ に対して，$x_1, x_2, \cdots, x_n$ を基底 $\{a_1, a_2, \cdots, a_n\}$ に関する v の成分，$y_1, y_2, \cdots, y_m$ を基底 $\{b_1, b_2, \cdots, b_m\}$ に関する $f(v)$ の成分とするとき，以下が成り立つ．

$$\begin{pmatrix} y_1 \\ y_2 \\ \vdots \\ y_m \end{pmatrix} = A \begin{pmatrix} x_1 \\ x_2 \\ \vdots \\ x_n \end{pmatrix} \tag{18.13}$$

$$\begin{array}{ccccc}
v & \in V & \xrightarrow{f} & W \ni & f(v) \\
\downarrow & \parallel & \circlearrowright & \parallel & \downarrow \\
\begin{pmatrix} x_1 \\ x_2 \\ \vdots \\ x_n \end{pmatrix} & \in \mathbf{R}^n & \xrightarrow{A} & \mathbf{R}^m \ni & \begin{pmatrix} y_1 \\ y_2 \\ \vdots \\ y_m \end{pmatrix}
\end{array}$$

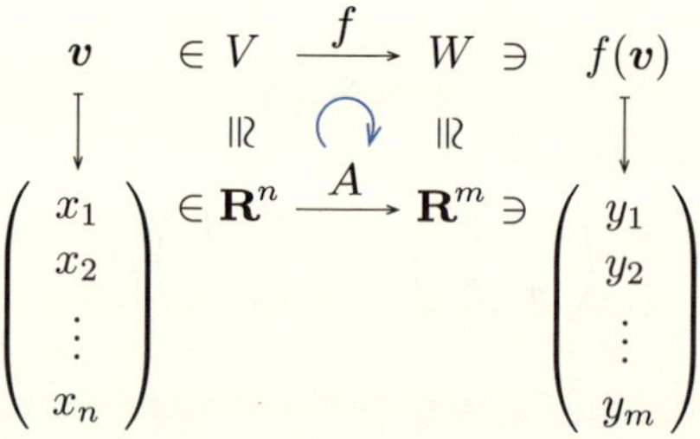

図 18.1 表現行列と成分

証明 まず，$y_1, y_2, \cdots, y_m$ は基底 $\{b_1, b_2, \cdots, b_m\}$ に関する $f(v)$ の成分なので，

$$f(v) = \begin{pmatrix} b_1 & b_2 & \cdots & b_m \end{pmatrix} \begin{pmatrix} y_1 \\ y_2 \\ \vdots \\ y_m \end{pmatrix} \tag{18.14}$$

となる．

一方，x_1，x_2，$\cdots$，x_n は基底 $\{\boldsymbol{a}_1, \boldsymbol{a}_2, \cdots, \boldsymbol{a}_n\}$ に関する $\boldsymbol{v}$ の成分，f は線形写像で，A は基底 $\{\boldsymbol{a}_1, \boldsymbol{a}_2, \cdots, \boldsymbol{a}_n\}$，$\{\boldsymbol{b}_1, \boldsymbol{b}_2, \cdots, \boldsymbol{b}_m\}$ に関する f の表現行列なので，

$$
\begin{aligned}
f(\boldsymbol{v}) &= f(x_1\boldsymbol{a}_1 + x_2\boldsymbol{a}_2 + \cdots + x_n\boldsymbol{a}_n) = x_1 f(\boldsymbol{a}_1) + x_2 f(\boldsymbol{a}_2) + \cdots + x_n f(\boldsymbol{a}_n) \\
&= \begin{pmatrix} f(\boldsymbol{a}_1) & f(\boldsymbol{a}_2) & \cdots & f(\boldsymbol{a}_n) \end{pmatrix} \begin{pmatrix} x_1 \\ x_2 \\ \vdots \\ x_n \end{pmatrix} \\
&= \begin{pmatrix} \boldsymbol{b}_1 & \boldsymbol{b}_2 & \cdots & \boldsymbol{b}_m \end{pmatrix} A \begin{pmatrix} x_1 \\ x_2 \\ \vdots \\ x_n \end{pmatrix}. \qquad (18.15)
\end{aligned}
$$

1 つの基底に関する成分は一意的［⇨**定理 16.1**］なので，(18.14) および (18.15) より，(18.13) が成り立つ．　◇

18・3　表現行列と基底変換

表現行列は基底に依存するものである．次に，基底変換によって表現行列がどのように変わるのかをみてみよう．

定理 18.2

次のように記号を定める．

V, W: ベクトル空間　　$f : V \to W$: 線形写像

$\{\boldsymbol{a}_1, \boldsymbol{a}_2, \cdots, \boldsymbol{a}_n\}, \{\boldsymbol{a}'_1, \boldsymbol{a}'_2, \cdots, \boldsymbol{a}'_n\}$: V の基底

$\{\boldsymbol{b}_1, \boldsymbol{b}_2, \cdots, \boldsymbol{b}_m\}, \{\boldsymbol{b}'_1, \boldsymbol{b}'_2, \cdots, \boldsymbol{b}'_m\}$: W の基底

P : 基底変換 $\{\boldsymbol{a}_1, \boldsymbol{a}_2, \cdots, \boldsymbol{a}_n\} \to \{\boldsymbol{a}'_1, \boldsymbol{a}'_2, \cdots, \boldsymbol{a}'_n\}$ の基底変換行列

Q : 基底変換 $\{\boldsymbol{b}_1, \boldsymbol{b}_2, \cdots, \boldsymbol{b}_m\} \to \{\boldsymbol{b}'_1, \boldsymbol{b}'_2, \cdots, \boldsymbol{b}'_m\}$ の基底変換行列

A : 基底 $\{\boldsymbol{a}_1, \boldsymbol{a}_2, \cdots, \boldsymbol{a}_n\}$，$\{\boldsymbol{b}_1, \boldsymbol{b}_2, \cdots, \boldsymbol{b}_m\}$ に関する f の表現行列

B : 基底 $\{\boldsymbol{a}'_1, \boldsymbol{a}'_2, \cdots, \boldsymbol{a}'_n\}$，$\{\boldsymbol{b}'_1, \boldsymbol{b}'_2, \cdots, \boldsymbol{b}'_m\}$ に関する f の表現行列

このとき，

$$B = Q^{-1}AP \tag{18.16}$$

が成り立つ．

注意 18.1　定理 16.3 で述べたように，基底変換によって成分がどのように変わるかは基底変換行列を用いて表すことができた．このことから，定理 18.2 は**図 18.2** のような可換図式で表すことができる．

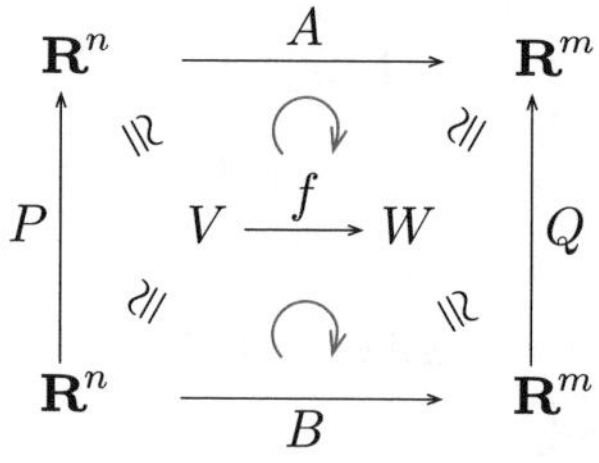

図 18.2　表現行列と基底変換行列

定理 18.2 の証明　まず，

$$\begin{aligned}
&\begin{pmatrix} f(\boldsymbol{a}'_1) & f(\boldsymbol{a}'_2) & \cdots & f(\boldsymbol{a}'_n) \end{pmatrix} \\
&= \begin{pmatrix} \boldsymbol{b}'_1 & \boldsymbol{b}'_2 & \cdots & \boldsymbol{b}'_m \end{pmatrix} B \quad (\because \text{表現行列 } B \text{ の定義}) \\
&= \begin{pmatrix} \boldsymbol{b}_1 & \boldsymbol{b}_2 & \cdots & \boldsymbol{b}_m \end{pmatrix} QB \quad (\because \text{基底変換行列 } Q \text{ の定義}).
\end{aligned} \tag{18.17}$$

一方，P の (i, j) 成分を p_{ij} とおくと，

$$\begin{aligned}
&\begin{pmatrix} f(\boldsymbol{a}'_1) & f(\boldsymbol{a}'_2) & \cdots & f(\boldsymbol{a}'_n) \end{pmatrix} \\
&= \begin{pmatrix} f(p_{11}\boldsymbol{a}_1 + \cdots + p_{n1}\boldsymbol{a}_n) & \cdots & f(p_{1n}\boldsymbol{a}_1 + \cdots + p_{nn}\boldsymbol{a}_n) \end{pmatrix} \\
&\qquad\qquad (\because \text{基底変換行列 } P \text{ の定義}) \\
&= \begin{pmatrix} p_{11}f(\boldsymbol{a}_1) + \cdots + p_{n1}f(\boldsymbol{a}_n) & \cdots & p_{1n}f(\boldsymbol{a}_1) + \cdots + p_{nn}f(\boldsymbol{a}_n) \end{pmatrix} \\
&\qquad\qquad (\because \text{線形写像の性質}) \\
&= \begin{pmatrix} f(\boldsymbol{a}_1) & f(\boldsymbol{a}_2) & \cdots & f(\boldsymbol{a}_n) \end{pmatrix} P = \begin{pmatrix} \boldsymbol{b}_1 & \boldsymbol{b}_2 & \cdots & \boldsymbol{b}_m \end{pmatrix} AP \\
&\qquad\qquad (\because \text{表現行列 } A \text{ の定義}).
\end{aligned} \tag{18.18}$$

よって，(18.17) および (18.18) より，

$$\begin{pmatrix} \boldsymbol{b}_1 & \boldsymbol{b}_2 & \cdots & \boldsymbol{b}_m \end{pmatrix} QB = \begin{pmatrix} \boldsymbol{b}_1 & \boldsymbol{b}_2 & \cdots & \boldsymbol{b}_m \end{pmatrix} AP. \qquad (18.19)$$

$\boldsymbol{b}_1$，$\boldsymbol{b}_2$，$\cdots$，$\boldsymbol{b}_m$ は 1 次独立なので，

$$QB = AP. \qquad (18.20)$$

基底変換行列は正則［⇨**定理 16.2**］なので，両辺に左から Q^{-1} を掛けて，(18.16) が得られる． ◇

18・4 線形変換の場合

定理 18.2 を線形変換の場合に適用すると，次の定理 18.3 が得られる．

定理 18.3

f をベクトル空間 V の線形変換とし，$\{\boldsymbol{a}_1, \boldsymbol{a}_2, \cdots, \boldsymbol{a}_n\}$，$\{\boldsymbol{a}'_1, \boldsymbol{a}'_2, \cdots, \boldsymbol{a}'_n\}$, P を定理 18.2 と同じ記号とする．また，A を基底 $\{\boldsymbol{a}_1, \boldsymbol{a}_2, \cdots, \boldsymbol{a}_n\}$ に関する f の表現行列，B を基底 $\{\boldsymbol{a}'_1, \boldsymbol{a}'_2, \cdots, \boldsymbol{a}'_n\}$ に関する f の表現行列とする．このとき，

$$B = P^{-1}AP \qquad (18.21)$$

が成り立つ．

証明 定理 18.2 において，$W = V$ とし，さらに，

$$\{\boldsymbol{b}_1, \cdots, \boldsymbol{b}_m\} = \{\boldsymbol{a}_1, \cdots, \boldsymbol{a}_n\}, \quad \{\boldsymbol{b}'_1, \cdots, \boldsymbol{b}'_m\} = \{\boldsymbol{a}'_1, \cdots, \boldsymbol{a}'_n\} \quad (m = n) \qquad (18.22)$$

とすると，$Q = P$ である．よって，

$$B = Q^{-1}AP = P^{-1}AP. \qquad (18.23)$$

すなわち，(18.21) が成り立つ． ◇

例 18.2　$f_A : \mathbf{R}^n \to \mathbf{R}^m$ を (18.2) により定められる線形写像とする．$\mathbf{R}^n$，$\mathbf{R}^m$ の標準基底 $\{\boldsymbol{e}_1, \boldsymbol{e}_2, \cdots, \boldsymbol{e}_n\}$，$\{\boldsymbol{e}'_1, \boldsymbol{e}'_2, \cdots, \boldsymbol{e}'_m\}$ に関する f_A の表現行列は行列 A そのものであった．ここで，$\{\boldsymbol{a}_1, \boldsymbol{a}_2, \cdots, \boldsymbol{a}_n\}$，$\{\boldsymbol{b}_1, \boldsymbol{b}_2, \cdots, \boldsymbol{b}_m\}$ もそれぞれ $\mathbf{R}^n$，$\mathbf{R}^m$ の基底であるとする．P を基底変換 $\{\boldsymbol{e}_1, \boldsymbol{e}_2, \cdots, \boldsymbol{e}_n\} \to \{\boldsymbol{a}_1, \boldsymbol{a}_2, \cdots, \boldsymbol{a}_n\}$ の基底変換行列，Q を基底変換 $\{\boldsymbol{e}'_1, \boldsymbol{e}'_2, \cdots, \boldsymbol{e}'_m\} \to \{\boldsymbol{b}_1, \boldsymbol{b}_2, \cdots, \boldsymbol{b}_m\}$ の基底変換行列とする．このとき，

$$P = \begin{pmatrix} \boldsymbol{a}_1 & \boldsymbol{a}_2 & \cdots & \boldsymbol{a}_n \end{pmatrix}, \quad Q = \begin{pmatrix} \boldsymbol{b}_1 & \boldsymbol{b}_2 & \cdots & \boldsymbol{b}_m \end{pmatrix} \qquad (18.24)$$

となる（✍）．よって，B を基底 $\{\boldsymbol{a}_1, \boldsymbol{a}_2, \cdots, \boldsymbol{a}_n\}$，$\{\boldsymbol{b}_1, \boldsymbol{b}_2, \cdots, \boldsymbol{b}_m\}$ に関する f_A の表現行列とすると，定理 18.2 より，

$$B = \begin{pmatrix} \boldsymbol{b}_1 & \boldsymbol{b}_2 & \cdots & \boldsymbol{b}_m \end{pmatrix}^{-1} A \begin{pmatrix} \boldsymbol{a}_1 & \boldsymbol{a}_2 & \cdots & \boldsymbol{a}_n \end{pmatrix} \qquad (18.25)$$

となる．

このことを用いると，例題 18.1 で求めた表現行列は次のように計算することもできる．まず，

$$A = \begin{pmatrix} 1 & 0 \\ 0 & 2 \end{pmatrix}, \quad P = Q = \begin{pmatrix} 1 & 3 \\ 2 & 4 \end{pmatrix} \qquad (18.26)$$

とおく．ただし，ここでは A は標準基底に関する表現行列で，例題 18.1 で求めた表現行列は B に変わっていることに注意しよう．すると，(18.25) より，

$$\begin{aligned} B = Q^{-1}AP &= \begin{pmatrix} 1 & 3 \\ 2 & 4 \end{pmatrix}^{-1} \begin{pmatrix} 1 & 0 \\ 0 & 2 \end{pmatrix} \begin{pmatrix} 1 & 3 \\ 2 & 4 \end{pmatrix} \\ &\overset{\because\ \text{定理 } 6.1}{=} -\frac{1}{2} \begin{pmatrix} 4 & -3 \\ -2 & 1 \end{pmatrix} \begin{pmatrix} 1 & 3 \\ 4 & 8 \end{pmatrix} = \begin{pmatrix} 4 & 6 \\ -1 & -1 \end{pmatrix} \end{aligned} \qquad (18.27)$$

となり，例題 18.1 で求めた答えと一致する．◆

§18 の問題

確認問題

問 18.1　$\boldsymbol{a}_1, \boldsymbol{a}_2, \boldsymbol{a}_3 \in \mathbf{R}^3$，$\boldsymbol{b}_1, \boldsymbol{b}_2 \in \mathbf{R}^2$ を

$$\boldsymbol{a}_1 = \begin{pmatrix} 0 \\ 1 \\ 2 \end{pmatrix}, \ \boldsymbol{a}_2 = \begin{pmatrix} 1 \\ 0 \\ 3 \end{pmatrix}, \ \boldsymbol{a}_3 = \begin{pmatrix} 2 \\ 3 \\ 0 \end{pmatrix}, \ \boldsymbol{b}_1 = \begin{pmatrix} 1 \\ 2 \end{pmatrix}, \ \boldsymbol{b}_2 = \begin{pmatrix} 3 \\ 4 \end{pmatrix}$$

により定めると，$\{\boldsymbol{a}_1, \boldsymbol{a}_2, \boldsymbol{a}_3\}, \{\boldsymbol{b}_1, \boldsymbol{b}_2\}$ はそれぞれ $\mathbf{R}^3$，$\mathbf{R}^2$ の基底である．線形写像 $f : \mathbf{R}^3 \to \mathbf{R}^2$ を

$$f(\boldsymbol{x}) = \begin{pmatrix} 1 & 0 & 3 \\ 0 & 2 & 0 \end{pmatrix} \boldsymbol{x} \quad (\boldsymbol{x} \in \mathbf{R}^3)$$

により定める．基底 $\{\boldsymbol{a}_1, \boldsymbol{a}_2, \boldsymbol{a}_3\}, \{\boldsymbol{b}_1, \boldsymbol{b}_2\}$ に関する f の表現行列を求めよ．

□□□ [⇨ 18・1]

基本問題

問 18.2　ベクトル空間 V からベクトル空間 W への線形写像全体の集合を $\mathrm{Hom}(V, W)$ と表す．とくに，$W = \mathbf{R}$ のとき，$\mathrm{Hom}(V, W)$ は問 17.6 で扱った V の双対空間に一致する．$f, g \in \mathrm{Hom}(V, W)$，$c \in \mathbf{R}$ とし，V から W への写像 $f + g$，cf をそれぞれ

$$(f + g)(\boldsymbol{x}) = f(\boldsymbol{x}) + g(\boldsymbol{x}), \quad (cf)(\boldsymbol{x}) = cf(\boldsymbol{x}) \quad (\boldsymbol{x} \in V)$$

により定める．このとき，$f + g, cf \in \mathrm{Hom}(V, W)$ となり，$\mathrm{Hom}(V, W)$ はベクトル空間となる（✍）．なお，V の線形変換全体の集合 $\mathrm{Hom}(V, V)$ は $\mathrm{End}(V)$ とも表す[1]．

$\{\boldsymbol{a}_1, \boldsymbol{a}_2, \cdots, \boldsymbol{a}_n\}$，$\{\boldsymbol{b}_1, \boldsymbol{b}_2, \cdots, \boldsymbol{b}_m\}$ をそれぞれ V，W の基底，A，B をそれぞれ基底 $\{\boldsymbol{a}_1, \boldsymbol{a}_2, \cdots, \boldsymbol{a}_n\}$，$\{\boldsymbol{b}_1, \boldsymbol{b}_2, \cdots, \boldsymbol{b}_m\}$ に関する f，g の表現行列

---

[1] End は「自己準同型写像」を意味する英単語 “endomorphism”（エンドモーフィズム）を略したものである．

とする．基底 $\{\boldsymbol{a}_1, \boldsymbol{a}_2, \cdots, \boldsymbol{a}_n\}$，$\{\boldsymbol{b}_1, \boldsymbol{b}_2, \cdots, \boldsymbol{b}_m\}$ に関する $f+g$，cf の表現行列を求めよ．

□□□ [⇨ 18・1]

問 18.3 U，V，W をベクトル空間，$f: U \to V$，$g: V \to W$ を線形写像とする．$\{\boldsymbol{a}_1, \boldsymbol{a}_2, \cdots, \boldsymbol{a}_n\}$，$\{\boldsymbol{b}_1, \boldsymbol{b}_2, \cdots, \boldsymbol{b}_m\}$，$\{\boldsymbol{c}_1, \boldsymbol{c}_2, \cdots, \boldsymbol{c}_l\}$ をそれぞれ U，V，W の基底，A を基底 $\{\boldsymbol{a}_1, \boldsymbol{a}_2, \cdots, \boldsymbol{a}_n\}$，$\{\boldsymbol{b}_1, \boldsymbol{b}_2, \cdots, \boldsymbol{b}_m\}$ に関する f の表現行列，B を基底 $\{\boldsymbol{b}_1, \boldsymbol{b}_2, \cdots, \boldsymbol{b}_m\}$，$\{\boldsymbol{c}_1, \boldsymbol{c}_2, \cdots, \boldsymbol{c}_l\}$ に関する g の表現行列とする．基底 $\{\boldsymbol{a}_1, \boldsymbol{a}_2, \cdots, \boldsymbol{a}_n\}$，$\{\boldsymbol{c}_1, \boldsymbol{c}_2, \cdots, \boldsymbol{c}_l\}$ に関する合成写像 $g \circ f$ の表現行列を求めよ．

□□□ [⇨ 18・1]

チャレンジ問題

問 18.4 数物系　V を零空間ではない有限次元ベクトル空間，f を

$$\operatorname{Im} f = \operatorname{Ker} f$$

をみたす V の線形変換とする．

(1) f は全射でも単射でもないことを示せ．

(2) $\{\boldsymbol{b}_1, \boldsymbol{b}_2, \cdots, \boldsymbol{b}_r\}$ を $\operatorname{Im} f$ の基底とし，$\boldsymbol{a}_1, \boldsymbol{a}_2, \cdots, \boldsymbol{a}_r \in V$ を

$$f(\boldsymbol{a}_i) = \boldsymbol{b}_i \quad (i = 1, 2, \cdots, r)$$

をみたすように選んでおく．$\{\boldsymbol{a}_1, \cdots, \boldsymbol{a}_r, \boldsymbol{b}_1, \cdots, \boldsymbol{b}_r\}$ は 1 次独立であることを示せ．

(3) $\{\boldsymbol{a}_1, \cdots, \boldsymbol{a}_r, \boldsymbol{b}_1, \cdots, \boldsymbol{b}_r\}$ は V の基底であることを示せ．

(4) 基底 $\{\boldsymbol{a}_1, \cdots, \boldsymbol{a}_r, \boldsymbol{b}_1, \cdots, \boldsymbol{b}_r\}$ に関する f の表現行列を求めよ．

□□□ [⇨ 18・1]

第6章のまとめ

全射と単射

$f: A \to B$：写像

全射：${}^{\forall}b \in B,\ {}^{\exists}a \in A$ s.t. $f(a) = b$

単射：${}^{\forall}a_1, a_2 \in A,\ f(a_1) = f(a_2) \Longrightarrow a_1 = a_2$

注意　${}^{\forall}$ は「任意の」という意味を表す**全称記号**，${}^{\exists}$ は「存在する」という意味を表す**存在記号**というものである．これらは $\forall$, $\exists$ と大きく書くこともある．また,「s.t.」は such that の略で「$\cdots$ s.t. $-$」は「$-$ をみたす $\cdots$」という意味である．

線形写像

○ $f: V \to W$：線形写像

(1) ${}^{\forall}\boldsymbol{x}, \boldsymbol{y} \in V,\ f(\boldsymbol{x} + \boldsymbol{y}) = f(\boldsymbol{x}) + f(\boldsymbol{y})$

(2) ${}^{\forall}c \in \mathbf{R},\ {}^{\forall}\boldsymbol{x} \in V,\ f(c\boldsymbol{x}) = cf(\boldsymbol{x})$

○ $\mathbf{R}^n$ から $\mathbf{R}^m$ への線形写像：

$$f(\boldsymbol{x}) = A\boldsymbol{x} \quad (\boldsymbol{x} \in \mathbf{R}^n)$$

ただし，$A \in M_{m,n}(\mathbf{R})$

○ **像**と**核**：

$$\mathrm{Im}\, f = \{f(\boldsymbol{x}) \mid \boldsymbol{x} \in V\}, \qquad \mathrm{Ker}\, f = \{\boldsymbol{x} \in V \mid f(\boldsymbol{x}) = \mathbf{0}_W\}$$

○ **線形写像に対する次元定理**：

$$\dim(\mathrm{Im}\, f) + \dim(\mathrm{Ker}\, f) = \dim V$$

表現行列

○ $f: V \to W$：線形写像

$\{\boldsymbol{a}_1, \boldsymbol{a}_2, \cdots, \boldsymbol{a}_n\}$：$V$ の基底

$\{\boldsymbol{b}_1, \boldsymbol{b}_2, \cdots, \boldsymbol{b}_m\}$：$W$ の基底

$A \in M_{m,n}(\mathbf{R})$：上の基底に関する f の表現行列

$$\begin{pmatrix} f(\boldsymbol{a}_1) & f(\boldsymbol{a}_2) & \cdots & f(\boldsymbol{a}_n) \end{pmatrix} = \begin{pmatrix} \boldsymbol{b}_1 & \boldsymbol{b}_2 & \cdots & \boldsymbol{b}_m \end{pmatrix} A$$

○　基底変換との関係

$f : V \to W$：線形写像…①

$\{\boldsymbol{a}_1, \boldsymbol{a}_2, \cdots, \boldsymbol{a}_n\}, \{\boldsymbol{a}'_1, \boldsymbol{a}'_2, \cdots, \boldsymbol{a}'_n\}$：$V$ の基底

$\{\boldsymbol{b}_1, \boldsymbol{b}_2, \cdots, \boldsymbol{b}_m\}, \{\boldsymbol{b}'_1, \boldsymbol{b}'_2, \cdots, \boldsymbol{b}'_m\}$：$W$ の基底

P：基底変換 $\{\boldsymbol{a}_1, \boldsymbol{a}_2, \cdots, \boldsymbol{a}_n\} \to \{\boldsymbol{a}'_1, \boldsymbol{a}'_2, \cdots, \boldsymbol{a}'_n\}$
　の基底変換行列

Q：基底変換 $\{\boldsymbol{b}_1, \boldsymbol{b}_2, \cdots, \boldsymbol{b}_m\} \to \{\boldsymbol{b}'_1, \boldsymbol{b}'_2, \cdots, \boldsymbol{b}'_m\}$
　の基底変換行列

A：基底 $\{\boldsymbol{a}_1, \boldsymbol{a}_2, \cdots, \boldsymbol{a}_n\}$，$\{\boldsymbol{b}_1, \boldsymbol{b}_2, \cdots, \boldsymbol{b}_m\}$
　に関する f の表現行列…②

B：基底 $\{\boldsymbol{a}'_1, \boldsymbol{a}'_2, \cdots, \boldsymbol{a}'_n\}$，$\{\boldsymbol{b}'_1, \boldsymbol{b}'_2, \cdots, \boldsymbol{b}'_m\}$
　に関する f の表現行列…③

$$\Longrightarrow\ B = Q^{-1}AP$$

○　線形変換の場合

①において，$W = V$

②において

$$\{\boldsymbol{b}_1, \boldsymbol{b}_2, \cdots, \boldsymbol{b}_m\} = \{\boldsymbol{a}_1, \boldsymbol{a}_2, \cdots, \boldsymbol{a}_n\} \quad (m = n)$$

③において

$$\{\boldsymbol{b}'_1, \boldsymbol{b}'_2, \cdots, \boldsymbol{b}'_m\} = \{\boldsymbol{a}'_1, \boldsymbol{a}'_2, \cdots, \boldsymbol{a}'_n\} \quad (m = n)$$

$$\Longrightarrow\ B = P^{-1}AP$$

7 行列の対角化

§19 固有値と固有ベクトル（その1）—正方行列の定める線形変換の場合—

§19のポイント

- ベクトル空間の線形変換に対して，**固有値**，**固有ベクトル**，**固有空間**を考えることができる．
- **固有多項式**を0とおいた方程式を**固有方程式**という．
- 固有値は固有方程式を解くことによって求められる．
- 正方行列の固有多項式に対して，**ケイリー - ハミルトンの定理**が成り立つ．

実数を成分とする n 次の正方行列 $A \in M_n(\mathbf{R})$ に対して，$\mathbf{0}$ ではない $\boldsymbol{x} \in \mathbf{R}^n$ および $\lambda \in \mathbf{R}$ が存在し，

$$A\boldsymbol{x} = \lambda\boldsymbol{x} \tag{19.1}$$

をみたすとき，λ を A の**固有値**，$\boldsymbol{x}$ を固有値 λ に対する A の**固有ベクトル**という．すなわち，固有値とは正方行列とベクトルの積が特別な方向に関してスカラー倍として表されるときのスカラーのことであり，固有ベクトルとはそのときの方向である．

固有値，固有ベクトルといった概念は線形変換［⇨例 17.2］に対しても定められ，その線形変換に対する表現行列として上三角行列や対角行列といったわかりやすい行列を得るために必要となる．

19・1　固有値，固有ベクトル，固有空間

f をベクトル空間 V の線形変換とする．$\mathbf{0}$ ではない $\boldsymbol{x} \in V$ および $\lambda \in \mathbf{R}$ が存在し，

$$f(\boldsymbol{x}) = \lambda \boldsymbol{x} \tag{19.2}$$

をみたすとき，λ を f の**固有値**，$\boldsymbol{x}$ を固有値 λ に対する f の**固有ベクトル**という．

固有値 λ に対する f の固有ベクトル全体の集合に $\mathbf{0}$ を加えた V の部分集合を $W(\lambda)$ と書くことにする．このとき，

$$W(\lambda) = \{\boldsymbol{x} \in V \mid f(\boldsymbol{x}) = \lambda \boldsymbol{x}\} \subset V \tag{19.3}$$

である．次の例題 19.1 より，$W(\lambda)$ は V の部分空間となる．$W(\lambda)$ を固有値 λ に対する f の**固有空間**という．線形変換を固有空間に制限して考えると，それはもはやただのスカラー倍でしかない．

例題 19.1　$W(\lambda)$ は V の部分空間であることを示せ．

□□□

解　部分空間の条件（1）　$W(\lambda)$ の定義より，$\mathbf{0} \in W(\lambda)$．

部分空間の条件（2）　$\boldsymbol{x}, \boldsymbol{y} \in W(\lambda)$ とすると，$f(\boldsymbol{x}) = \lambda \boldsymbol{x}$，$f(\boldsymbol{y}) = \lambda \boldsymbol{y}$ および線形写像の性質より，

$$f(\boldsymbol{x} + \boldsymbol{y}) = f(\boldsymbol{x}) + f(\boldsymbol{y}) = \lambda \boldsymbol{x} + \lambda \boldsymbol{y} = \lambda(\boldsymbol{x} + \boldsymbol{y}). \tag{19.4}$$

よって，$f(\boldsymbol{x} + \boldsymbol{y}) = \lambda(\boldsymbol{x} + \boldsymbol{y})$，すなわち，$\boldsymbol{x} + \boldsymbol{y} \in W(\lambda)$．

部分空間の条件（3）　$c \in \mathbf{R}$，$\boldsymbol{x} \in W(\lambda)$ とすると，$f(\boldsymbol{x}) = \lambda \boldsymbol{x}$ および線形写像の性質より，

$$f(c\boldsymbol{x}) = cf(\boldsymbol{x}) = c(\lambda \boldsymbol{x}) = \lambda(c\boldsymbol{x}). \tag{19.5}$$

よって，$f(c\boldsymbol{x}) = \lambda(c\boldsymbol{x})$，すなわち，$c\boldsymbol{x} \in W(\lambda)$.

したがって，定理 13.3 より，$W(\lambda)$ は V の部分空間である．　◇

注意 19.1　問 18.2 で扱ったように，ベクトル空間 V の線形変換全体の集合 $\mathrm{End}(V)$ がベクトル空間となることを用いると，$W(\lambda)$ が V の部分空間となることはほとんど明らかである．なぜならば，$W(\lambda)$ は V の線形変換 $\lambda 1_V - f$ の核 $\mathrm{Ker}(\lambda 1_V - f)$ に一致するからである．

次の定理 19.1 は § 21 で扱う行列の対角化と深い関係がある．

定理 19.1

f をベクトル空間 V の線形変換，λ_1，λ_2，$\cdots$，λ_m を f の互いに異なる固有値，$\boldsymbol{x}_1$，$\boldsymbol{x}_2$，$\cdots$，$\boldsymbol{x}_m$ をそれぞれ固有値 λ_1，λ_2，$\cdots$，λ_m に対する f の固有ベクトルとする．このとき，$\boldsymbol{x}_1$，$\boldsymbol{x}_2$，$\cdots$，$\boldsymbol{x}_m$ は 1 次独立である．

定理 19.1 は 1 次独立な固有ベクトルの個数 m に関する数学的帰納法により示すことができる．

以下では，固有値や固有ベクトルがどのようにして求められるのか，正方行列の定める線形変換の場合に考えよう．$A \in M_n(\mathbf{R})$ とし，$\mathbf{R}^n$ の線形変換 f_A を

$$f_A(\boldsymbol{x}) = A\boldsymbol{x} \quad (\boldsymbol{x} \in \mathbf{R}^n) \tag{19.6}$$

により定める．f_A の固有値，固有ベクトル，固有空間をそれぞれ A の**固有値**，**固有ベクトル**，**固有空間**（**図 19.1**）という．A の固有値，固有ベクトルは § 19 の始めに述べた (19.1) を用いた定義と一致する．

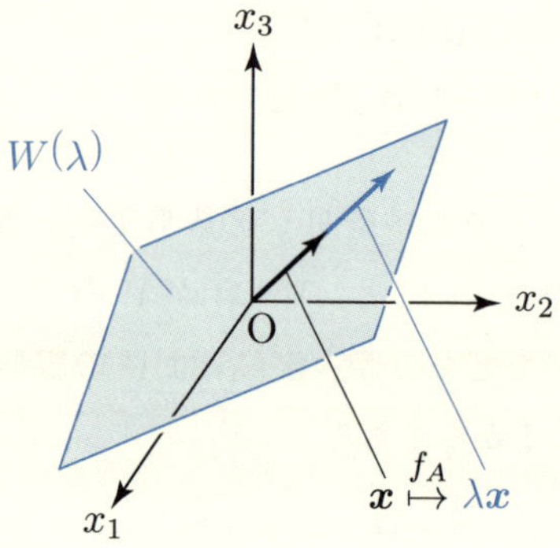

図 19.1　3 次の正方行列に対する固有値 λ, 固有ベクトル $\boldsymbol{x}$, 固有空間 $W(\lambda)$ のイメージ

19・2　固有多項式と固有方程式

$A \in M_n(\mathbf{R})$ とし，λ を A の固有値，$\boldsymbol{x}$ を固有値 λ に対する A の固有ベクトルとすると，(19.1) が成り立ち，これは

$$(\lambda E - A)\boldsymbol{x} = \mathbf{0} \tag{19.7}$$

と変形できる．λ はスカラーなので，(19.7) の左辺は $(\lambda - A)\boldsymbol{x}$ とはならないことに注意しよう．(19.7) は $\boldsymbol{x} \in \mathbf{R}^n$ が同次連立 1 次方程式 (19.7) の自明でない解であることを意味するから，定理 6.4 と定理 9.3 より，スカラー λ は

$$|\lambda E - A| = 0 \tag{19.8}$$

をみたす．ここで，

$$\phi_A(\lambda) = |\lambda E - A| \tag{19.9}$$

とおくと，行列式の定義式 (8.3) より，$\phi_A(\lambda)$ は変数 λ に関する n 次多項式である．$\phi_A(\lambda)$ を A の**固有多項式**または**特性多項式**，λ の n 次方程式 $\phi_A(\lambda) = 0$ を A の**固有方程式**または**特性方程式**という．なお，$|A - \lambda E|$ のことを固有多項式ということもあるが，固有方程式の解は計算すればどちらも同じになる．

固有方程式は複素数の解を考えることもできるが，ここでは $\mathbf{R}$ 上のベクトル空間を考えている．この点に注意すると，上で述べたことから，次の定理 19.2 が直ちに導かれる．

定理 19.2

A を実数を成分とする正方行列とすると，

$$\lambda \in \mathbf{R} \text{ が } A \text{ の固有値} \iff \lambda \text{ が } A \text{ の固有方程式の実数解}$$

それでは，具体的な正方行列の固有値や固有空間を計算してみよう．

例題 19.2　正方行列 $A = \begin{pmatrix} 1 & 2 \\ 2 & 1 \end{pmatrix}$ の固有値と固有値に対する 1 つの固有ベクトルおよび固有空間を求めよ．□□□

解　Step 1　A の固有値を求める．A の固有多項式は

$$\phi_A(\lambda) = \begin{vmatrix} \lambda - 1 & -2 \\ -2 & \lambda - 1 \end{vmatrix} = (\lambda-1)^2-(-2)^2 = \lambda^2-2\lambda-3 = (\lambda+1)(\lambda-3). \tag{19.10}$$

よって，A の固有値 λ は固有方程式 $\phi_A(\lambda) = 0$ の解なので，$\lambda = -1, 3$ である．

Step 2　固有値 $\lambda = -1$ に対する A の 1 つの固有ベクトルと固有空間 $W(-1)$ を求める．(19.7) において $\lambda = -1$ を代入し，$\boldsymbol{x} = \begin{pmatrix} x_1 \\ x_2 \end{pmatrix}$ とすると，同次連立 1 次方程式

$$(-E - A)\begin{pmatrix} x_1 \\ x_2 \end{pmatrix} = \mathbf{0} \tag{19.11}$$

が得られる．すなわち，

$$\begin{pmatrix} -2 & -2 \\ -2 & -2 \end{pmatrix}\begin{pmatrix} x_1 \\ x_2 \end{pmatrix} = \begin{pmatrix} 0 \\ 0 \end{pmatrix}. \tag{19.12}$$

よって，

$$-2x_1 - 2x_2 = 0 \tag{19.13}$$

となり，$c \in \mathbf{R}$ を任意の定数として，$x_2 = c$ とおくと，解は

$$x_1 = -c, \qquad x_2 = c. \tag{19.14}$$

したがって，

$$\boldsymbol{x} = \begin{pmatrix} x_1 \\ x_2 \end{pmatrix} = \begin{pmatrix} -c \\ c \end{pmatrix} = c\begin{pmatrix} -1 \\ 1 \end{pmatrix} \tag{19.15}$$

と表されるので，例えば，$c = 1$ とした $\boldsymbol{x} = \begin{pmatrix} -1 \\ 1 \end{pmatrix}$ が求める 1 つの固有ベクトルである．また，固有空間 $W(-1)$ は

$$W(-1) = \left\{ c\begin{pmatrix} -1 \\ 1 \end{pmatrix} \,\middle|\, c \in \mathbf{R} \right\} \tag{19.16}$$

である．

Step 3　固有値 $\lambda = 3$ に対する A の 1 つの固有ベクトルと固有空間 $W(3)$ を求める．(19.7) において $\lambda = 3$ を代入し，$\boldsymbol{x} = \begin{pmatrix} x_1 \\ x_2 \end{pmatrix}$ とすると，同次連立 1 次方程式

$$(3E - A)\begin{pmatrix} x_1 \\ x_2 \end{pmatrix} = \mathbf{0} \tag{19.17}$$

が得られる．すなわち，

$$\begin{pmatrix} 2 & -2 \\ -2 & 2 \end{pmatrix}\begin{pmatrix} x_1 \\ x_2 \end{pmatrix} = \begin{pmatrix} 0 \\ 0 \end{pmatrix}. \tag{19.18}$$

よって，

$$2x_1 - 2x_2 = 0, \qquad -2x_1 + 2x_2 = 0 \tag{19.19}$$

となり，$c \in \mathbf{R}$ を任意の定数として，$x_2 = c$ とおくと，解は

$$x_1 = c, \qquad x_2 = c. \tag{19.20}$$

したがって，

$$\boldsymbol{x} = \begin{pmatrix} x_1 \\ x_2 \end{pmatrix} = \begin{pmatrix} c \\ c \end{pmatrix} = c\begin{pmatrix} 1 \\ 1 \end{pmatrix} \tag{19.21}$$

と表されるので，例えば，$c = 1$ とした $\boldsymbol{x} = \begin{pmatrix} 1 \\ 1 \end{pmatrix}$ が求める 1 つの固有ベクトルである．また，固有空間 $W(3)$ は

$$W(3) = \left\{ c\begin{pmatrix} 1 \\ 1 \end{pmatrix} \,\middle|\, c \in \mathbf{R} \right\} \tag{19.22}$$

である．　◇

19・3 ケイリー - ハミルトンの定理

最後に，行列多項式とケイリー - ハミルトンの定理について述べておこう．$f(\lambda)$ を λ に関する多項式とし，

$$f(\lambda) = a_m\lambda^m + a_{m-1}\lambda^{m-1} + \cdots + a_1\lambda + a_0 \quad (a_0, a_1, \cdots, a_m \in \mathbf{R}) \tag{19.23}$$

と表しておく．A を正方行列とすると，上の式の右辺の λ に A を代入して，正方行列 $f(A)$ を

$$f(A) = a_mA^m + a_{m-1}A^{m-1} + \cdots + a_1A + a_0E \tag{19.24}$$

により定めることができる．ただし，E は A と次数が等しい単位行列である．$f(A)$ を $f(\lambda)$ に対する A の**行列多項式**という．

正方行列 A に対しては固有多項式 $\phi_A(\lambda)$ が定まるが，$\phi_A(\lambda)$ に対する A の行列多項式 $\phi_A(A)$ はどうなるのであろうか．実は，これはどのような A に対しても零行列になってしまうことが知られている．すなわち，次の定理 19.3 が成り立つ．

定理 19.3（ケイリー - ハミルトンの定理）

$\phi_A(A) = O.$

定理 19.3 の証明は省略するが，例えば，定理 12.4 を用いて，A を上三角化しておくことにより示すことができる．

2 次の正方行列に対するケイリー - ハミルトンの定理とその証明は § 2 の問 2.6 でも扱ったが，定理 19.3 の形で述べたケイリー - ハミルトンの定理を用いて，その別証明をあたえてみよう．

例 19.1 2 次の正方行列 A を $A = \begin{pmatrix} a & b \\ c & d \end{pmatrix}$ と表しておくと，A の固有多項式は

$$\phi_A(\lambda) = \begin{vmatrix} \lambda - a & -b \\ -c & \lambda - d \end{vmatrix} = (\lambda - a)(\lambda - d) - (-b)(-c)$$

$$= \lambda^2 - (a+d)\lambda + ad - bc. \tag{19.25}$$

よって，ケイリー - ハミルトンの定理より，$\phi_A(A) = O$．すなわち，

$$A^2 - (a+d)A + (ad-bc)E = O. \tag{19.26}$$

これは A のトレース $\mathrm{tr}\, A$ [⇨ 12・4] と行列式 $|A|$ を用いて，

$$A^2 - (\mathrm{tr}\, A)A + |A|E = O \tag{19.27}$$

と表すこともできる．

さらに，$|A| = ad - bc \neq 0$ と仮定し，A の逆行列を求めてみよう．このとき，(19.26) を変形して，

$$A\left[-\frac{1}{ad-bc}\left\{A - (a+d)E\right\}\right] = E. \tag{19.28}$$

よって，

$$\begin{aligned} A^{-1} &= -\frac{1}{ad-bc}\left\{A - (a+d)E\right\} \\ &= -\frac{1}{ad-bc}\left\{\begin{pmatrix} a & b \\ c & d \end{pmatrix} - \begin{pmatrix} a+d & 0 \\ 0 & a+d \end{pmatrix}\right\} = \frac{1}{ad-bc}\begin{pmatrix} d & -b \\ -c & a \end{pmatrix}. \end{aligned} \tag{19.29}$$

すなわち，

$$A^{-1} = \frac{1}{ad-bc}\begin{pmatrix} d & -b \\ -c & a \end{pmatrix} \tag{19.30}$$

である． ◆

例題 19.3　正方行列 A および λ に関する多項式 $f(\lambda)$ をそれぞれ

$$A = \begin{pmatrix} \frac{1}{2} & \frac{1}{4} \\ 5 & \frac{1}{2} \end{pmatrix}, \qquad f(\lambda) = \lambda^4 - \lambda^3 - \lambda^2 + 4\lambda + 1 \tag{19.31}$$

により定める．行列多項式 $f(A)$ を計算せよ． □□□

解　まず，

$$\operatorname{tr} A = \frac{1}{2} + \frac{1}{2} = 1, \qquad |A| = \frac{1}{2} \cdot \frac{1}{2} - \frac{1}{4} \cdot 5 = -1. \quad (19.32)$$

よって，2 次の正方行列に対するケイリー - ハミルトンの定理 (19.27) より，

$$A^2 - A - E = O. \quad (19.33)$$

したがって，(19.24) より

$$f(A) = A^4 - A^3 - A^2 + 4A + E = A^2(A^2 - A - E) + 4A + E$$

$$\overset{\because (19.33)}{=} A^2O + 4\begin{pmatrix} \frac{1}{2} & \frac{1}{4} \\ 5 & \frac{1}{2} \end{pmatrix} + \begin{pmatrix} 1 & 0 \\ 0 & 1 \end{pmatrix} = \begin{pmatrix} 2 & 1 \\ 20 & 2 \end{pmatrix} + \begin{pmatrix} 1 & 0 \\ 0 & 1 \end{pmatrix}$$

$$= \begin{pmatrix} 3 & 1 \\ 20 & 3 \end{pmatrix}. \quad (19.34)$$

◇

§ 19 の問題

確認問題

問 19.1　$A \in M_n(\mathbf{R})$，λ を A の固有値とする．$\mathbf{R}^n$ の部分集合

$$\widetilde{W}(\lambda) = \{\boldsymbol{x} \in \mathbf{R}^n \mid \text{ある自然数 } k \text{ に対して } (\lambda E - A)^k \boldsymbol{x} = \mathbf{0}\}$$

は $\mathbf{R}^n$ の部分空間であることを示せ．なお，$\widetilde{W}(\lambda)$ を固有値 λ に対する A の**広義固有空間**または**一般固有空間**という．　□□□ [⇨ 19・1]

問 19.2　次の (1)～(3) の正方行列の固有値と固有値に対する 1 つの固有ベクトルおよび固有空間を求めよ．

(1) $\begin{pmatrix} 1 & 1 \\ 2 & 2 \end{pmatrix}$　(2) $\begin{pmatrix} 1 & 2 & 0 \\ 2 & 2 & 2 \\ 0 & 2 & 3 \end{pmatrix}$　(3) $\begin{pmatrix} 2 & 1 & 1 \\ 1 & 2 & 1 \\ 1 & 1 & 2 \end{pmatrix}$

□□□ [⇨ 19・2]

問 19.3　正方行列 A および λ に関する多項式 $f(\lambda)$ をそれぞれ

$$A = \begin{pmatrix} \frac{1}{3} & 11 \\ \frac{1}{9} & \frac{2}{3} \end{pmatrix}, \quad f(\lambda) = \lambda^4 - \lambda^3 - \lambda^2 + 9\lambda - 1$$

により定める．行列多項式 $f(A)$ を計算せよ．　□□□ [⇨ 19・3]

基本問題

問 19.4　次の問に答えよ．

(1) 零写像の定義を書け．

(2) f をベクトル空間 V の線形変換とする．m 個の f から得られる合成写像を f^m と書く．例えば，$f^2 = f \circ f$，$f^3 = f \circ f \circ f$ である．また，$f^1 = f$ と約束する．ある自然数 m に対して，f^m が零写像となるならば，f の固有値は 0 のみであることを示せ．　□□□ [⇨ 19・1]

チャレンジ問題

問 19.5　数物系　行列式が 1 になる奇数次の直交行列は，1 を固有値にもつことを示せ．　□□□ [⇨ 19・2]

§ 20　固有値と固有ベクトル（その 2）— 一般の線形変換の場合 —

§ 20 のポイント

- 表現行列を考えることにより，一般の線形変換に対して，固有値，固有ベクトルなどを計算することができる．
- 基底を選んでおくと，線形変換の固有ベクトルの成分は表現行列の固有ベクトルの成分に一致する．

§ 19 で述べたように，正方行列の定める自然な線形変換に対する固有値や固有ベクトルは，固有方程式を解くことによって順次求められるのであった．それでは，一般の線形変換の場合はどのようにすればよいのであろうか．§ 18 をふり返ると，線形写像は基底を固定しておけば，表現行列という行列が対応し，とくに，線形変換の場合は表現行列は正方行列となる．よって，この表現行列に対して固有方程式を解けばよい．

20・1　線形変換の固有方程式

f をベクトル空間 V の線形変換，$\{\boldsymbol{a}_1, \boldsymbol{a}_2, \cdots, \boldsymbol{a}_n\}$ を V の基底，A を基底 $\{\boldsymbol{a}_1, \boldsymbol{a}_2, \cdots, \boldsymbol{a}_n\}$ に関する f の表現行列とする．f の**固有多項式** $\phi_f(\lambda)$ を A の固有多項式 $\phi_A(\lambda)$ を用いて，

$$\phi_f(\lambda) = \phi_A(\lambda) \tag{20.1}$$

により定める．方程式 $\phi_f(\lambda) = 0$ を f の**固有方程式**という（**図 20.1**）．

注意 20.1　表現行列は基底に依存するものなので，本来ならば

$$\phi_{f,\{\boldsymbol{a}_1, \boldsymbol{a}_2, \cdots, \boldsymbol{a}_n\}}(\lambda) = \phi_A(\lambda) \tag{20.2}$$

のように記号を定めるべきであろう．しかし，実は上のように定めた $\phi_f(\lambda)$ は**基底の選び方に依存しない**．実際，$\{\boldsymbol{a}'_1, \boldsymbol{a}'_2, \cdots, \boldsymbol{a}'_n\}$ を別の V の基底，P

を基底変換 $\{\boldsymbol{a}_1, \boldsymbol{a}_2, \cdots, \boldsymbol{a}_n\} \to \{\boldsymbol{a}'_1, \boldsymbol{a}'_2, \cdots, \boldsymbol{a}'_n\}$ の基底変換行列，B を基底 $\{\boldsymbol{a}'_1, \boldsymbol{a}'_2, \cdots, \boldsymbol{a}'_n\}$ に関する f の表現行列とすると，定理 18.3 より，

$$B = P^{-1}AP \tag{20.3}$$

が成り立つので，

$$\begin{aligned}\phi_B(\lambda) &= |\lambda E - B| = |\lambda P^{-1}EP - P^{-1}AP| = |P^{-1}(\lambda E - A)P| \\ &\overset{問 8.4}{=} |\lambda E - A| = \phi_A(\lambda)\end{aligned} \tag{20.4}$$

となる[1]．

上の計算が示唆するように，線形変換 f に対しても行列式やトレースを定義することができる．すなわち，f の行列式 $\det f$ および f のトレース $\operatorname{tr} f$ を表現行列 A を用いて，それぞれ

$$\det f = \det A, \qquad \operatorname{tr} f = \operatorname{tr} A \tag{20.5}$$

により定める[2]．

$$\begin{pmatrix} f(\boldsymbol{a}_1) & f(\boldsymbol{a}_2) & \cdots & f(\boldsymbol{a}_n) \end{pmatrix} = \begin{pmatrix} \boldsymbol{a}_1, \boldsymbol{a}_2, \cdots, \boldsymbol{a}_n \end{pmatrix} A$$

⇩

$$\phi_f(\lambda) = \phi_A(\lambda) \qquad (20.1)$$

⇩

$$\phi_f(\lambda) = 0 \qquad (f \text{ の固有方程式})$$

図 20.1　線形変換の固有方程式

20・2　線形変換の固有値

固有値と固有多項式の解の関係について，定理 19.2 とまったく同様に次の定理 20.1 が成り立つ．

---

1) (20.4) より，線形変換 f に対する固有多項式の定義は well-defined [⇨ 4・2] である．

2) 問 8.4 および定理 12.5 より，線形変換 f に対する行列式，トレースの定義は well-defined である．

定理 20.1

f をベクトル空間 V の線形変換とすると，

$$\lambda \in \mathbf{R} \text{ が } f \text{ の固有値} \iff \lambda \text{ が } f \text{ の固有方程式の実数解}$$

証明 $\{\boldsymbol{a}_1, \boldsymbol{a}_2, \cdots, \boldsymbol{a}_n\}$ を V の基底，A を基底 $\{\boldsymbol{a}_1, \boldsymbol{a}_2, \cdots, \boldsymbol{a}_n\}$ に関する f の表現行列，$\boldsymbol{x}$ を固有値 λ に対する f の固有ベクトル，c_1，c_2，$\cdots$，c_n を基底 $\{\boldsymbol{a}_1, \boldsymbol{a}_2, \cdots, \boldsymbol{a}_n\}$ に関する $\boldsymbol{x}$ の成分とし，$\boldsymbol{c} = \begin{pmatrix} c_1 \\ c_2 \\ \vdots \\ c_n \end{pmatrix}$ とおく．このとき，

$$\begin{aligned} f(\boldsymbol{x}) &= f(c_1\boldsymbol{a}_1 + c_2\boldsymbol{a}_2 + \cdots + c_n\boldsymbol{a}_n) \quad (\because\ \boldsymbol{x} \text{ の成分の定義}) \\ &= c_1 f(\boldsymbol{a}_1) + c_2 f(\boldsymbol{a}_2) + \cdots + c_n f(\boldsymbol{a}_n) \quad (\because\ \text{線形写像の性質}) \\ &= \begin{pmatrix} f(\boldsymbol{a}_1) & f(\boldsymbol{a}_2) & \cdots & f(\boldsymbol{a}_n) \end{pmatrix} \boldsymbol{c} = \begin{pmatrix} \boldsymbol{a}_1 & \boldsymbol{a}_2 & \cdots & \boldsymbol{a}_n \end{pmatrix} A\boldsymbol{c} \\ & \qquad (\because\ \text{表現行列の定義}) \end{aligned} \tag{20.6}$$

となる．

一方，

$$\begin{aligned} f(\boldsymbol{x}) &= \lambda \boldsymbol{x} \quad (\because\ \text{固有値，固有ベクトルの定義}) \\ &= \lambda(c_1\boldsymbol{a}_1 + c_2\boldsymbol{a}_2 + \cdots + c_n\boldsymbol{a}_n) \quad (\because\ \boldsymbol{x} \text{ の成分の定義}) \\ &= \begin{pmatrix} \boldsymbol{a}_1 & \boldsymbol{a}_2 & \cdots & \boldsymbol{a}_n \end{pmatrix} \lambda \boldsymbol{c}. \end{aligned} \tag{20.7}$$

よって，(20.6) および (20.7) より，

$$\begin{pmatrix} \boldsymbol{a}_1 & \boldsymbol{a}_2 & \cdots & \boldsymbol{a}_n \end{pmatrix} A\boldsymbol{c} = \begin{pmatrix} \boldsymbol{a}_1 & \boldsymbol{a}_2 & \cdots & \boldsymbol{a}_n \end{pmatrix} \lambda \boldsymbol{c}. \tag{20.8}$$

$\boldsymbol{a}_1$，$\boldsymbol{a}_2$，$\cdots$，$\boldsymbol{a}_n$ は 1 次独立なので，

$$A\boldsymbol{c} = \lambda \boldsymbol{c}. \tag{20.9}$$

ここで，固有ベクトルの定義より，$\boldsymbol{x} \neq \boldsymbol{0}$ で，$\boldsymbol{c}$ は基底 $\{\boldsymbol{a}_1, \boldsymbol{a}_2, \cdots, \boldsymbol{a}_n\}$ に関する $\boldsymbol{x}$ の成分 c_1，c_2，$\cdots$，c_n を並べたものなので，$\boldsymbol{c} \neq \boldsymbol{0}$ である．

したがって，$\boldsymbol{c}$ は固有値 λ に対する A の固有ベクトルとなるので，λ は A の固有方程式の実数解である．このとき，

$$\phi_f(\lambda) = \phi_A(\lambda) = 0 \tag{20.10}$$

なので，λ は f の固有方程式の実数解でもある．

さらに，上の計算は逆にたどることもできる．◇

注意 20.2　定理 20.1 の証明で示した f の固有ベクトル $\boldsymbol{x}$ と A の固有ベクトル $\boldsymbol{c}$ の関係を図示すると，**図 20.2** のようになる．

また，定理 20.1 の証明は f の固有ベクトルの求め方もあたえている点に注意しよう．なぜならば，A の固有ベクトルの成分が，考えている基底に関する f の固有ベクトルの成分となっていることを示しているからである．

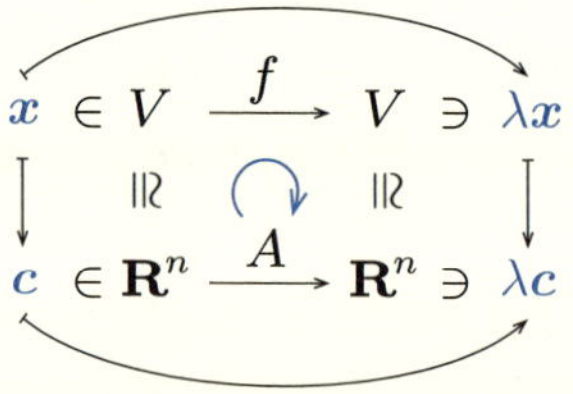

図 20.2　線形変換，表現行列の固有ベクトル

それでは，2 次以下の実数係数の t に関する多項式からなるベクトル空間 $\mathbf{R}[t]_2$ の線形変換を例に考えてみよう．

例題 20.1　写像 $\Psi : \mathbf{R}[t]_2 \to \mathbf{R}[t]_2$ を

$$\Psi(f(t)) = f(1-t) \quad (f(t) \in \mathbf{R}[t]_2) \tag{20.11}$$

により定めると，Ψ は $\mathbf{R}[t]_2$ の線形変換を定めることがわかる．$\mathbf{R}[t]_2$ の基底 $\{1, t, t^2\}$ に関する Ψ の表現行列，Ψ の固有値，Ψ の各固有値に対する固有空間を求めよ．□□□

解 Step 1 基底 $\{1, t, t^2\}$ に関する Ψ の表現行列を求める．$f(t) \in \mathbf{R}[t]_2$ とすると，$f(t) = 1$ のとき，多項式 $f(t)$ は定数なので，$f(1-t) = 1$ となる．また，$f(t) = t$ のとき，$f(1-t) = 1-t$，$f(t) = t^2$ のとき，$f(1-t) = (1-t)^2$ となるので，

$$\begin{aligned}&\begin{pmatrix} \Psi(1) & \Psi(t) & \Psi(t^2) \end{pmatrix} = \begin{pmatrix} 1 & 1-t & (1-t)^2 \end{pmatrix} \\ &= \begin{pmatrix} 1 & 1-t & 1-2t+t^2 \end{pmatrix} = \begin{pmatrix} 1 & t & t^2 \end{pmatrix} \begin{pmatrix} 1 & 1 & 1 \\ 0 & -1 & -2 \\ 0 & 0 & 1 \end{pmatrix}.\end{aligned} \tag{20.12}$$

よって，基底 $\{1, t, t^2\}$ に関する Ψ の表現行列を A とおくと，

$$A = \begin{pmatrix} 1 & 1 & 1 \\ 0 & -1 & -2 \\ 0 & 0 & 1 \end{pmatrix}. \tag{20.13}$$

Step 2 Ψ の固有値を求める．Ψ の固有多項式は

$$\phi_\Psi(\lambda) = \phi_A(\lambda) = \begin{vmatrix} \lambda-1 & -1 & -1 \\ 0 & \lambda+1 & 2 \\ 0 & 0 & \lambda-1 \end{vmatrix} = (\lambda+1)(\lambda-1)^2. \tag{20.14}$$

よって，Ψ の固有値 λ は固有方程式 $\phi_\Psi(\lambda) = 0$ の解なので，$\lambda = -1, 1$ (重解) である．

Step 3 固有値 $\lambda = -1$ に対する Ψ の固有空間 $W(-1)$ を求める．(20.9) において $\lambda = -1$ を代入し，$\boldsymbol{c} = \begin{pmatrix} c_1 \\ c_2 \\ c_3 \end{pmatrix}$ とすると，同次連立 1 次方程式

$$(-E - A) \begin{pmatrix} c_1 \\ c_2 \\ c_3 \end{pmatrix} = \mathbf{0} \tag{20.15}$$

が得られる．すなわち，

$$\begin{pmatrix} -2 & -1 & -1 \\ 0 & 0 & 2 \\ 0 & 0 & -2 \end{pmatrix} \begin{pmatrix} c_1 \\ c_2 \\ c_3 \end{pmatrix} = \begin{pmatrix} 0 \\ 0 \\ 0 \end{pmatrix}. \tag{20.16}$$

よって，

$$-2c_1 - c_2 - c_3 = 0, \quad 2c_3 = 0, \quad -2c_3 = 0 \tag{20.17}$$

となり，$k \in \mathbf{R}$ を任意の定数として，$c_1 = k$ とおくと，解は

$$c_1 = k, \quad c_2 = -2k, \quad c_3 = 0. \tag{20.18}$$

したがって，

$$c_1 \cdot 1 + c_2 t + c_3 t^2 = k \cdot 1 + (-2k)t + 0 \cdot t^2 = k - 2kt = k(1-2t) \tag{20.19}$$

と表されるので，固有空間 $W(-1)$ は

$$W(-1) = \{k(1-2t) \mid k \in \mathbf{R}\} \tag{20.20}$$

である．

Step 4　固有値 $\lambda = 1$ に対する Ψ の固有空間 $W(1)$ を求める．(20.9) において $\lambda = 1$ を代入し，$\mathbf{c} = \begin{pmatrix} c_1 \\ c_2 \\ c_3 \end{pmatrix}$ とすると，同次連立 1 次方程式

$$(E - A)\begin{pmatrix} c_1 \\ c_2 \\ c_3 \end{pmatrix} = \mathbf{0} \tag{20.21}$$

が得られる．すなわち，

$$\begin{pmatrix} 0 & -1 & -1 \\ 0 & 2 & 2 \\ 0 & 0 & 0 \end{pmatrix}\begin{pmatrix} c_1 \\ c_2 \\ c_3 \end{pmatrix} = \begin{pmatrix} 0 \\ 0 \\ 0 \end{pmatrix}. \tag{20.22}$$

よって，

$$-c_2 - c_3 = 0, \qquad 2c_2 + 2c_3 = 0 \tag{20.23}$$

となり，$k_1, k_2 \in \mathbf{R}$ を任意の定数として，$c_1 = k_1$，$c_2 = k_2$ とおくと，解は

$$c_1 = k_1, \quad c_2 = k_2, \quad c_3 = -k_2. \tag{20.24}$$

したがって，

$$c_1 \cdot 1 + c_2 t + c_3 t^2 = k_1 \cdot 1 + k_2 t + (-k_2)t^2 = k_1 + k_2(t - t^2)$$

と表されるので，固有空間 $W(1)$ は

$$W(1) = \{k_1 + k_2(t - t^2) \mid k_1, k_2 \in \mathbf{R}\} \tag{20.25}$$

である. ◇

例 20.1 実数を成分とする 2 次の正方行列からなるベクトル空間 $M_2(\mathbf{R})$ の部分集合 W を

$$W = \left\{ \begin{pmatrix} x_1 & x_2 \\ x_2 & x_1 \end{pmatrix} \in M_2(\mathbf{R}) \;\middle|\; x_1, x_2 \in \mathbf{R} \right\} \tag{20.26}$$

により定め,

$$E_1 = \begin{pmatrix} 1 & 0 \\ 0 & 1 \end{pmatrix}, \quad E_2 = \begin{pmatrix} 0 & 1 \\ 1 & 0 \end{pmatrix} \tag{20.27}$$

とおく. このとき, 次の (1), (2) が成り立つ [⇨ **問 20.2**].

(1) W は $M_2(\mathbf{R})$ の部分空間である.
(2) $\{E_1, E_2\}$ は W の基底である.

ここで, 行列 $A \in W$ を固定しておき,

$$f(X) = AX \quad (X \in W) \tag{20.28}$$

とおく. f は明らかに W から $M_2(\mathbf{R})$ への線形写像を定めるが,

$$A = \begin{pmatrix} a & b \\ b & a \end{pmatrix}, \quad X = \begin{pmatrix} x_1 & x_2 \\ x_2 & x_1 \end{pmatrix} \tag{20.29}$$

とおくと,

$$f(X) = \begin{pmatrix} a & b \\ b & a \end{pmatrix} \begin{pmatrix} x_1 & x_2 \\ x_2 & x_1 \end{pmatrix} = \begin{pmatrix} ax_1 + bx_2 & ax_2 + bx_1 \\ ax_2 + bx_1 & ax_1 + bx_2 \end{pmatrix} \in W \tag{20.30}$$

となるので, とくに, f は W の線形変換となる.

このとき, (20.27) を用いると,

$$\begin{aligned} &\begin{pmatrix} f(E_1) & f(E_2) \end{pmatrix} = \begin{pmatrix} (aE_1 + bE_2)E_1 & (aE_1 + bE_2)E_2 \end{pmatrix} \\ &= \begin{pmatrix} aE_1 + bE_2 & bE_1 + aE_2 \end{pmatrix} = \begin{pmatrix} E_1 & E_2 \end{pmatrix} \begin{pmatrix} a & b \\ b & a \end{pmatrix} = \begin{pmatrix} E_1 & E_2 \end{pmatrix} A. \end{aligned} \tag{20.31}$$

よって，基底 $\{E_1, E_2\}$ に関する f の表現行列は A に一致する．

　また，f の固有多項式は

$$\phi_f(\lambda) = \phi_A(\lambda) = \begin{vmatrix} \lambda - a & -b \\ -b & \lambda - a \end{vmatrix} = (\lambda - a)^2 - b^2. \quad (20.32)$$

したがって，f の固有値 λ は固有方程式 $\phi_f(\lambda) = 0$ の解なので，$\lambda = a \pm b$ である．

　さらに，固有値 $\lambda = a \pm b$ に対する固有空間 $W(a \pm b)$ は，$b = 0$ のとき $W(a) = W$，$b \neq 0$ のとき

$$W(a \pm b) = \{k(E_1 \pm E_2) \mid k \in \mathbf{R}\} \quad (\text{複号同順}) \quad (20.33)$$

であることもわかる（✍）． ◆

§20の問題

確認問題

問 20.1　写像 $\Psi : \mathbf{R}[t]_2 \to \mathbf{R}[t]_2$ を

$$\Psi(f(t)) = f(-t) + \frac{d}{dt}f(t) \quad (f(t) \in \mathbf{R}[t]_2)$$

により定めると，Ψ は $\mathbf{R}[t]_2$ の線形変換を定めることがわかる．$\mathbf{R}[t]_2$ の基底 $\{1, t, t^2\}$ に関する Ψ の表現行列，Ψ の固有値，Ψ の各固有値に対する固有空間を求めよ．　□□□ [⇨ 20・2]

基本問題

問 20.2　$M_2(\mathbf{R})$ の部分集合 W を

$$W = \left\{ \begin{pmatrix} x_1 & x_2 \\ x_2 & x_1 \end{pmatrix} \in M_2(\mathbf{R}) \;\middle|\; x_1, x_2 \in \mathbf{R} \right\}$$

により定める．

(1) W は $M_2(\mathbf{R})$ の部分空間であることを示せ．

(2) $E_1, E_2 \in W$ を

$$E_1 = \begin{pmatrix} 1 & 0 \\ 0 & 1 \end{pmatrix}, \quad E_2 = \begin{pmatrix} 0 & 1 \\ 1 & 0 \end{pmatrix}$$

により定める．$\{E_1, E_2\}$ は W の基底であることを示せ．

□□□ [⇨ **20・2**]

問 20.3　写像 $\Psi : \mathbf{R}[t]_2 \to \mathbf{R}[t]_2$ を

$$\Psi(f(t)) = 2f(t) + \int_0^1 f(t)dt \quad (f(t) \in \mathbf{R}[t]_2)$$

により定めると，Ψ は $\mathbf{R}[t]_2$ の線形変換を定めることがわかる．$\mathbf{R}[t]_2$ の基底 $\{1, t, t^2\}$ に関する Ψ の表現行列，Ψ の固有値を求めよ．

□□□ [⇨ **20・2**]

問 20.4　f をベクトル空間 V の線形変換とし，次の 2 つの命題 P，Q を考える．

P : f は同型写像，すなわち，f は全単射である．[⇨ **問 17.4**]
Q : f は 0 を固有値としてもたない．

P と Q は同値であることを次の文章の □ をうめることにより示せ．

証明　線形変換 f の ① 行列を考えることにより，正方行列 A に対する次の命題 P' と Q' が同値であることを示せばよい．

P' : A は ② である．
Q' : A は 0 を固有値としてもたない．

$P' \Longrightarrow Q'$: 背理法で示す．A を ② 行列とし，0 を固有値としてもつと仮定する．$\boldsymbol{x}$ を固有値 0 に対する A の固有ベクトルとすると，$A\boldsymbol{x} =$ ③ ．A は ② なので，逆行列 A^{-1} が存在し，両辺に左から ④ を掛けると，$\boldsymbol{x} =$ ⑤ ．固有ベクトルの定義より，$\boldsymbol{x} \neq$ ⑤ なので，これは矛盾である．よって，② 行列は 0 を固有値としてもたない．

$Q' \Longrightarrow P'$：対偶を示す．A が ② でないと仮定すると，定理 6.4 より，同次連立 1 次方程式 $A\boldsymbol{x} = \mathbf{0}$ は ⑥ でない解 $\boldsymbol{x}$ をもつ．このとき，$\boldsymbol{x}$ は固有値 0 に対する A の固有ベクトルである．よって，A は 0 を固有値としてもつため，命題 $Q' \Longrightarrow P'$ の対偶が成り立つ．したがって，命題 $Q' \Longrightarrow P'$ も成り立つ．

□□□ [⇨ 20・2]

チャレンジ問題

問 20.5　数物系　f，g をともにベクトル空間 V の線形変換とする．f が同型写像ならば，$g \circ f$ と $f \circ g$ の固有多項式は等しいことを示せ．

□□□ [⇨ 20・1]

§21 対角化

§ 21 のポイント

- 対角化可能な正方行列は，1 次独立な固有ベクトルを並べた正方行列によって対角化される．
- 正方行列が対角化可能であることと，行や列と同じ個数の 1 次独立な固有ベクトルが存在することは，同値である．
- 行や列と同じ個数の互いに異なる固有値をもつ正方行列は対角化可能である．
- すべての固有空間の次元の和が行や列の個数に等しい正方行列は対角化可能である．
- 対角化を用いると，行列のべき乗や指数関数の計算が容易になる．

21・1 対角化とは

ベクトル空間の線形変換に対する表現行列は，特別な条件の下では対角行列

$$\begin{pmatrix} \lambda_1 & & & \text{\Large 0} \\ & \lambda_2 & & \\ & & \ddots & \\ \text{\Large 0} & & & \lambda_n \end{pmatrix} \tag{21.1}$$

となる．定理 18.3 によると，線形変換に対する表現行列 A は基底変換により，正則行列 P を用いて

$$B = P^{-1}AP \tag{21.2}$$

となるのであった．ここでは，B が対角行列となるのは P をどのように選んだときであるのかを考えてみよう．まず，次のように定義する．

定義 21.1

A, B を n 次の正方行列とする．n 次の正則行列 P が存在し，

$$B = P^{-1}AP \tag{21.3}$$

となるとき，A と B は**相似である**といい，$A \sim B$ と書く．さらに，B が対角行列となるとき，A は**対角化可能**である，または P によって**対角化される**という．

相似という関係は数学のさまざまな場面で現れる同値関係［⇨［内田］p.33］の一種である．すなわち，次の定理 21.1 が成り立つ．

定理 21.1

A, B, C を n 次の正方行列とすると，次の (1)〜(3) が成り立つ．

(1) $A \sim A$（**反射律**）

(2) $A \sim B \Longrightarrow B \sim A$（**対称律**）

(3) $A \sim B$, $B \sim C \Longrightarrow A \sim C$（**推移律**）

証明　(1) n 次の単位行列 E は正則で，

$$A = E^{-1}AE. \tag{21.4}$$

よって，(21.3) をみたすので，$A \sim A$ である．

(2) 仮定 $A \sim B$ より，n 次の正則行列 P が存在し，

$$B = P^{-1}AP. \tag{21.5}$$

よって，

$$A = PBP^{-1} = (P^{-1})^{-1}BP^{-1}. \tag{21.6}$$

すなわち，

$$A = (P^{-1})^{-1}BP^{-1}. \tag{21.7}$$

P^{-1} は正則なので，$B \sim A$ である．

(3) 仮定 $A \sim B$, $B \sim C$ より，n 次の正則行列 P, Q が存在し，

$$B = P^{-1}AP, \qquad C = Q^{-1}BQ. \tag{21.8}$$

よって，

$$C = Q^{-1}(P^{-1}AP)Q = (Q^{-1}P^{-1})A(PQ) = (PQ)^{-1}A(PQ). \tag{21.9}$$

すなわち，

$$C = (PQ)^{-1}A(PQ). \tag{21.10}$$

PQ は正則なので，$A \sim C$ である． ◇

21・2　対角化される条件

A を対角化可能な n 次の正方行列としよう．定義 21.1 より，n 次の正則行列 P が存在し，

$$P^{-1}AP = \begin{pmatrix} \lambda_1 & & & \mathbf{0} \\ & \lambda_2 & & \\ & & \ddots & \\ \mathbf{0} & & & \lambda_n \end{pmatrix} \tag{21.11}$$

と表される．すなわち，

$$AP = P\begin{pmatrix} \lambda_1 & & & \mathbf{0} \\ & \lambda_2 & & \\ & & \ddots & \\ \mathbf{0} & & & \lambda_n \end{pmatrix} \tag{21.12}$$

である．さらに，P を

$$P = \begin{pmatrix} \boldsymbol{p}_1 & \boldsymbol{p}_2 & \cdots & \boldsymbol{p}_n \end{pmatrix} \tag{21.13}$$

と列ベクトルに分割しておくと，

$$A\boldsymbol{p}_i = \lambda_i \boldsymbol{p}_i \quad (i = 1, 2, \cdots, n) \tag{21.14}$$

となる．ここで，P は正則なので，定理 9.3 および定理 14.3 より，$\boldsymbol{p}_1$，$\boldsymbol{p}_2$，$\cdots$，$\boldsymbol{p}_n$ は 1 次独立で，とくに，各 $\boldsymbol{p}_i$ は $\mathbf{0}$ ではない．よって，λ_i は A の固有値で，$\boldsymbol{p}_i$ は固有値 λ_i に対する A の固有ベクトルである．

上の計算は逆にたどることもできるから，次の定理 21.2 が得られる．

定理 21.2

A を n 次の正方行列とすると，

A が対角化可能 $\Longleftrightarrow$ n 個の 1 次独立な A の固有ベクトルが存在

次の定理 21.3 を用いることができる場合は，固有ベクトルまで調べなくても，固有値のみで対角化可能性が判定できる．

定理 21.3

A が n 個の互いに異なる固有値をもつ n 次の正方行列ならば, A は対角化可能である．

定理 21.3 が成り立つ根拠は，n 個の互いに異なる固有値を λ_1，λ_2，$\cdots$，λ_n とすると，各 λ_i に対する A の固有空間 $W(\lambda_i)$ の次元が 1，すなわち，

$$\dim(W(\lambda_i)) = 1 \quad (i = 1, 2, \cdots, n) \tag{21.15}$$

で，定理 19.1 より，各固有値に対する固有ベクトルを並べて得られる n 個のベクトルが 1 次独立となるからである．さらに，定理 21.3 は次のように一般化することができる［⇨［佐武］p.146，例 4］．

定理 21.4

A を n 次の正方行列，λ_1，λ_2，$\cdots$，λ_r ($r \leq n$) を A のすべての互いに異なる固有値とする．A が対角化可能であるための必要十分条件は

$$\sum_{i=1}^{r} \dim(W(\lambda_i)) = \dim(W(\lambda_1)) + \dim(W(\lambda_2)) + \cdots + \dim(W(\lambda_r)) = n. \tag{21.16}$$

次の例題 21.1 で定理 21.3 を用いてみよう．

例題 21.1　2 次の正方行列 $A = \begin{pmatrix} 1 & 4 \\ 1 & 1 \end{pmatrix}$ を考える.

(1) A は対角化可能であることを示せ.

(2) $P^{-1}AP$ が対角行列となるような正則行列 P を 1 つ求めよ.

□□□

解　(1) A の固有多項式は

$$\phi_A(\lambda) = \begin{vmatrix} \lambda - 1 & -4 \\ -1 & \lambda - 1 \end{vmatrix} = (\lambda - 1)^2 - (-4)(-1) = \lambda^2 - 2\lambda - 3$$
$$= (\lambda + 1)(\lambda - 3). \tag{21.17}$$

よって，A の固有値 λ は固有方程式 $\phi_A(\lambda) = 0$ の解なので，$\lambda = -1, 3$ である．したがって，A は 2 個の異なる固有値 $\lambda = -1, 3$ をもつので，定理 21.3 より，A は対角化可能である．

(2) まず，固有値 $\lambda = -1$ に対する A の固有ベクトルを求める．同次連立 1 次方程式

$$(\lambda E - A)\boldsymbol{x} = \boldsymbol{0} \tag{21.18}$$

において $\lambda = -1$ を代入し，$\boldsymbol{x} = \begin{pmatrix} x_1 \\ x_2 \end{pmatrix}$ とすると，

$$(-E - A)\begin{pmatrix} x_1 \\ x_2 \end{pmatrix} = \boldsymbol{0}. \tag{21.19}$$

すなわち，

$$\begin{pmatrix} -2 & -4 \\ -1 & -2 \end{pmatrix}\begin{pmatrix} x_1 \\ x_2 \end{pmatrix} = \begin{pmatrix} 0 \\ 0 \end{pmatrix}. \tag{21.20}$$

よって，

$$-2x_1 - 4x_2 = 0, \qquad -x_1 - 2x_2 = 0 \tag{21.21}$$

となり，$c \in \mathbf{R}$ を任意の定数として，$x_2 = c$ とおくと，解は

$$x_1 = -2c, \qquad x_2 = c. \tag{21.22}$$

したがって,

$$\boldsymbol{x} = \begin{pmatrix} x_1 \\ x_2 \end{pmatrix} = \begin{pmatrix} -2c \\ c \end{pmatrix} = c\begin{pmatrix} -2 \\ 1 \end{pmatrix} \tag{21.23}$$

と表されるので，ベクトル $\boldsymbol{p}_1 = \begin{pmatrix} -2 \\ 1 \end{pmatrix}$ は固有値 $\lambda = -1$ に対する A の固有ベクトルである.

次に，固有値 $\lambda = 3$ に対する A の固有ベクトルを求める. (21.18) において $\lambda = 3$ を代入し，$\boldsymbol{x} = \begin{pmatrix} x_1 \\ x_2 \end{pmatrix}$ とすると，同次連立1次方程式

$$(3E - A)\begin{pmatrix} x_1 \\ x_2 \end{pmatrix} = \mathbf{0} \tag{21.24}$$

が得られる. すなわち,

$$\begin{pmatrix} 2 & -4 \\ -1 & 2 \end{pmatrix}\begin{pmatrix} x_1 \\ x_2 \end{pmatrix} = \begin{pmatrix} 0 \\ 0 \end{pmatrix}. \tag{21.25}$$

よって,

$$2x_1 - 4x_2 = 0, \qquad -x_1 + 2x_2 = 0 \tag{21.26}$$

となり，$c \in \mathbf{R}$ を任意の定数として，$x_2 = c$ とおくと，解は

$$x_1 = 2c, \qquad x_2 = c. \tag{21.27}$$

したがって,

$$\boldsymbol{x} = \begin{pmatrix} x_1 \\ x_2 \end{pmatrix} = \begin{pmatrix} 2c \\ c \end{pmatrix} = c\begin{pmatrix} 2 \\ 1 \end{pmatrix} \tag{21.28}$$

と表されるので，ベクトル $\boldsymbol{p}_2 = \begin{pmatrix} 2 \\ 1 \end{pmatrix}$ は固有値 $\lambda = 3$ に対する A の固有ベクトルである.

以上より,

$$P = \begin{pmatrix} \boldsymbol{p}_1 & \boldsymbol{p}_2 \end{pmatrix} = \begin{pmatrix} -2 & 2 \\ 1 & 1 \end{pmatrix} \tag{21.29}$$

とおくと，P は正則なので逆行列 P^{-1} をもち,

$$P^{-1}AP = \begin{pmatrix} -1 & 0 \\ 0 & 3 \end{pmatrix} \tag{21.30}$$

となり，A は P によって対角化される. ◇

注意 21.1　例題 21.1 で求めるべき P は，1 次独立な A の固有ベクトルを並べさえすればよいので，1 通りには決まらない．例えば，解答の $P = \begin{pmatrix} \boldsymbol{p}_1 & \boldsymbol{p}_2 \end{pmatrix}$ の代わりに，$\boldsymbol{p}_1$ を $\frac{1}{2}$ 倍した

$$P_1 = \begin{pmatrix} \frac{1}{2}\boldsymbol{p}_1 & \boldsymbol{p}_2 \end{pmatrix} = \begin{pmatrix} -1 & 2 \\ \frac{1}{2} & 1 \end{pmatrix} \tag{21.31}$$

や $\boldsymbol{p}_1$ と $\boldsymbol{p}_2$ を入れ替えた

$$P_2 = \begin{pmatrix} \boldsymbol{p}_2 & \boldsymbol{p}_1 \end{pmatrix} = \begin{pmatrix} 2 & -2 \\ 1 & 1 \end{pmatrix} \tag{21.32}$$

によっても A は対角化される．このとき，

$$P_1^{-1}AP_1 = \begin{pmatrix} -1 & 0 \\ 0 & 3 \end{pmatrix}, \qquad P_2^{-1}AP_2 = \begin{pmatrix} 3 & 0 \\ 0 & -1 \end{pmatrix} \tag{21.33}$$

となる．

対角化された行列の対角成分については，**図 21.1** のように，P の第 i 列に固有値 λ_i に対する固有ベクトルを並べたときに，対角行列の (i, i) 成分が λ_i となることに注意しよう．

$\lambda_1 = -1$ に対する A の固有ベクトルは $\boldsymbol{p}_1$

$$P^{-1}AP = \begin{pmatrix} -1 & 0 \\ 0 & 3 \end{pmatrix}$$

$\lambda_2 = 3$ に対する A の固有ベクトルは $\boldsymbol{p}_2$

図 21.1　対角化と対角成分

21・3　対角化の応用

一般に，正方行列 A のべき乗 A^k や指数関数 $\exp A$ ［⇨ 12・2］を直接計算することはやさしくはないが，対角化可能な行列に対しては，(12.7) や (12.8) のような対角行列のべき乗や指数関数を用いて，次の例 21.1 のように計算することができる．

例 21.1　k を自然数とする．例題 21.1 の正方行列 $A = \begin{pmatrix} 1 & 4 \\ 1 & 1 \end{pmatrix}$ に対して，解答で求めた $P = \begin{pmatrix} -2 & 2 \\ 1 & 1 \end{pmatrix}$ を用いると，

$$
\begin{aligned}
A^k &= P \underbrace{(P^{-1}AP)(P^{-1}AP)\cdots(P^{-1}AP)}_{k\,個} P^{-1} \\
&= \begin{pmatrix} -2 & 2 \\ 1 & 1 \end{pmatrix} \underbrace{\begin{pmatrix} -1 & 0 \\ 0 & 3 \end{pmatrix}\begin{pmatrix} -1 & 0 \\ 0 & 3 \end{pmatrix}\cdots\begin{pmatrix} -1 & 0 \\ 0 & 3 \end{pmatrix}}_{k\,個} \begin{pmatrix} -2 & 2 \\ 1 & 1 \end{pmatrix}^{-1} \\
&= \begin{pmatrix} -2 & 2 \\ 1 & 1 \end{pmatrix} \begin{pmatrix} -1 & 0 \\ 0 & 3 \end{pmatrix}^k \begin{pmatrix} -2 & 2 \\ 1 & 1 \end{pmatrix}^{-1} \\
&= \begin{pmatrix} -2 & 2 \\ 1 & 1 \end{pmatrix} \begin{pmatrix} (-1)^k & 0 \\ 0 & 3^k \end{pmatrix} \left(-\frac{1}{4}\right) \begin{pmatrix} 1 & -2 \\ -1 & -2 \end{pmatrix} \\
&= -\frac{1}{4} \begin{pmatrix} -2(-1)^k & 2\cdot 3^k \\ (-1)^k & 3^k \end{pmatrix} \begin{pmatrix} 1 & -2 \\ -1 & -2 \end{pmatrix} \\
&= -\frac{1}{4} \begin{pmatrix} -2(-1)^k - 2\cdot 3^k & 4(-1)^k - 4\cdot 3^k \\ (-1)^k - 3^k & -2(-1)^k - 2\cdot 3^k \end{pmatrix}. \qquad (21.34)
\end{aligned}
$$

また，定理 12.3 より，

$$
\begin{aligned}
\exp A &= P \exp(P^{-1}AP) P^{-1} = \begin{pmatrix} -2 & 2 \\ 1 & 1 \end{pmatrix} \exp \begin{pmatrix} -1 & 0 \\ 0 & 3 \end{pmatrix} \begin{pmatrix} -2 & 2 \\ 1 & 1 \end{pmatrix}^{-1} \\
&= \begin{pmatrix} -2 & 2 \\ 1 & 1 \end{pmatrix} \begin{pmatrix} e^{-1} & 0 \\ 0 & e^3 \end{pmatrix} \left(-\frac{1}{4}\right) \begin{pmatrix} 1 & -2 \\ -1 & -2 \end{pmatrix} \\
&= -\frac{1}{4} \begin{pmatrix} -2e^{-1} & 2e^3 \\ e^{-1} & e^3 \end{pmatrix} \begin{pmatrix} 1 & -2 \\ -1 & -2 \end{pmatrix} \\
&= -\frac{1}{4} \begin{pmatrix} -2e^{-1} - 2e^3 & 4e^{-1} - 4e^3 \\ e^{-1} - e^3 & -2e^{-1} - 2e^3 \end{pmatrix}. \qquad (21.35)
\end{aligned}
$$

◆

§ 21 の問題

確認問題

問 21.1　2 次の正方行列 $A = \begin{pmatrix} 1 & 3 \\ 2 & 2 \end{pmatrix}$ を考える．

(1) A は対角化可能であることを示せ．

(2) $P^{-1}AP$ が対角行列となるような正則行列 P を 1 つ求めよ．

□□□ [⇨ 21・2]

基本問題

問 21.2　次の文章は,「対角化可能なべき零行列は零行列である」ことの証明である．証明文中の □ をうめよ．

証明　A を対角化可能なべき零行列とする．A の [①] を λ_1，λ_2，$\cdots$，λ_n とすると，A は対角化可能なので，[②] 行列 P が存在し，

$$P^{-1}AP = \begin{pmatrix} \lambda_1 & & & \text{\huge 0} \\ & \lambda_2 & & \\ & & \ddots & \\ \text{\huge 0} & & & \lambda_n \end{pmatrix} \qquad (*)$$

と表される．さらに，A はべき零行列なので，ある自然数 m に対して，$A^m = O$ となる．よって，$(*)$ の両辺を m 乗することにより，

$$\lambda_1^m = \lambda_2^m = \cdots = \lambda_n^m = \boxed{③}$$

が得られるので，

$$\lambda_1 = \lambda_2 = \cdots = \lambda_n = \boxed{④}$$

となる．したがって，A は [⑤] 行列である．

□□□ [⇨ 21・1]

問 21.3　3 次の正方行列 $A = \begin{pmatrix} 1 & 1 & 1 \\ 0 & 2 & 1 \\ 0 & 0 & 1 \end{pmatrix}$ は上三角行列なので，A の固有値 λ は $\lambda = 1$ (重解), 2 の 2 個であることがわかる．

(1) A は対角化可能であることを示せ．

(2) $P^{-1}AP$ が対角行列となるような正則行列 P を 1 つ求めよ．

□□□ [⇨ **21・2**]

問 21.4　2 次の正方行列 $\begin{pmatrix} a & b \\ 0 & a \end{pmatrix}$ が対角化可能であるための必要十分条件は $b = 0$ であることを示せ．　□□□ [⇨ **21・2**]

チャレンジ問題

問 21.5　数物系　正方行列 A が $A^2 = A$ をみたすとき，A を**べき等行列**という．$A \in M_n(\mathbf{R})$ をべき等行列とし，$r = \operatorname{rank} A$ とおく．

(1) $r = 0$ のとき，A を求め，A は対角化可能であることを示せ．

(2) $r = n$ のとき，A を求め，A は対角化可能であることを示せ．

(3) $0 < r < n$ とし，$\mathbf{R}^n$ の線形変換 f を

$$f(\boldsymbol{x}) = A\boldsymbol{x} \quad (\boldsymbol{x} \in \mathbf{R}^n)$$

により定める．f の階数の定義式 (17.26) および例 17.3 より，$r = \dim(\operatorname{Im} f)$ なので，$\operatorname{Im} f$ は r 個の元からなる基底 $\{\boldsymbol{a}_1, \boldsymbol{a}_2, \cdots, \boldsymbol{a}_r\}$ をもつ．$\boldsymbol{a}_1$，$\boldsymbol{a}_2$，$\cdots$，$\boldsymbol{a}_r$ は固有値 $\lambda = 1$ に対する A の固有ベクトルであることを示せ．

(4) $0 < r < n$ とし，$\{\boldsymbol{a}_1, \boldsymbol{a}_2, \cdots, \boldsymbol{a}_r\}$ を (3) の $\operatorname{Im} f$ の基底とする．一方，$\operatorname{Ker} f$ の定義式 (17.19)，f の退化次数の定義式 (17.26) および例 17.3 より，$\operatorname{Ker} f$ は $(n-r)$ 個の元からなる基底 $\{\boldsymbol{a}_{r+1}, \boldsymbol{a}_{r+2}, \cdots, \boldsymbol{a}_n\}$ をもつ．$\boldsymbol{a}_1$，$\boldsymbol{a}_2$，$\cdots$，$\boldsymbol{a}_n$ は 1 次独立であることを示せ．

(5) $0 < r < n$ のとき，A は対角化可能であることを示せ．

□□□ [⇨ **21・2**]

第7章のまとめ

固有値，固有ベクトル，固有空間

○ $f : V \to V$：線形変換

$$\lambda \in \mathbf{R} : f\text{ の固有値} \iff {}^{\exists}\boldsymbol{x} \in V \text{ s.t. } \boldsymbol{x} \neq \mathbf{0},\ f(\boldsymbol{x}) = \lambda\boldsymbol{x}$$

$\boldsymbol{x}$ を固有値 λ に対する**固有ベクトル**という．

固有空間：　$W(\lambda) = \{\boldsymbol{x} \in V \mid f(\boldsymbol{x}) = \lambda\boldsymbol{x}\}$

○ n 次正方行列 A の定める $\mathbf{R}^n$ の線形変換：

$$f_A(\boldsymbol{x}) = A\boldsymbol{x} \quad (\boldsymbol{x} \in \mathbf{R}^n)$$

固有多項式：　$\phi_A(\lambda) = |\lambda E - A|$

固有方程式：　$\phi_A(\lambda) = 0$

ケイリー - ハミルトンの定理：　$\phi_A(A) = O$

対角化

A：対角化可能な n 次正方行列

以下の手順で対角化する．

(1) A の固有多項式 $\phi_A(\lambda)$ を計算する．

(2) A の固有値 $\lambda_1, \lambda_2, \cdots, \lambda_n$ を求める．

(3) 固有値 λ_i に対する固有ベクトル $\boldsymbol{p}_i$ を $\boldsymbol{p}_1, \boldsymbol{p}_2, \cdots, \boldsymbol{p}_n$ が1次独立となるように求める．

(4) $P = \begin{pmatrix} \boldsymbol{p}_1 & \boldsymbol{p}_2 & \cdots & \boldsymbol{p}_n \end{pmatrix}$ とおく．

(5) A は P によって対角化され，以下となる．

$$P^{-1}AP = \begin{pmatrix} \lambda_1 & & & \text{\Large 0} \\ & \lambda_2 & & \\ & & \ddots & \\ \text{\Large 0} & & & \lambda_n \end{pmatrix}$$

8 対称行列の対角化

第 8 章の目標は，対称行列を直交行列によって対角化することである．対称行列を対角化する直交行列を求めるには，ベクトル空間に内積という新たな構造を考え，さらに正規直交基底という特別な基底を考える必要が生じる．§ 24 で対称行列の対角化について述べる前に，準備として § 22 と § 23 でそれぞれ内積空間と正規直交基底について述べよう．なお，以下では対称行列や直交行列はすべての成分が実数のものを考えることにする[1]．

§ 22 内積空間

§ 22 のポイント

- **内積**はベクトル空間の 2 つの元から，対称性，線形性，正値性をみたす実数への対応として特徴づけられる．
- $\mathbf{R}^n$ に対しては**標準内積**を考えることが多い．
- 内積を用いて，**ノルム**を定義することができる．
- ノルムに関して，**コーシー - シュワルツの不等式**や**三角不等式**などが

[1] すべての成分が実数の行列を**実行列**という．例えば，すべての成分が実数の正方行列を**実正方行列**という．

成り立つ.

- 内積が 0 となる 2 つのベクトルは**直交する**という.

22・1　内積と内積空間

内積という概念はすでに § 11 で平面ベクトルや空間ベクトルに対して定義されていたことを思い出そう．例えば，平面ベクトルの場合，2 つの平面ベクトル $\boldsymbol{a} = \begin{pmatrix} a_1 & a_2 \end{pmatrix}$ および $\boldsymbol{b} = \begin{pmatrix} b_1 & b_2 \end{pmatrix}$ に対して，$\boldsymbol{a}$ と $\boldsymbol{b}$ の内積 $\langle \boldsymbol{a}, \boldsymbol{b} \rangle$ は

$$\langle \boldsymbol{a}, \boldsymbol{b} \rangle = a_1 b_1 + a_2 b_2 \tag{22.1}$$

により定められ，$\boldsymbol{a}$，$\boldsymbol{b}$ のなす角を θ とすると，

$$\langle \boldsymbol{a}, \boldsymbol{b} \rangle = \|\boldsymbol{a}\| \|\boldsymbol{b}\| \cos\theta \tag{22.2}$$

が成り立つのであった．ただし，$\|\boldsymbol{a}\|$，$\|\boldsymbol{b}\|$ はそれぞれ $\boldsymbol{a}$，$\boldsymbol{b}$ の長さである．(22.2) より，

$$\boldsymbol{a} \text{ と } \boldsymbol{b} \text{ が直交する} \iff \langle \boldsymbol{a}, \boldsymbol{b} \rangle = 0 \tag{22.3}$$

である．ベクトル空間に対する内積とは次の定義 22.1 に述べるように，このような平面ベクトルや空間ベクトルに対する内積を一般化したものである．

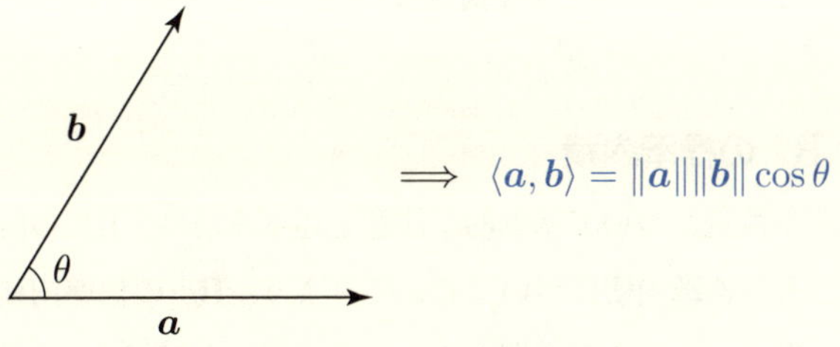

図 22.1　平面ベクトル，空間ベクトルの内積

定義 22.1

V をベクトル空間とし，$\boldsymbol{x}, \boldsymbol{y}, \boldsymbol{z} \in V$，$c \in \mathbf{R}$ とする．任意の $\boldsymbol{x}$，$\boldsymbol{y}$ に対して実数 $\langle \boldsymbol{x}, \boldsymbol{y} \rangle \in \mathbf{R}$ が定まり，次の (1)〜(4) の条件をみたすとき，$\langle \boldsymbol{x}, \boldsymbol{y} \rangle$ を $\boldsymbol{x}$ と $\boldsymbol{y}$ の**内積**，組 $(V, \langle \ , \ \rangle)$ を**内積空間**または**計量ベクトル空間**という．

(1) $\langle \boldsymbol{y}, \boldsymbol{x} \rangle = \langle \boldsymbol{x}, \boldsymbol{y} \rangle$

(2) $\langle \boldsymbol{x} + \boldsymbol{y}, \boldsymbol{z} \rangle = \langle \boldsymbol{x}, \boldsymbol{z} \rangle + \langle \boldsymbol{y}, \boldsymbol{z} \rangle$

(3) $\langle c\boldsymbol{x}, \boldsymbol{y} \rangle = c\langle \boldsymbol{x}, \boldsymbol{y} \rangle$

(4) $\langle \boldsymbol{x}, \boldsymbol{x} \rangle \geq 0$ で，$\langle \boldsymbol{x}, \boldsymbol{x} \rangle = 0$ ならば $\boldsymbol{x} = \boldsymbol{0}$

注意 22.1　内積の記号は ・ や (,) を用いる場合もあるが，ここでは他の数学で使われる記号と混乱する恐れの少ない $\langle \ , \ \rangle$ を用いる．

定義 22.1 の条件 (1) を**対称性**，条件 (2)，(3) を**線形性**，条件 (4) を**正値性**という．

ここでは $\mathbf{R}$ 上のベクトル空間を考えているが，$\mathbf{C}$ 上のベクトル空間に対する内積は**エルミート内積**といい，2 つのベクトル $\boldsymbol{x}$，$\boldsymbol{y}$ に対して定まる数 $\langle \boldsymbol{x}, \boldsymbol{y} \rangle$ は複素数である．その際，定義 22.1 の条件 (1) は

$$\langle \boldsymbol{y}, \boldsymbol{x} \rangle = \overline{\langle \boldsymbol{x}, \boldsymbol{y} \rangle} \qquad (22.4)$$

へと変わる．ただし，$\overline{}$ は複素共役を表す．

22・2　$\mathbf{R}^n$ の標準内積

内積の定義や性質について基本的な注意を述べる前に，$\mathbf{R}^n$ の内積として最もよく用いられる**標準内積**について考えてみよう．$\mathbf{R}^n$ の標準内積は $n = 2, 3$ の場合には，平面ベクトルや空間ベクトルの内積として § 11 で扱った (11.2) や (11.9) と本質的に同じである．

例題 22.1（$\mathbf{R}^n$ の標準内積） $\mathbf{R}^n$ のベクトル

$$\boldsymbol{x} = \begin{pmatrix} x_1 \\ x_2 \\ \vdots \\ x_n \end{pmatrix}, \quad \boldsymbol{y} = \begin{pmatrix} y_1 \\ y_2 \\ \vdots \\ y_n \end{pmatrix} \tag{22.5}$$

に対して，

$$\langle \boldsymbol{x}, \boldsymbol{y} \rangle = {}^t\boldsymbol{x}\boldsymbol{y} = x_1y_1 + x_2y_2 + \cdots + x_ny_n \tag{22.6}$$

とおく（**図 22.2**）．このとき，$(\mathbf{R}^n, \langle\ ,\ \rangle)$ は内積空間であることを示せ．

□□□

解 **内積の条件（1）** 1次の正方行列は転置をとっても変わらないので，$\boldsymbol{x}, \boldsymbol{y} \in \mathbf{R}^n$ とすると，

$$\langle \boldsymbol{y}, \boldsymbol{x} \rangle = {}^t\boldsymbol{y}\boldsymbol{x} = {}^t({}^t\boldsymbol{y}\boldsymbol{x}) = {}^t\boldsymbol{x}\,{}^t({}^t\boldsymbol{y}) = {}^t\boldsymbol{x}\boldsymbol{y} = \langle \boldsymbol{x}, \boldsymbol{y} \rangle. \tag{22.7}$$

よって，内積の条件（1）が成り立つ．

内積の条件（2） $\boldsymbol{x}, \boldsymbol{y}, \boldsymbol{z} \in \mathbf{R}^n$ とすると，

$$\begin{aligned} \langle \boldsymbol{x} + \boldsymbol{y}, \boldsymbol{z} \rangle &= {}^t(\boldsymbol{x} + \boldsymbol{y})\boldsymbol{z} = ({}^t\boldsymbol{x} + {}^t\boldsymbol{y})\boldsymbol{z} \\ &= {}^t\boldsymbol{x}\boldsymbol{z} + {}^t\boldsymbol{y}\boldsymbol{z} = \langle \boldsymbol{x}, \boldsymbol{z} \rangle + \langle \boldsymbol{y}, \boldsymbol{z} \rangle. \end{aligned} \tag{22.8}$$

よって，内積の条件（2）が成り立つ．

内積の条件（3） $c \in \mathbf{R}$，$\boldsymbol{x}, \boldsymbol{y} \in \mathbf{R}^n$ とすると，

$$\langle c\boldsymbol{x}, \boldsymbol{y} \rangle = {}^t(c\boldsymbol{x})\boldsymbol{y} = (c\,{}^t\boldsymbol{x})\boldsymbol{y} = c({}^t\boldsymbol{x}\boldsymbol{y}) = c\langle \boldsymbol{x}, \boldsymbol{y} \rangle. \tag{22.9}$$

よって，内積の条件（3）が成り立つ．

内積の条件（4） $\boldsymbol{x} \in \mathbf{R}^n$ を (22.5) の第1式のように表しておくと，

$$\langle \boldsymbol{x}, \boldsymbol{x} \rangle = x_1^2 + x_2^2 + \cdots + x_n^2 \geq 0. \tag{22.10}$$

すなわち，$\langle \boldsymbol{x}, \boldsymbol{x} \rangle \geq 0$．ここで，$\langle \boldsymbol{x}, \boldsymbol{x} \rangle = 0$ と仮定すると，(22.10) より，

$$x_1 = x_2 = \cdots = x_n = 0. \tag{22.11}$$

すなわち，$\boldsymbol{x} = \mathbf{0}$.

したがって，定義 22.1 より，$(\mathbf{R}^n, \langle\ ,\ \rangle)$ は内積空間である． ◇

$$\left\langle \begin{pmatrix} x_1 \\ x_2 \\ \vdots \\ x_n \end{pmatrix}, \begin{pmatrix} y_1 \\ y_2 \\ \vdots \\ y_n \end{pmatrix} \right\rangle = \begin{pmatrix} x_1 & x_2 & \cdots & x_n \end{pmatrix} \begin{pmatrix} y_1 \\ y_2 \\ \vdots \\ y_n \end{pmatrix} = x_1y_1 + x_2y_2 + \cdots + x_ny_n$$

図 22.2　標準内積

注意 22.2　2 次形式の理論［⇨［佐武］p.164，IV，§ 4］を用いると，一般に，$\mathbf{R}^n$ の内積はすべての固有値が正の対称行列 A を用いて，

$$\langle \boldsymbol{x}, \boldsymbol{y} \rangle = {}^t\boldsymbol{x}A\boldsymbol{y} \quad (\boldsymbol{x}, \boldsymbol{y} \in \mathbf{R}^n) \tag{22.12}$$

と表されることがわかる．標準内積は A が単位行列の場合に相当する．とくに断らない限り，$\mathbf{R}^n$ の内積は標準内積を考えることが多い．

22・3　内積の基本的性質

以下では，内積空間を単に V と書くことにする．内積に対する基本的性質を例題 22.2 としてあげよう．

例題 22.2　V を内積空間とする．定義 22.1 の内積の条件 (1)，(3) を用いて，任意の $\boldsymbol{x} \in V$ に対して，

$$\langle \mathbf{0}, \boldsymbol{x} \rangle = \langle \boldsymbol{x}, \mathbf{0} \rangle = 0 \tag{22.13}$$

が成り立つことを示せ． □□□

解　まず，

$$\langle \mathbf{0}, \boldsymbol{x} \rangle = \langle 0 \cdot \mathbf{0}, \boldsymbol{x} \rangle \overset{\because\ 内積の条件 (3)}{=} 0\langle \mathbf{0}, \boldsymbol{x} \rangle = 0. \tag{22.14}$$

よって，

$$\langle \boldsymbol{x}, \boldsymbol{0} \rangle \overset{\because\ \text{内積の条件 (1)}}{=} \langle \boldsymbol{0}, \boldsymbol{x} \rangle = 0. \tag{22.15}$$

したがって,

$$\langle \boldsymbol{0}, \boldsymbol{x} \rangle = \langle \boldsymbol{x}, \boldsymbol{0} \rangle = 0. \tag{22.16}$$

◇

注意 22.3　例題 22.2 より，$\boldsymbol{x} = \boldsymbol{0}$ ならば,

$$\langle \boldsymbol{x}, \boldsymbol{x} \rangle = 0 \tag{22.17}$$

が成り立ち，これは内積の条件（4）と矛盾しない.

また，内積の条件（4）は

$$(4)' \quad \boldsymbol{x} \neq \boldsymbol{0} \text{ ならば, } \langle \boldsymbol{x}, \boldsymbol{x} \rangle > 0$$

に置き換えてもよい.

等式

$$\langle \boldsymbol{x}, \boldsymbol{y} + \boldsymbol{z} \rangle = \langle \boldsymbol{x}, \boldsymbol{y} \rangle + \langle \boldsymbol{x}, \boldsymbol{z} \rangle, \quad \langle \boldsymbol{x}, c\boldsymbol{y} \rangle = c\langle \boldsymbol{x}, \boldsymbol{y} \rangle \tag{22.18}$$

も内積の線形性である［⇨ **問 22.2**］. 内積の条件（2），（3）と (22.18) をあわせて，内積の**双線形性**という.

さらに，内積の双線形性は $c_1, c_2, \cdots, c_m \in \mathbf{R}$，$\boldsymbol{x}_1, \boldsymbol{x}_2, \cdots, \boldsymbol{x}_m, \boldsymbol{y} \in V$ に対して,

$$\begin{cases} \langle c_1\boldsymbol{x}_1 + c_2\boldsymbol{x}_2 + \cdots + c_m\boldsymbol{x}_m, \boldsymbol{y} \rangle = c_1\langle \boldsymbol{x}_1, \boldsymbol{y} \rangle + c_2\langle \boldsymbol{x}_2, \boldsymbol{y} \rangle + \cdots + c_m\langle \boldsymbol{x}_m, \boldsymbol{y} \rangle, \\ \langle \boldsymbol{y}, c_1\boldsymbol{x}_1 + c_2\boldsymbol{x}_2 + \cdots + c_m\boldsymbol{x}_m \rangle = c_1\langle \boldsymbol{y}, \boldsymbol{x}_1 \rangle + c_2\langle \boldsymbol{y}, \boldsymbol{x}_2 \rangle + \cdots + c_m\langle \boldsymbol{y}, \boldsymbol{x}_m \rangle \end{cases} \tag{22.19}$$

という形に一般化される.

22・4　ノルム

V を内積空間とすると，定義 22.1 の内積の条件（4）より，任意の $\boldsymbol{x} \in V$ に対して

$$\|\boldsymbol{x}\| = \sqrt{\langle \boldsymbol{x}, \boldsymbol{x} \rangle} \tag{22.20}$$

とおくことができる．とくに，$\|\boldsymbol{x}\| = 0$ となるのは $\boldsymbol{x} = \boldsymbol{0}$ のときに限る．$\|\boldsymbol{x}\|$ を $\boldsymbol{x}$ の**ノルム**または**長さ**という．

ノルムに関して次の定理 22.1，定理 22.2 が成り立つ．

定理 22.1

V を内積空間とし，$\boldsymbol{x}, \boldsymbol{y} \in V$，$c \in \mathbf{R}$ とすると，V のノルム $\|\ \|$ に関して次の（1）～(3）が成り立つ．

（1）$\|c\boldsymbol{x}\| = |c|\|\boldsymbol{x}\|$

（2）$|\langle \boldsymbol{x}, \boldsymbol{y} \rangle| \leq \|\boldsymbol{x}\|\|\boldsymbol{y}\|$　（**コーシー - シュワルツの不等式**）

（3）$\|\boldsymbol{x} + \boldsymbol{y}\| \leq \|\boldsymbol{x}\| + \|\boldsymbol{y}\|$　（**三角不等式**）

ただし，$|\ \ |$ は実数に対する絶対値を表す．

証明　(1)
$$\begin{aligned}\|c\boldsymbol{x}\| &\overset{\because\ (22.20)}{=} \sqrt{\langle c\boldsymbol{x}, c\boldsymbol{x} \rangle} = \sqrt{c\langle \boldsymbol{x}, c\boldsymbol{x} \rangle} \quad (\because \text{内積の条件（3）}) \\ &= \sqrt{c^2\langle \boldsymbol{x}, \boldsymbol{x} \rangle} \quad (\because \text{(22.18) 第 2 式}) \\ &= |c|\sqrt{\langle \boldsymbol{x}, \boldsymbol{x} \rangle} \overset{\because\ (22.20)}{=} |c|\|\boldsymbol{x}\|. \end{aligned} \tag{22.21}$$

よって，(1）が成り立つ．

(2）$\boldsymbol{y} = \boldsymbol{0}$ のときは明らかである．$\boldsymbol{y} \neq \boldsymbol{0}$ のとき，内積の条件（4）から $\langle \boldsymbol{y}, \boldsymbol{y} \rangle > 0$ に注意すると，

$$\begin{aligned} 0 &\leq \left\langle \boldsymbol{x} - \frac{\langle \boldsymbol{x}, \boldsymbol{y} \rangle}{\langle \boldsymbol{y}, \boldsymbol{y} \rangle}\boldsymbol{y}, \boldsymbol{x} - \frac{\langle \boldsymbol{x}, \boldsymbol{y} \rangle}{\langle \boldsymbol{y}, \boldsymbol{y} \rangle}\boldsymbol{y} \right\rangle \langle \boldsymbol{y}, \boldsymbol{y} \rangle \quad (\because \text{内積の条件（4）}) \\ &= \left(\langle \boldsymbol{x}, \boldsymbol{x} \rangle - \frac{\langle \boldsymbol{x}, \boldsymbol{y} \rangle}{\langle \boldsymbol{y}, \boldsymbol{y} \rangle}\langle \boldsymbol{x}, \boldsymbol{y} \rangle - \frac{\langle \boldsymbol{x}, \boldsymbol{y} \rangle}{\langle \boldsymbol{y}, \boldsymbol{y} \rangle}\langle \boldsymbol{y}, \boldsymbol{x} \rangle + \frac{\langle \boldsymbol{x}, \boldsymbol{y} \rangle^2}{\langle \boldsymbol{y}, \boldsymbol{y} \rangle^2}\langle \boldsymbol{y}, \boldsymbol{y} \rangle \right) \langle \boldsymbol{y}, \boldsymbol{y} \rangle \\ &\qquad\qquad (\because \text{内積の条件（2），(3）および (22.18)}) \\ &= \|\boldsymbol{x}\|^2\|\boldsymbol{y}\|^2 - |\langle \boldsymbol{x}, \boldsymbol{y} \rangle|^2 \quad (\because \text{内積の条件（1）および (22.20)}). \end{aligned} \tag{22.22}$$

よって，

$$|\langle \boldsymbol{x}, \boldsymbol{y} \rangle|^2 \leq \|\boldsymbol{x}\|^2\|\boldsymbol{y}\|^2. \tag{22.23}$$

すなわち，コーシー - シュワルツの不等式が成り立つ．

(3) $\|\boldsymbol{x}+\boldsymbol{y}\|^2 \overset{\because\ (22.20)}{=} \langle \boldsymbol{x}+\boldsymbol{y}, \boldsymbol{x}+\boldsymbol{y}\rangle = \langle \boldsymbol{x}, \boldsymbol{x}\rangle + \langle \boldsymbol{x}, \boldsymbol{y}\rangle + \langle \boldsymbol{y}, \boldsymbol{x}\rangle + \langle \boldsymbol{y}, \boldsymbol{y}\rangle$

(∵ 内積の条件（2）および (22.18) 第 1 式)

$= \|\boldsymbol{x}\|^2 + 2\langle \boldsymbol{x}, \boldsymbol{y}\rangle + \|\boldsymbol{y}\|^2$　(∵ 内積の条件（1）および (22.20))

$$\overset{\because\ (2)}{\leq} \|\boldsymbol{x}\|^2 + 2\|\boldsymbol{x}\|\|\boldsymbol{y}\| + \|\boldsymbol{y}\|^2 = (\|\boldsymbol{x}\| + \|\boldsymbol{y}\|)^2 . \tag{22.24}$$

よって，

$$\|\boldsymbol{x}+\boldsymbol{y}\|^2 \leq (\|\boldsymbol{x}\| + \|\boldsymbol{y}\|)^2 . \tag{22.25}$$

すなわち，三角不等式が成り立つ．◇

なお，コーシー - シュワルツの不等式の等号成立は $\boldsymbol{x}$，$\boldsymbol{y}$ が 1 次従属のときに限る．なぜならば，$\boldsymbol{y} = \boldsymbol{0}$ のときは明らかであるし，$\boldsymbol{y} \neq \boldsymbol{0}$ のときは (22.22) の最初の不等号における等号成立条件は

$$\boldsymbol{x} - \frac{\langle \boldsymbol{x}, \boldsymbol{y}\rangle}{\langle \boldsymbol{y}, \boldsymbol{y}\rangle}\boldsymbol{y} = \boldsymbol{0} \tag{22.26}$$

だからである．

定理 22.2（中線定理）

V を内積空間とし，$\boldsymbol{x}, \boldsymbol{y} \in V$ とすると，V のノルム $\|\ \|$ に関して

$$\|\boldsymbol{x}+\boldsymbol{y}\|^2 + \|\boldsymbol{x}-\boldsymbol{y}\|^2 = 2(\|\boldsymbol{x}\|^2 + \|\boldsymbol{y}\|^2) \tag{22.27}$$

が成り立つ．

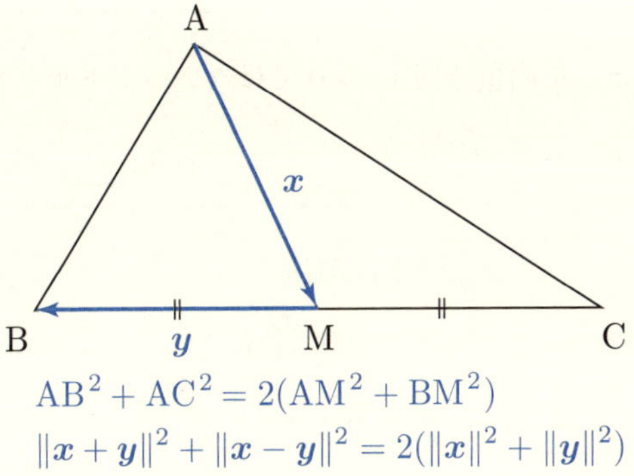

図 22.3　中線定理

証明　$\|\boldsymbol{x}+\boldsymbol{y}\|^2+\|\boldsymbol{x}-\boldsymbol{y}\|^2 \overset{\because (22.20)}{=} \langle \boldsymbol{x}+\boldsymbol{y}, \boldsymbol{x}+\boldsymbol{y}\rangle + \langle \boldsymbol{x}-\boldsymbol{y}, \boldsymbol{x}-\boldsymbol{y}\rangle$

$$= \langle \boldsymbol{x}, \boldsymbol{x}\rangle + \langle \boldsymbol{x}, \boldsymbol{y}\rangle + \langle \boldsymbol{y}, \boldsymbol{x}\rangle + \langle \boldsymbol{y}, \boldsymbol{y}\rangle + \langle \boldsymbol{x}, \boldsymbol{x}\rangle + \langle \boldsymbol{x}, -\boldsymbol{y}\rangle + \langle -\boldsymbol{y}, \boldsymbol{x}\rangle + \langle -\boldsymbol{y}, -\boldsymbol{y}\rangle$$

(∵ 内積の条件（2）および (22.18) 第 1 式)

$$= \|\boldsymbol{x}\|^2 + 2\langle \boldsymbol{x}, \boldsymbol{y}\rangle + \|\boldsymbol{y}\|^2 + \|\boldsymbol{x}\|^2 + 2\langle \boldsymbol{x}, -\boldsymbol{y}\rangle + \|-\boldsymbol{y}\|^2$$

(∵ 内積の条件（1）および (22.20))

$$= 2(\|\boldsymbol{x}\|^2 + \|\boldsymbol{y}\|^2) \quad (\because \text{(22.18) 第 2 式および定理 22.1（1）}) \tag{22.28}$$

よって，(22.27) が成り立つ.　◇

22・5　ベクトルの直交

2 つの平面ベクトルに対する性質 (22.3) に注目し，内積空間の 2 つのベクトルが直交するということを次のように定めよう.

定義 22.2

内積空間 V の 2 つのベクトル $\boldsymbol{x}$，$\boldsymbol{y}$ に対して，$\langle \boldsymbol{x}, \boldsymbol{y}\rangle = 0$ となるとき，$\boldsymbol{x}$ と $\boldsymbol{y}$ は**直交する**という．$\boldsymbol{x}$ と $\boldsymbol{y}$ が直交するとき，$\boldsymbol{x} \perp \boldsymbol{y}$ と書く.

内積空間のベクトルの 1 次独立性は，次のように判定できる.

定理 22.3

$\boldsymbol{x}_1$，$\boldsymbol{x}_2$，$\cdots$，$\boldsymbol{x}_m$ を内積空間 V の $\boldsymbol{0}$ ではないベクトルとすると，

$$\boldsymbol{x}_1, \boldsymbol{x}_2, \cdots, \boldsymbol{x}_m \text{ が互いに直交する} \Longrightarrow \boldsymbol{x}_1, \boldsymbol{x}_2, \cdots, \boldsymbol{x}_m \text{ は 1 次独立}$$

証明　$\boldsymbol{x}_1$，$\boldsymbol{x}_2$，$\cdots$，$\boldsymbol{x}_m$ の 1 次関係

$$c_1\boldsymbol{x}_1 + c_2\boldsymbol{x}_2 + \cdots + c_m\boldsymbol{x}_m = \boldsymbol{0} \quad (c_1, c_2, \cdots, c_m \in \mathbf{R}) \tag{22.29}$$

を考えると，$i = 1, 2, \cdots, m$ のとき，

$$0 \overset{\because (22.13)}{=} \langle \boldsymbol{x}_i, \boldsymbol{0}\rangle \overset{\because (22.29)}{=} \langle \boldsymbol{x}_i, c_1\boldsymbol{x}_1 + c_2\boldsymbol{x}_2 + \cdots + c_m\boldsymbol{x}_m\rangle$$

$$\because \overset{(22.19)\ \text{第 2 式}}{=} c_1\langle \boldsymbol{x}_i, \boldsymbol{x}_1\rangle + c_2\langle \boldsymbol{x}_i, \boldsymbol{x}_2\rangle + \cdots + c_m\langle \boldsymbol{x}_i, \boldsymbol{x}_m\rangle. \quad (22.30)$$

仮定より，$i \neq j$ のとき，$\langle \boldsymbol{x}_i, \boldsymbol{x}_j\rangle = 0$ なので，(22.30) は $c_i\langle \boldsymbol{x}_i, \boldsymbol{x}_i\rangle = 0$. $\boldsymbol{x}_i \neq \boldsymbol{0}$ だから，定義 22.1 の内積の条件 (4) より，$c_i = 0$. よって，$\boldsymbol{x}_1$，$\boldsymbol{x}_2$，…，$\boldsymbol{x}_m$ は 1 次独立である． ◇

§ 22 の問題

確認問題

問 22.1　$f(t), g(t) \in \mathbf{R}[t]_n$ に対して，

$$\langle f(t), g(t)\rangle = \int_{-1}^{1} f(t)g(t)dt$$

とおく．このとき，$(\mathbf{R}[t]_n, \langle\ ,\ \rangle)$ は内積空間であることを示せ．

□□□ [⇨ 22・2]

問 22.2　V を内積空間とする．定義 22.1 の内積の条件 (1)～(3) を用いて，任意の $\boldsymbol{x}, \boldsymbol{y}, \boldsymbol{z} \in V$ に対して，

$$\langle \boldsymbol{x}, \boldsymbol{y}+\boldsymbol{z}\rangle = \langle \boldsymbol{x}, \boldsymbol{y}\rangle + \langle \boldsymbol{x}, \boldsymbol{z}\rangle, \qquad \langle \boldsymbol{x}, c\boldsymbol{y}\rangle = c\langle \boldsymbol{x}, \boldsymbol{y}\rangle$$

が成り立つことを示せ．

□□□ [⇨ 22・3]

基本問題

問 22.3　$\mathbf{R}^n$ の標準内積を考える．$A \in M_n(\mathbf{R})$ とすると，任意の $\boldsymbol{x}, \boldsymbol{y} \in \mathbf{R}^n$ に対して，

$$\langle \boldsymbol{x}, A\boldsymbol{y}\rangle = \langle {}^t A\boldsymbol{x}, \boldsymbol{y}\rangle$$

が成り立つことを示せ．

□□□ [⇨ 22・2]

問 22.4　数物系　内積空間 V の部分空間 W に対して，V の部分集合 $W^{\perp}$ を

$$W^{\perp} = \{\boldsymbol{x} \in V \mid \text{任意の } \boldsymbol{y} \in W \text{ に対して，} \langle \boldsymbol{x}, \boldsymbol{y} \rangle = 0\}$$

により定める．

(1) W が V の部分空間であることの定義を書け．

(2) W が V の部分空間であることと同値な 3 つの条件を書け．

(3) $W^{\perp}$ は V の部分空間であることを示せ．

(4) $W \cap W^{\perp} = \{\mathbf{0}\}$ が成り立つことを示せ．

(5) $\mathbf{R}^3$ の部分空間 W を

$$W = \left\{ c_1 \begin{pmatrix} 1 \\ 0 \\ -1 \end{pmatrix} + c_2 \begin{pmatrix} 0 \\ 1 \\ -1 \end{pmatrix} \;\middle|\; c_1, c_2 \in \mathbf{R} \right\}$$

により定める．$\mathbf{R}^3$ の標準内積を考えるとき，$W^{\perp}$ を求めよ．

補足　一般に，内積空間 V の部分空間 W を考えると，V の任意の元は $\boldsymbol{x} \in W$ および $\boldsymbol{y} \in W^{\perp}$ を用いて，$\boldsymbol{x} + \boldsymbol{y}$ と一意的に表されることがわかる［⇨［佐武］p.107，定理 6］．このことから，$W^{\perp}$ を W の**直交補空間**という．また，V は W と $W^{\perp}$ の**直交直和**であるといい，

$$V = W \oplus W^{\perp}$$

と表す．

□□□ ［⇨ 22・5］

チャレンジ問題

問 22.5　数物系　$X, Y \in M_{m,n}(\mathbf{R})$ とすると，${}^tXY$ は n 次の正方行列なので，

$$\langle X, Y \rangle = \mathrm{tr}\,({}^tXY)$$

とおくことができる．このとき，$(M_{m,n}(\mathbf{R}), \langle\ ,\ \rangle)$ は内積空間であることを示せ．

□□□ ［⇨ 22・2］

§23 正規直交基底

§ 23 のポイント

- **正規直交基底**は，互いに直交し，ノルムが 1 となる内積空間の基底である．
- $\mathbf{R}^n$ の標準基底は標準内積に関して正規直交基底である．
- **グラム - シュミットの直交化法**を用いると，内積空間の基底から正規直交基底を構成することができる．
- 内積空間の線形変換で内積を保つものを**直交変換**という．
- 直交変換に対する条件はいろいろな形にいい換えることができる．
- 標準内積をもつ $\mathbf{R}^n$ の直交変換は直交行列を掛けることで表される．

23・1 正規直交基底の定義

内積空間に対しては，正規直交基底という特別な基底を考えることができる．

定義 23.1

$\{\boldsymbol{a}_1, \boldsymbol{a}_2, \cdots, \boldsymbol{a}_n\}$ を内積空間 V の基底とする．任意の $i, j = 1, 2, \cdots, n$ に対して，

$$\langle \boldsymbol{a}_i, \boldsymbol{a}_j \rangle = \begin{cases} 1 & (i = j) \\ 0 & (i \neq j) \end{cases} \tag{23.1}$$

が成り立つとき，$\{\boldsymbol{a}_1, \boldsymbol{a}_2, \cdots, \boldsymbol{a}_n\}$ を V の**正規直交基底**という．

注意 23.1 (23.1) はクロネッカーのデルタ [⇨ 1・4] を用いると，

$$\langle \boldsymbol{a}_i, \boldsymbol{a}_j \rangle = \delta_{ij} \tag{23.2}$$

と表すことができる．

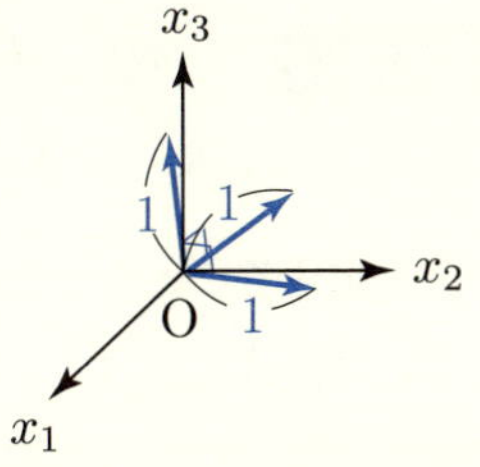

図 23.1　$\mathbf{R}^3$ の正規直交基底

次の例は最も基本的な正規直交基底であろう．

例 23.1　$\{\boldsymbol{e}_1, \boldsymbol{e}_2, \cdots, \boldsymbol{e}_n\}$ を $\mathbf{R}^n$ の標準基底として，$\mathbf{R}^n$ の標準内積［⇨ 例題 22.1］を考えると，次の式が成り立つ．

$$\langle \boldsymbol{e}_i, \boldsymbol{e}_j \rangle = \delta_{ij}. \tag{23.3}$$

よって，$\mathbf{R}^n$ の標準基底は標準内積に関して正規直交基底である．◆

正規直交基底を選んでおき，その基底に関する成分を用いると，内積は $\mathbf{R}^n$ の標準内積のように計算することができる．

定理 23.1

$\{\boldsymbol{a}_1, \boldsymbol{a}_2, \cdots, \boldsymbol{a}_n\}$ を内積空間 V の正規直交基底とし，$\boldsymbol{v}, \boldsymbol{w} \in V$ とする．正規直交基底 $\{\boldsymbol{a}_1, \boldsymbol{a}_2, \cdots, \boldsymbol{a}_n\}$ に関する $\boldsymbol{v}$，$\boldsymbol{w}$ の成分をそれぞれ x_1，x_2，$\cdots$，x_n および y_1，y_2，$\cdots$，y_n とすると，

$$\langle \boldsymbol{v}, \boldsymbol{w} \rangle = x_1 y_1 + x_2 y_2 + \cdots + x_n y_n \tag{23.4}$$

が成り立つ．

証明　$\langle \boldsymbol{v}, \boldsymbol{w} \rangle = \langle x_1\boldsymbol{a}_1 + x_2\boldsymbol{a}_2 + \cdots + x_n\boldsymbol{a}_n, y_1\boldsymbol{a}_1 + y_2\boldsymbol{a}_2 + \cdots + y_n\boldsymbol{a}_n \rangle$

$$\because \overset{(22.19)}{=} \sum_{i,j=1}^{n} x_i y_j \langle \boldsymbol{a}_i, \boldsymbol{a}_j \rangle \because \overset{(23.2)}{=} \sum_{i,j=1}^{n} x_i y_j \delta_{ij}$$

$$\because \overset{(1.14)}{=} \sum_{i=1}^{n} x_i y_i. \tag{23.5}$$

よって，(23.4) が成り立つ．◇

注意 23.2　一般に，集合 A，B に対して，A と B の**直積集合** $A \times B$ を

$$A \times B = \{(a, b) \mid a \in A,\ b \in B\} \tag{23.6}$$

により定めることができる．この記号を用いると，定理 23.1 は**図 23.2** のような可換図式で表すことができる．

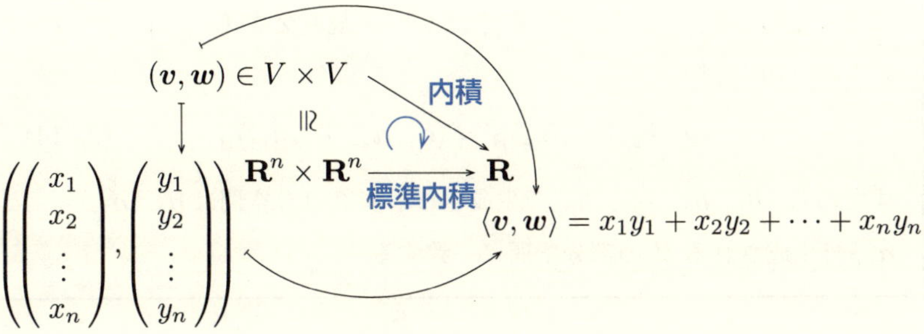

図 23.2　正規直交基底による成分と内積

23・2　グラム - シュミットの直交化法

内積空間の基底があたえられると，次のような方法で正規直交基底を構成することができる.

定理 23.2（グラム - シュミットの直交化法）

$\{\boldsymbol{a}_1, \boldsymbol{a}_2, \cdots, \boldsymbol{a}_n\}$ を内積空間 V の基底とする．$\boldsymbol{b}_1, \boldsymbol{b}_2, \cdots, \boldsymbol{b}_n \in V$ を

$$\boldsymbol{b}_1 = \frac{1}{\|\boldsymbol{a}_1\|}\boldsymbol{a}_1 \tag{23.7}$$

$$\boldsymbol{b}'_2 = \boldsymbol{a}_2 - \langle \boldsymbol{a}_2, \boldsymbol{b}_1 \rangle \boldsymbol{b}_1 \tag{23.8}$$

$$\boldsymbol{b}_2 = \frac{1}{\|\boldsymbol{b}'_2\|}\boldsymbol{b}'_2 \tag{23.9}$$

$$\vdots$$

$$\boldsymbol{b}'_m = \boldsymbol{a}_m - \langle \boldsymbol{a}_m, \boldsymbol{b}_1 \rangle \boldsymbol{b}_1 - \langle \boldsymbol{a}_m, \boldsymbol{b}_2 \rangle \boldsymbol{b}_2 - \cdots - \langle \boldsymbol{a}_m, \boldsymbol{b}_{m-1} \rangle \boldsymbol{b}_{m-1} \tag{23.10}$$

$$\boldsymbol{b}_m = \frac{1}{\|\boldsymbol{b}'_m\|}\boldsymbol{b}'_m \tag{23.11}$$

$$\vdots$$

$$\boldsymbol{b}'_n = \boldsymbol{a}_n - \langle \boldsymbol{a}_n, \boldsymbol{b}_1 \rangle \boldsymbol{b}_1 - \langle \boldsymbol{a}_n, \boldsymbol{b}_2 \rangle \boldsymbol{b}_2 - \cdots - \langle \boldsymbol{a}_n, \boldsymbol{b}_{n-1} \rangle \boldsymbol{b}_{n-1} \tag{23.12}$$

$$\boldsymbol{b}_n = \frac{1}{\|\boldsymbol{b}'_n\|}\boldsymbol{b}'_n \tag{23.13}$$

により定めると，$\{\boldsymbol{b}_1, \boldsymbol{b}_2, \cdots, \boldsymbol{b}_n\}$ は V の正規直交基底で，任意の $m = 1, 2, \cdots, n$ に対して，

$$\langle \boldsymbol{b}_1, \boldsymbol{b}_2, \cdots, \boldsymbol{b}_m \rangle_{\mathbf{R}} = \langle \boldsymbol{a}_1, \boldsymbol{a}_2, \cdots, \boldsymbol{a}_m \rangle_{\mathbf{R}}. \tag{23.14}$$

すなわち，$\boldsymbol{b}_1$，$\boldsymbol{b}_2$，$\cdots$，$\boldsymbol{b}_m$ で生成される V の部分空間は $\boldsymbol{a}_1$，$\boldsymbol{a}_2$，$\cdots$，$\boldsymbol{a}_m$ で生成される V の部分空間に一致する．

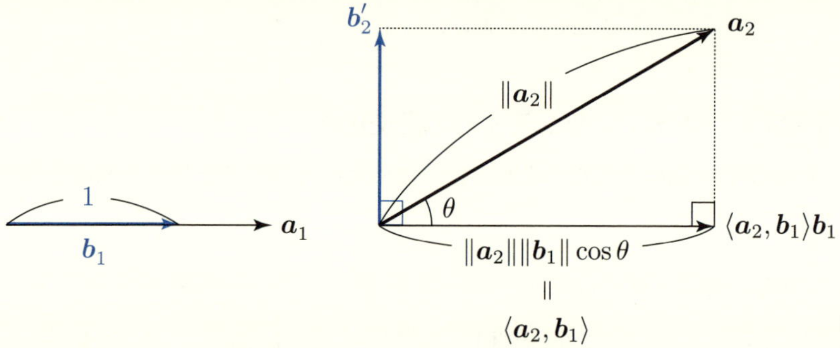

図 23.3　グラム - シュミットの直交化法

注意 23.3　定理 23.2 の $\boldsymbol{b}_1$，$\boldsymbol{b}_2$，$\cdots$，$\boldsymbol{b}_n$ の定め方にみられるような，ベクトルをそのノルムで割って，ノルムが 1 のベクトルを得る操作を**正規化**という．

定理 22.1 の (1) のノルムの性質に注意すると，$\boldsymbol{x} \in V$ が零ベクトルではなく，$c > 0$ のとき，$\|c\boldsymbol{x}\|$ も $\|\boldsymbol{x}\|$ も正規化したものは同じ，すなわち，

$$\frac{c\boldsymbol{x}}{\|c\boldsymbol{x}\|} = \frac{\boldsymbol{x}}{\|\boldsymbol{x}\|} \tag{23.15}$$

である．c として分数などをくくり出しておくと，計算間違いを避けやすい．

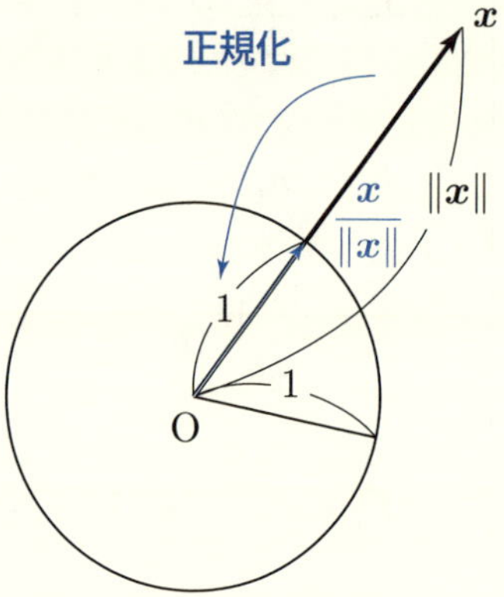

図 23.4　正規化

例題 23.1 $\mathbf{R}^2$ の基底 $\{\boldsymbol{a}_1, \boldsymbol{a}_2\}$ を

$$\boldsymbol{a}_1 = \begin{pmatrix} 1 \\ 1 \end{pmatrix}, \quad \boldsymbol{a}_2 = \begin{pmatrix} 0 \\ 1 \end{pmatrix} \tag{23.16}$$

により定める．$\mathbf{R}^2$ の標準内積を考え，グラム - シュミットの直交化法を用いて，基底 $\{\boldsymbol{a}_1, \boldsymbol{a}_2\}$ から正規直交基底 $\{\boldsymbol{b}_1, \boldsymbol{b}_2\}$ を求めよ．

□□□

解 まず，

$$\boldsymbol{b}_1 = \frac{1}{\|\boldsymbol{a}_1\|}\boldsymbol{a}_1 = \frac{1}{\sqrt{2}}\begin{pmatrix} 1 \\ 1 \end{pmatrix}. \tag{23.17}$$

次に，

$$\boldsymbol{b}_2' = \boldsymbol{a}_2 - \langle \boldsymbol{a}_2, \boldsymbol{b}_1 \rangle \boldsymbol{b}_1 = \begin{pmatrix} 0 \\ 1 \end{pmatrix} - \frac{1}{\sqrt{2}} \cdot \frac{1}{\sqrt{2}}\begin{pmatrix} 1 \\ 1 \end{pmatrix} = \frac{1}{2}\begin{pmatrix} -1 \\ 1 \end{pmatrix}. \tag{23.18}$$

よって，(23.15) に注意すると，

$$\boldsymbol{b}_2 = \frac{1}{\|\boldsymbol{b}_2'\|}\boldsymbol{b}_2' = \frac{1}{\left\|\begin{pmatrix} -1 \\ 1 \end{pmatrix}\right\|}\begin{pmatrix} -1 \\ 1 \end{pmatrix} = \frac{1}{\sqrt{2}}\begin{pmatrix} -1 \\ 1 \end{pmatrix}. \tag{23.19}$$

◇

23・3 直交変換

内積空間に対しては，直交変換という特別な線形変換を考えることができる．これは次のように定義される，**内積を保つ線形変換**である．

定義 23.2

f を内積空間 V の線形変換とする．任意の $\boldsymbol{x}, \boldsymbol{y} \in V$ に対して，

$$\langle f(\boldsymbol{x}), f(\boldsymbol{y}) \rangle = \langle \boldsymbol{x}, \boldsymbol{y} \rangle \tag{23.20}$$

が成り立つとき，f を**直交変換**という[1]．

直交変換に対する条件は次のようにいい換えることができる．

---

[1] V がエルミート内積をもつ $\mathbf{C}$ 上のベクトル空間の場合は f を**ユニタリ変換**という．

定理 23.3

f を内積空間 V の線形変換，$\{\boldsymbol{a}_1, \boldsymbol{a}_2, \cdots, \boldsymbol{a}_n\}$ を V の正規直交基底とする．このとき，次の (1)〜(4) は互いに同値である．

(1) f は直交変換である．

(2) $\{f(\boldsymbol{a}_1), f(\boldsymbol{a}_2), \cdots, f(\boldsymbol{a}_n)\}$ は V の正規直交基底である．

(3) 任意の $\boldsymbol{x} \in V$ に対して $\|f(\boldsymbol{x})\| = \|\boldsymbol{x}\|$.

(4) A を正規直交基底 $\{\boldsymbol{a}_1, \boldsymbol{a}_2, \cdots, \boldsymbol{a}_n\}$ に関する f の表現行列とすると，${}^tAA = E$，すなわち，A は直交行列 [⇨ **問 8.7**] である．

証明　(1) ⇒ (3), (1) ⇒ (2), (2) ⇒ (1) のみを示す [⇨ [佐武] p.129, 定理 13]．

(1) ⇒ (3)　(23.20) より，任意の $\boldsymbol{x} \in V$ に対して，

$$\langle f(\boldsymbol{x}), f(\boldsymbol{x}) \rangle = \langle \boldsymbol{x}, \boldsymbol{x} \rangle. \tag{23.21}$$

よって，(3) が成り立つ．

(1) ⇒ (2)　$i, j = 1, 2, \cdots, n$ とすると，

$$\langle f(\boldsymbol{a}_i), f(\boldsymbol{a}_j) \rangle \overset{\because\ (23.20)}{=} \langle \boldsymbol{a}_i, \boldsymbol{a}_j \rangle \overset{\because\ (23.2)}{=} \delta_{ij}. \tag{23.22}$$

$i = j$ のとき，(23.22) より，

$$\langle f(\boldsymbol{a}_i), f(\boldsymbol{a}_i) \rangle = 1 \tag{23.23}$$

なので，$\|f(\boldsymbol{a}_i)\| = 1$ で，$f(\boldsymbol{a}_i)$ の正規性が示せた．また定義 22.1 の内積の条件 (4) より，$f(\boldsymbol{a}_i) \neq \boldsymbol{0}$.

また，$i \neq j$ のとき，(23.22) より，

$$\langle f(\boldsymbol{a}_i), f(\boldsymbol{a}_j) \rangle = 0 \tag{23.24}$$

なので，$f(\boldsymbol{a}_1)$，$f(\boldsymbol{a}_2)$，$\cdots$，$f(\boldsymbol{a}_n)$ は互いに直交する．よって，定理 22.3 より，$f(\boldsymbol{a}_1)$，$f(\boldsymbol{a}_2)$，$\cdots$，$f(\boldsymbol{a}_n)$ は n 次元内積空間 V の n 個の 1 次独立なベクトルである．したがって，定理 15.3 より，$\{f(\boldsymbol{a}_1), f(\boldsymbol{a}_2), \cdots, f(\boldsymbol{a}_n)\}$ は V の正規直交基底である．

(2) ⇒ (1)　$\boldsymbol{v}, \boldsymbol{w} \in V$ とし，正規直交基底 $\{\boldsymbol{a}_1, \boldsymbol{a}_2, \cdots, \boldsymbol{a}_n\}$ に関する $\boldsymbol{v}$，$\boldsymbol{w}$ の成分をそれぞれ x_1，x_2，$\cdots$，x_n および y_1，y_2，$\cdots$，y_n とすると，定理 23.1 より，

$$\langle \boldsymbol{v}, \boldsymbol{w} \rangle = x_1 y_1 + x_2 y_2 + \cdots + x_n y_n. \tag{23.25}$$

一方，f は線形変換なので，

$$f(\boldsymbol{v}) = f(x_1 \boldsymbol{a}_1 + x_2 \boldsymbol{a}_2 + \cdots + x_n \boldsymbol{a}_n) = x_1 f(\boldsymbol{a}_1) + x_2 f(\boldsymbol{a}_2) + \cdots + x_n f(\boldsymbol{a}_n), \tag{23.26}$$

$$f(\boldsymbol{w}) = f(y_1 \boldsymbol{a}_1 + y_2 \boldsymbol{a}_2 + \cdots + y_n \boldsymbol{a}_n) = y_1 f(\boldsymbol{a}_1) + y_2 f(\boldsymbol{a}_2) + \cdots + y_n f(\boldsymbol{a}_n). \tag{23.27}$$

よって，仮定より，x_1，x_2，$\cdots$，x_n および y_1，y_2，$\cdots$，y_n はそれぞれ正規直交基底 $\{f(\boldsymbol{a}_1), f(\boldsymbol{a}_2), \cdots, f(\boldsymbol{a}_n)\}$ に関する $f(\boldsymbol{v})$ および $f(\boldsymbol{w})$ の成分である．したがって，定理 23.1 より，

$$\langle f(\boldsymbol{v}), f(\boldsymbol{w}) \rangle = x_1 y_1 + x_2 y_2 + \cdots + x_n y_n. \tag{23.28}$$

以上より，

$$\langle f(\boldsymbol{v}), f(\boldsymbol{w}) \rangle = \langle \boldsymbol{v}, \boldsymbol{w} \rangle. \tag{23.29}$$

すなわち，f は直交変換である．　◇

標準内積をもつ $\mathbf{R}^n$ に対しては，次の定理 23.4 が成り立つ．

定理 23.4

$A \in M_n(\mathbf{R})$ に対して，$\mathbf{R}^n$ の線形変換 f_A を

$$f_A(\boldsymbol{x}) = A\boldsymbol{x} \quad (\boldsymbol{x} \in \mathbf{R}^n) \tag{23.30}$$

により定め，$\mathbf{R}^n$ の標準内積を考える．このとき，次の (1)〜(3) は互いに同値である．

(1) f_A は直交変換である．

(2) A は直交行列である．

(3) A の n 個の列ベクトルは $\mathbf{R}^n$ の正規直交基底である．

証明　(1) ⇔ (2) および (2) ⇔ (3) を示せばよい．

ここでは (1) ⇔ (2) のみを示す [⇨ **問 23.4**]．f_A を直交変換，$\boldsymbol{e}_1$，$\boldsymbol{e}_2$，$\cdots$，$\boldsymbol{e}_n$ を $\mathbf{R}^n$ の基本ベクトルとすると，$i, j = 1, 2, \cdots, n$ のとき，

$$\delta_{ij} = \langle \boldsymbol{e}_i, \boldsymbol{e}_j \rangle = \langle f_A(\boldsymbol{e}_i), f_A(\boldsymbol{e}_j) \rangle \quad (\because\ (1)\ \text{および定義 23.2}) = \langle A\boldsymbol{e}_i, A\boldsymbol{e}_j \rangle$$
$$\overset{\because\ (22.6)}{=} {}^t(A\boldsymbol{e}_i)(A\boldsymbol{e}_j) \overset{\because\ \text{定理 2.5 (2)}}{=} {}^t\boldsymbol{e}_i {}^tAA\boldsymbol{e}_j. \tag{23.31}$$

ここで，${}^t\boldsymbol{e}_i {}^tAA\boldsymbol{e}_j$ は ${}^tAA$ の (i, j) 成分であることに注意すると，

$${}^tAA = E. \tag{23.32}$$

よって，A は直交行列である．上の計算は逆にたどることもできる．　◇

なお，n 次の行ベクトル全体の集合も $\mathbf{R}^n$ と同様に標準内積をもつ数ベクトル空間とみなすことができる．このとき，定理 23.4 の (1)～(3) は A の n 個の行ベクトルが正規直交基底をもつことと同値となる．

§23 の問題

確認問題

問 23.1　$\mathbf{R}^3$ の基底 $\{\boldsymbol{a}_1, \boldsymbol{a}_2, \boldsymbol{a}_3\}$ を

$$\boldsymbol{a}_1 = \begin{pmatrix} 1 \\ 1 \\ 1 \end{pmatrix}, \quad \boldsymbol{a}_2 = \begin{pmatrix} 0 \\ 1 \\ 1 \end{pmatrix}, \quad \boldsymbol{a}_3 = \begin{pmatrix} 0 \\ 0 \\ 1 \end{pmatrix}$$

により定める．$\mathbf{R}^3$ の標準内積を考え，グラム - シュミットの直交化法を用いて，基底 $\{\boldsymbol{a}_1, \boldsymbol{a}_2, \boldsymbol{a}_3\}$ から正規直交基底 $\{\boldsymbol{b}_1, \boldsymbol{b}_2, \boldsymbol{b}_3\}$ を求めよ．

□□□ [⇨ **23・2**]

基本問題

問 23.2　次の問に答えよ．

(1) 直交行列の定義を書け．

(2) A, B を n 次の直交行列とすると，積 AB も直交行列であることを示せ．

(3) A を直交行列とすると，A は正則で，逆行列 A^{-1} も直交行列であることを示せ．

□□□ [⇨ 23・3]

補足　n 次の直交行列全体の集合は $\mathrm{O}(n, \mathbf{R})$ または $\mathrm{O}(n)$ と書くことが多い[2]．$A, B, C \in \mathrm{O}(n)$ とすると，問 23.2 の結果を含め，次の (1)～(4) が成り立つ．

(1) $AB \in \mathrm{O}(n)$.

(2) $(AB)C = A(BC)$.

(3) $E \in \mathrm{O}(n)$ で，$EA = AE = A$.

(4) $A^{-1} \in \mathrm{O}(n)$ で，$A^{-1}A = AA^{-1} = E$.

一般の集合に対しても，上の (1)～(4) のような性質をもつ積を演算として考えると，**群**というものを定義することができる [⇨［堀田］p.8]．$\mathrm{O}(n)$ を n 次の**直交群**という．

問 23.3　2 次の直交行列は $0 \leq \theta < 2\pi$ をみたす θ を用いて，

$$\begin{pmatrix} \cos\theta & \mp\sin\theta \\ \sin\theta & \pm\cos\theta \end{pmatrix} \quad (\text{複号同順})$$

と表されることを示せ．

□□□ [⇨ 23・3]

問 23.4　数物系　$A \in M_n(\mathbf{R})$ に対して，$\mathbf{R}^n$ の線形変換 f_A を

$$f_A(\boldsymbol{x}) = A\boldsymbol{x} \quad (\boldsymbol{x} \in \mathbf{R}^n)$$

により定め，$\mathbf{R}^n$ の標準内積を考える．定理 23.4 の (2) と (3) の同値性を示せ．

□□□ [⇨ 23・3]

---

2) O は「直交する」を意味する英単語 “orthogonal”（オーソゴナル）の頭文字である．また，ここでは直交行列は実行列としている [⇨第 8 章冒頭の脚注]

チャレンジ問題

問 23.5 数物系　$\{\boldsymbol{a}_1, \boldsymbol{a}_2, \cdots, \boldsymbol{a}_n\}$，$\{\boldsymbol{b}_1, \boldsymbol{b}_2, \cdots, \boldsymbol{b}_n\}$ をともに内積空間 V の正規直交基底とする．このとき，(i, j) 成分が $\langle \boldsymbol{a}_i, \boldsymbol{b}_j \rangle$ の n 次の正方行列は直交行列であることを示せ．　□□□ [⇨ 23・3]

§24　対称行列の対角化

§ 24 のポイント

- 対称行列は直交行列によって対角化される.
- 対称行列の固有値は**すべて実数**である.
- 対称行列を対角化する直交行列は，各固有値に対する固有空間の正規直交基底を並べたものである.

24・1　対称行列の直交行列による対角化

ここではまず，次の定理 24.1 について説明しよう.

定理 24.1

A を実正方行列とすると，

A は直交行列によって対角化される $\iff$ A は対称行列である

一般には，すべての正方行列が対角化可能であるとは限らず，ジョルダン標準形［⇨［佐武］p.157］というものが相似な［⇨**定義 21.1**］行列となる.

まず，必要性（⇒）の証明は容易である．実際，実正方行列 A が直交行列 P によって

$$P^{-1}AP = \Lambda, \qquad \Lambda = \begin{pmatrix} \lambda_1 & & & \text{\huge 0} \\ & \lambda_2 & & \\ & & \ddots & \\ \text{\huge 0} & & & \lambda_n \end{pmatrix} \tag{24.1}$$

と対角化されるならば，

$$A = P\Lambda P^{-1} \tag{24.2}$$

である．直交行列 P は $P^{-1} = {}^tP$ をみたすため，この式の両辺は転置をとっても変わらない.

逆に，十分性（$\Leftarrow$）は次の定理 24.2，定理 24.3 から導かれる．

以下では，数の範囲を実数から複素数の範囲まで拡げて考えることにしよう．したがって，第 7 章では固有方程式の実数解のみを線形変換の固有値とよんでいたが，以下では固有方程式の解はすべて固有値である．ただし，対称行列は今までと同様に実行列とする．

定理 24.2

対称行列の固有値はすべて実数である．

証明 A を対称行列とし，$\boldsymbol{x}$ を固有値 λ に対する A の固有ベクトルとする．ただし，$\boldsymbol{x}$ の成分および λ は複素数である．A および $\boldsymbol{x}$ の複素共役，すなわち，成分の共役複素数をとって得られる行列およびベクトルをそれぞれ $\bar{A}$，$\bar{\boldsymbol{x}}$ と表すと，A の成分は実数であるため，

$$\bar{A} = A \tag{24.3}$$

である．このとき，

$$A\boldsymbol{x} = \lambda\boldsymbol{x} \tag{24.4}$$

の両辺の複素共役をとると，(24.3) より

$$A\bar{\boldsymbol{x}} = \bar{\lambda}\bar{\boldsymbol{x}} \tag{24.5}$$

である．よって，

$$\begin{aligned}\bar{\lambda}\,{}^t\bar{\boldsymbol{x}}\boldsymbol{x} &= (\bar{\lambda}\,{}^t\bar{\boldsymbol{x}})\boldsymbol{x} = {}^t(\bar{\lambda}\bar{\boldsymbol{x}})\boldsymbol{x} \overset{\because (24.5)}{=} {}^t(A\bar{\boldsymbol{x}})\boldsymbol{x} \overset{\because \text{定理 } 2.5\ (2)}{=} ({}^t\bar{\boldsymbol{x}}\,{}^tA)\boldsymbol{x} \\ &\overset{\because {}^tA = A}{=} ({}^t\bar{\boldsymbol{x}}A)\boldsymbol{x} = {}^t\bar{\boldsymbol{x}}(A\boldsymbol{x}) \overset{\because (24.4)}{=} {}^t\bar{\boldsymbol{x}}(\lambda\boldsymbol{x}) = \lambda\,{}^t\bar{\boldsymbol{x}}\boldsymbol{x}.\end{aligned} \tag{24.6}$$

すなわち，

$$\bar{\lambda}\,{}^t\bar{\boldsymbol{x}}\boldsymbol{x} = \lambda\,{}^t\bar{\boldsymbol{x}}\boldsymbol{x}. \tag{24.7}$$

ここで，固有ベクトルの定義より，$\boldsymbol{x} \neq \boldsymbol{0}$ だから，$\boldsymbol{x} = \begin{pmatrix} x_1 \\ x_2 \\ \vdots \\ x_n \end{pmatrix}$ とおくと，

$$
{}^t\bar{\boldsymbol{x}}\boldsymbol{x} = |x_1|^2 + |x_2|^2 + \cdots + |x_n|^2 \neq 0. \tag{24.8}
$$

ただし，複素数 x の絶対値を $|x|$ と表す．したがって，(24.7) より，$\bar{\lambda} = \lambda$．すなわち，固有値 λ は実数である． ◇

定理 24.3

n 次の実正方行列 A の固有値がすべて実数であるとする．このとき，$P^{-1}AP$ が上三角行列となるような n 次の直交行列 P が存在する［⇨［佐武］p.161，例 1］．

それでは，定理 24.2 と定理 24.3 を用いて，定理 24.1 の十分性（⇐）を証明しよう．

定理 24.1 の十分性（⇐）の証明　A を n 次の対称行列とすると，定理 24.2 および定理 24.3 より，n 次の直交行列 P が存在し，

$$
P^{-1}AP = \begin{pmatrix} \lambda_1 & & & * \\ & \lambda_2 & & \\ & & \ddots & \\ \text{\huge 0} & & & \lambda_n \end{pmatrix} \tag{24.9}
$$

と表される．ここで，A は対称行列で，直交行列 P は $P^{-1} = {}^tP$ をみたすので，

$$
{}^t(P^{-1}AP) = {}^t({}^tPAP) \overset{\because \text{ 定理 } 2.5 \ (2)}{=} {}^tP{}^tA{}^t({}^tP) = P^{-1}AP. \tag{24.10}
$$

よって，$P^{-1}AP$ は対称行列なので，(24.9) の右辺の $*$ の部分の成分はすべて 0 となり，A は P によって対角化される． ◇

注意 24.1　対称行列を対角化する直交行列は，必要ならば 2 つの列を入れ替えることにより，その行列式を 1 とすることができる．

対称行列 A を対角化する直交行列 P は，次の (1)～(5) の手順で求めればよい．

(1) A の固有多項式 $\phi_A(\lambda)$ を計算する．

(2) A の固有値 λ_1，λ_2，$\cdots$，λ_n を求める．このとき，λ_1，λ_2，$\cdots$，λ_n はすべて実数となる．

(3) グラム - シュミットの直交化法［⇨定理 23.2］を用いて，固有値 λ_i に対する固有ベクトル $\boldsymbol{p}_i$ を $\{\boldsymbol{p}_1, \boldsymbol{p}_2, \cdots, \boldsymbol{p}_n\}$ が正規直交基底となるように求める．

(4) $P = \begin{pmatrix} \boldsymbol{p}_1 & \boldsymbol{p}_2 & \cdots & \boldsymbol{p}_n \end{pmatrix}$ とおく．このとき，P は直交行列となる．

(5) A は P によって対角化され，以下となる．

$$P^{-1}AP = \begin{pmatrix} \lambda_1 & & & \text{\huge 0} \\ & \lambda_2 & & \\ & & \ddots & \\ \text{\huge 0} & & & \lambda_n \end{pmatrix}$$

もちろん，上の手順では $\mathbf{R}^n$ の標準内積を考えている．また，対称行列の異なる固有値に対する固有ベクトルは互いに直交することも用いている．実際，$\boldsymbol{x}$，$\boldsymbol{y}$ をそれぞれ対称行列 A の異なる固有値 λ，μ に対する固有ベクトルとすると，

$$\begin{aligned}\lambda\langle \boldsymbol{x}, \boldsymbol{y}\rangle = \langle \lambda\boldsymbol{x}, \boldsymbol{y}\rangle = \langle A\boldsymbol{x}, \boldsymbol{y}\rangle &\overset{\because\ {}^tA = A}{=} \langle {}^tA\boldsymbol{x}, \boldsymbol{y}\rangle \overset{\because\ \text{問 } 22.3}{=} \langle \boldsymbol{x}, A\boldsymbol{y}\rangle \\ &= \langle \boldsymbol{x}, \mu\boldsymbol{y}\rangle = \mu\langle \boldsymbol{x}, \boldsymbol{y}\rangle. \end{aligned} \tag{24.11}$$

すなわち，

$$\lambda\langle \boldsymbol{x}, \boldsymbol{y}\rangle = \mu\langle \boldsymbol{x}, \boldsymbol{y}\rangle \tag{24.12}$$

で，$\lambda \neq \mu$ なので，

$$\langle \boldsymbol{x}, \boldsymbol{y}\rangle = 0 \tag{24.13}$$

となり，$\boldsymbol{x}$ と $\boldsymbol{y}$ は直交する．とくに，上の手順で求めた P は必ず直交行列となるが，検算のために

$${}^tPP = E \tag{24.14}$$

が成り立つことを確認する習慣をつけておくとよい．

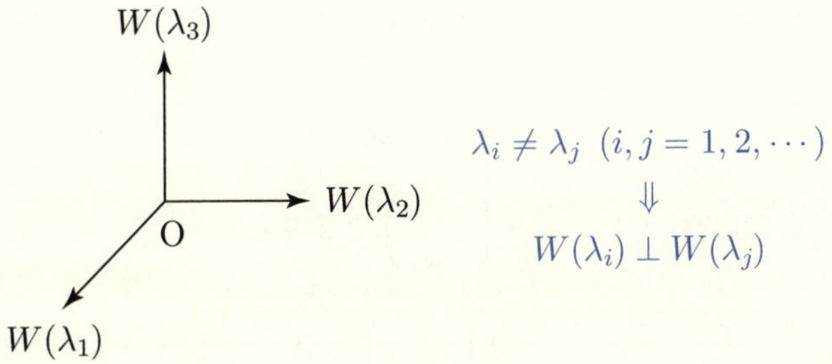

図 24.1　対称行列の固有空間のイメージ

それでは，具体的な対称行列を直交行列を用いて対角化してみよう．

例題 24.1　次の対称行列 A を直交行列によって対角化せよ．

(1) $A = \begin{pmatrix} 1 & 1 \\ 1 & 1 \end{pmatrix}$.

(2) $A = \begin{pmatrix} 2 & 1 & 1 \\ 1 & 2 & 1 \\ 1 & 1 & 2 \end{pmatrix}$. ただし，問 19.2 の (3) で求めたように，A の固有値 λ が $\lambda = 1$ (重解), 4 で，それぞれの固有値に対する固有空間が

$$W(1) = \left\{ c_1 \begin{pmatrix} 1 \\ 0 \\ -1 \end{pmatrix} + c_2 \begin{pmatrix} 0 \\ 1 \\ -1 \end{pmatrix} \middle| \ c_1, c_2 \in \mathbf{R} \right\}, \tag{24.15}$$

$$W(4) = \left\{ c \begin{pmatrix} 1 \\ 1 \\ 1 \end{pmatrix} \middle| \ c \in \mathbf{R} \right\} \tag{24.16}$$

であることを用いてよい．

解　(1) まず，A の固有多項式は

$$\phi_A(\lambda) = \begin{vmatrix} \lambda - 1 & -1 \\ -1 & \lambda - 1 \end{vmatrix} = (\lambda - 1)^2 - (-1)(-1) = \lambda^2 - 2\lambda. \tag{24.17}$$

よって，A の固有値 λ は固有方程式 $\phi_A(\lambda) = 0$ の解なので，$\lambda = 0, 2$ である．

次に，固有値 $\lambda = 0$ に対する A の固有ベクトルを求める．同次連立 1 次方程式

$$(\lambda E - A)\boldsymbol{x} = \boldsymbol{0} \tag{24.18}$$

において $\lambda = 0$ を代入し，$\boldsymbol{x} = \begin{pmatrix} x_1 \\ x_2 \end{pmatrix}$ とすると，

$$-A\begin{pmatrix} x_1 \\ x_2 \end{pmatrix} = \boldsymbol{0}. \tag{24.19}$$

すなわち，

$$\begin{pmatrix} -1 & -1 \\ -1 & -1 \end{pmatrix}\begin{pmatrix} x_1 \\ x_2 \end{pmatrix} = \begin{pmatrix} 0 \\ 0 \end{pmatrix}. \tag{24.20}$$

よって，

$$-x_1 - x_2 = 0 \tag{24.21}$$

となり，$c \in \mathbf{R}$ を任意の定数として，$x_2 = c$ とおくと，解は

$$x_1 = -c, \qquad x_2 = c. \tag{24.22}$$

したがって，

$$\boldsymbol{x} = \begin{pmatrix} x_1 \\ x_2 \end{pmatrix} = \begin{pmatrix} -c \\ c \end{pmatrix} = c\begin{pmatrix} -1 \\ 1 \end{pmatrix} \tag{24.23}$$

と表されるので，ベクトル $\boldsymbol{q}_1 = \begin{pmatrix} -1 \\ 1 \end{pmatrix}$ は固有値 $\lambda = 0$ に対する A の固有ベクトルである．

さらに，固有値 $\lambda = 2$ に対する A の固有ベクトルを求める．(24.18) において $\lambda = 2$ を代入し，$\boldsymbol{x} = \begin{pmatrix} x_1 \\ x_2 \end{pmatrix}$ とすると，同次連立 1 次方程式

$$(2E - A)\begin{pmatrix} x_1 \\ x_2 \end{pmatrix} = \boldsymbol{0} \tag{24.24}$$

が得られる．すなわち，

$$\begin{pmatrix} 1 & -1 \\ -1 & 1 \end{pmatrix}\begin{pmatrix} x_1 \\ x_2 \end{pmatrix} = \begin{pmatrix} 0 \\ 0 \end{pmatrix}. \tag{24.25}$$

よって，

$$x_1 - x_2 = 0, \qquad -x_1 + x_2 = 0 \tag{24.26}$$

となり，$c \in \mathbf{R}$ を任意の定数として，$x_2 = c$ とおくと，解は

$$x_1 = c, \qquad x_2 = c. \tag{24.27}$$

したがって，

$$\boldsymbol{x} = \begin{pmatrix} x_1 \\ x_2 \end{pmatrix} = \begin{pmatrix} c \\ c \end{pmatrix} = c\begin{pmatrix} 1 \\ 1 \end{pmatrix} \tag{24.28}$$

と表されるので，ベクトル $\boldsymbol{q}_2 = \begin{pmatrix} 1 \\ 1 \end{pmatrix}$ は固有値 $\lambda = 2$ に対する A の固有ベクトルである．

上で得られたベクトルを正規化［⇨ 注意 23.3］すると，

$$\boldsymbol{p}_1 = \frac{1}{\|\boldsymbol{q}_1\|}\boldsymbol{q}_1 = \frac{1}{\sqrt{2}}\begin{pmatrix} -1 \\ 1 \end{pmatrix}, \qquad \boldsymbol{p}_2 = \frac{1}{\|\boldsymbol{q}_2\|}\boldsymbol{q}_2 = \frac{1}{\sqrt{2}}\begin{pmatrix} 1 \\ 1 \end{pmatrix} \tag{24.29}$$

となる．これを並べたものを P とおくと，

$$P = \begin{pmatrix} \boldsymbol{p}_1 & \boldsymbol{p}_2 \end{pmatrix} = \frac{1}{\sqrt{2}}\begin{pmatrix} -1 & 1 \\ 1 & 1 \end{pmatrix}. \tag{24.30}$$

このとき，P は直交行列なので逆行列 P^{-1} をもち，

$$P^{-1}AP = \begin{pmatrix} 0 & 0 \\ 0 & 2 \end{pmatrix} \tag{24.31}$$

となり，A は直交行列 P によって対角化される．

(2) まず，固有値 $\lambda = 1$ に対する固有ベクトル $\boldsymbol{q}_1$，$\boldsymbol{q}_2$ をそれぞれ

$$\boldsymbol{q}_1 = \begin{pmatrix} 1 \\ 0 \\ -1 \end{pmatrix}, \quad \boldsymbol{q}_2 = \begin{pmatrix} 0 \\ 1 \\ -1 \end{pmatrix} \tag{24.32}$$

により定めると，$\{\boldsymbol{q}_1, \boldsymbol{q}_2\}$ は $W(1)$ の基底である．グラム - シュミットの直交化法を用いて，$W(1)$ の基底 $\{\boldsymbol{q}_1, \boldsymbol{q}_2\}$ から正規直交基底 $\{\boldsymbol{p}_1, \boldsymbol{p}_2\}$ を求めると，

$$\boldsymbol{p}_1 = \frac{1}{\|\boldsymbol{q}_1\|}\boldsymbol{q}_1 = \frac{1}{\sqrt{2}}\begin{pmatrix} 1 \\ 0 \\ -1 \end{pmatrix} \tag{24.33}$$

なので，

$$\boldsymbol{p}_2' = \boldsymbol{q}_2 - \langle \boldsymbol{q}_2, \boldsymbol{p}_1 \rangle \boldsymbol{p}_1 = \begin{pmatrix} 0 \\ 1 \\ -1 \end{pmatrix} - \frac{1}{\sqrt{2}} \cdot \frac{1}{\sqrt{2}} \begin{pmatrix} 1 \\ 0 \\ -1 \end{pmatrix} = \frac{1}{2} \begin{pmatrix} -1 \\ 2 \\ -1 \end{pmatrix}. \tag{24.34}$$

よって，

$$\boldsymbol{p}_2 = \frac{1}{\|\boldsymbol{p}_2'\|} \boldsymbol{p}_2' = \frac{1}{\sqrt{6}} \begin{pmatrix} -1 \\ 2 \\ -1 \end{pmatrix}. \tag{24.35}$$

さらに，固有値 $\lambda = 4$ に対する A の固有ベクトル $\begin{pmatrix} 1 \\ 1 \\ 1 \end{pmatrix}$ を正規化したものを $\boldsymbol{p}_3$ とおくと，$\boldsymbol{p}_3 = \dfrac{1}{\sqrt{3}} \begin{pmatrix} 1 \\ 1 \\ 1 \end{pmatrix}$.

したがって，

$$P = \begin{pmatrix} \boldsymbol{p}_1 & \boldsymbol{p}_2 & \boldsymbol{p}_2 \end{pmatrix} = \begin{pmatrix} \frac{1}{\sqrt{2}} & -\frac{1}{\sqrt{6}} & \frac{1}{\sqrt{3}} \\ 0 & \frac{2}{\sqrt{6}} & \frac{1}{\sqrt{3}} \\ -\frac{1}{\sqrt{2}} & -\frac{1}{\sqrt{6}} & \frac{1}{\sqrt{3}} \end{pmatrix} \tag{24.36}$$

とおくと，P は直交行列なので逆行列 P^{-1} をもち，

$$P^{-1}AP = \begin{pmatrix} 1 & 0 & 0 \\ 0 & 1 & 0 \\ 0 & 0 & 4 \end{pmatrix} \tag{24.37}$$

となり，A は直交行列 P によって対角化される． ◇

§ 24 の問題

確認問題

問 24.1　次の対称行列 A を直交行列によって対角化せよ.

(1) $A = \begin{pmatrix} 3 & 2 \\ 2 & 6 \end{pmatrix}$.

(2) $A = \begin{pmatrix} 1 & 2 & 3 \\ 2 & 4 & 6 \\ 3 & 6 & 9 \end{pmatrix}$. ただし, A の固有値 λ が $\lambda = 0$ (重解), 14 で, それぞれの固有値に対する固有空間が

$$W(0) = \left\{ c_1 \begin{pmatrix} -2 \\ 1 \\ 0 \end{pmatrix} + c_2 \begin{pmatrix} -3 \\ 0 \\ 1 \end{pmatrix} \middle| \; c_1, c_2 \in \mathbf{R} \right\},$$

$$W(14) = \left\{ c \begin{pmatrix} 1 \\ 2 \\ 3 \end{pmatrix} \middle| \; c \in \mathbf{R} \right\}$$

であることを用いてよい.

補足　実数を係数とする x, y の 2 次方程式

$$ax^2 + 2bxy + cy^2 + 2dx + 2ey + f = 0$$

は **2 次曲線**ともよばれ,

$$\begin{pmatrix} x & y \end{pmatrix} \begin{pmatrix} a & b \\ b & c \end{pmatrix} \begin{pmatrix} x \\ y \end{pmatrix} + 2 \begin{pmatrix} d & e \end{pmatrix} \begin{pmatrix} x \\ y \end{pmatrix} + f = 0$$

と表される. ここで, 行列 $\begin{pmatrix} a & b \\ b & c \end{pmatrix}$ は対称行列であることに注意しよう. 対称行列の直交行列による対角化を用いると, 上のような方程式を**標準形**というよりわかりやすい式で表すことができる. 例えば, 楕円, 双曲線, 放物線の標準形はそれぞれ

$$\frac{x^2}{a^2} + \frac{y^2}{b^2} = 1, \qquad \frac{x^2}{a^2} - \frac{y^2}{b^2} = 1, \qquad y = ax^2$$

で表される. ただし, a, b は 0 ではない定数である. [⇨ [佐武] 附録, § 5]

□□□ [⇨ 24・1]

基本問題

問 24.2　直交行列の固有値は絶対値 1 の複素数であることを示せ．

□□□ [⇨ **24・1**]

チャレンジ問題

問 24.3　数物系　A をすべての固有値が 0 以上の n 次の対称行列とし，$\boldsymbol{x} \in \mathbf{R}^n$ とする．このとき，

$$ {}^t\boldsymbol{x}A\boldsymbol{x} = 0 \iff A\boldsymbol{x} = \mathbf{0} $$

を示せ．

□□□ [⇨ **24・1**]

第 8 章のまとめ

内積

- $(V, \langle\ ,\ \rangle)$：内積空間

  $\boldsymbol{x}, \boldsymbol{y} \in V$ に対して $\langle \boldsymbol{x}, \boldsymbol{y} \rangle \in \mathbf{R}$ が定まり，次の (1)～(4) をみたす．

  (1) $\langle \boldsymbol{y}, \boldsymbol{x} \rangle = \langle \boldsymbol{x}, \boldsymbol{y} \rangle$

  (2) $\langle \boldsymbol{x} + \boldsymbol{y}, \boldsymbol{z} \rangle = \langle \boldsymbol{x}, \boldsymbol{z} \rangle + \langle \boldsymbol{y}, \boldsymbol{z} \rangle$

  (3) c をスカラーとすると，$\langle c\boldsymbol{x}, \boldsymbol{y} \rangle = c\langle \boldsymbol{x}, \boldsymbol{y} \rangle$

  (4) $\langle \boldsymbol{x}, \boldsymbol{x} \rangle \geq 0$ で，$\langle \boldsymbol{x}, \boldsymbol{x} \rangle = 0$ ならば $\boldsymbol{x} = \mathbf{0}$

- $\mathbf{R}^n$ の標準内積：

$$\langle \boldsymbol{x}, \boldsymbol{y} \rangle = {}^t\boldsymbol{x}\boldsymbol{y} = x_1 y_1 + x_2 y_2 + \cdots + x_n y_n$$

  ただし，

$$\boldsymbol{x} = \begin{pmatrix} x_1 \\ x_2 \\ \vdots \\ x_n \end{pmatrix}, \quad \boldsymbol{y} = \begin{pmatrix} y_1 \\ y_2 \\ \vdots \\ y_n \end{pmatrix} \in \mathbf{R}^n$$

グラム - シュミットの直交化法

内積空間の基底 $\{\boldsymbol{a}_1, \boldsymbol{a}_2, \cdots, \boldsymbol{a}_n\}$ から正規直交基底 $\{\boldsymbol{b}_1, \boldsymbol{b}_2, \cdots, \boldsymbol{b}_n\}$ が得られる．

$$\boldsymbol{b}_1 = \frac{1}{\|\boldsymbol{a}_1\|}\boldsymbol{a}_1$$

$$\boldsymbol{b}'_2 = \boldsymbol{a}_2 - \langle \boldsymbol{a}_2, \boldsymbol{b}_1 \rangle \boldsymbol{b}_1,$$

$$\boldsymbol{b}_2 = \frac{1}{\|\boldsymbol{b}'_2\|}\boldsymbol{b}'_2$$

$$\vdots$$

$$\boldsymbol{b}'_n = \boldsymbol{a}_n - \langle \boldsymbol{a}_n, \boldsymbol{b}_1 \rangle \boldsymbol{b}_1 - \langle \boldsymbol{a}_n, \boldsymbol{b}_2 \rangle \boldsymbol{b}_2 - \cdots - \langle \boldsymbol{a}_n, \boldsymbol{b}_{n-1} \rangle \boldsymbol{b}_{n-1}$$

$$\boldsymbol{b}_n = \frac{1}{\|\boldsymbol{b}'_n\|}\boldsymbol{b}'_n$$

直交変換

$(V, \langle\ ,\ \rangle)$：内積空間，$f : V$ の線形変換

f：直交変換 $\iff \langle f(\boldsymbol{x}), f(\boldsymbol{y})\rangle = \langle \boldsymbol{x}, \boldsymbol{y}\rangle \quad ({}^\forall \boldsymbol{x}, \boldsymbol{y} \in V)$

対称行列の対角化

○ A：実正方行列

A：直交行列によって対角化される $\iff$ A：対称行列

○ A：対称行列

$\Longrightarrow$ A は直交行列によって対角化される

A の固有値はすべて実数

以下の手順で対角化する.

(1) A の固有多項式 $\phi_A(\lambda)$ を計算する.

(2) A の固有値 λ_1，λ_2，$\cdots$，λ_n を求める.

λ_1，λ_2，$\cdots$，λ_n はすべて実数となる.

(3) 固有値 λ_i に対する固有ベクトル $\boldsymbol{p}_i$ を $\{\boldsymbol{p}_1, \boldsymbol{p}_2, \cdots, \boldsymbol{p}_n\}$ が正規直交基底となるように求める.

(4) $P = \begin{pmatrix} \boldsymbol{p}_1 & \boldsymbol{p}_2 & \cdots & \boldsymbol{p}_n \end{pmatrix}$ とおく．P は直交行列となる.

(5) A は P によって対角化され，以下となる.

$$P^{-1}AP = \begin{pmatrix} \lambda_1 & & & \\ & \lambda_2 & & \text{\huge 0} \\ & & \ddots & \\ \text{\huge 0} & & & \lambda_n \end{pmatrix}$$

問題解答とヒント

節末問題の略解あるいはヒントをあたえる．なお，これだけでは行間が埋まらず完全な解答をつくることが難しい読者のために，丁寧で詳細な問題解答を裳華房のウェブページ

https://www.shokabo.co.jp/author/1564/1564answer.pdf

から無料でダウンロードできるようにした．自習学習に役立ててほしい．読者が手を動かしてくり返し問題を解き，理解を完全なものにすることを願っている．

§1の問題解答とヒント

解 1.1 9, $\begin{pmatrix} 9 & 10 \end{pmatrix}$, $\begin{pmatrix} 7 \\ 9 \\ 11 \end{pmatrix}$

解 1.2 (1) a_{11}, a_{22}, a_{33}

(2) $\begin{pmatrix} a_{11} & 0 & 0 \\ 0 & a_{22} & 0 \\ 0 & 0 & a_{33} \end{pmatrix}$, $\begin{pmatrix} a_{11} & 0 & 0 \\ 0 & a_{11} & 0 \\ 0 & 0 & a_{11} \end{pmatrix}$ (ただし，$a_{11} = a_{22} = a_{33}$)

$\begin{pmatrix} a_{11} & a_{12} & a_{13} \\ 0 & a_{22} & a_{23} \\ 0 & 0 & a_{33} \end{pmatrix}$, $\begin{pmatrix} a_{11} & 0 & 0 \\ a_{21} & a_{22} & 0 \\ a_{31} & a_{32} & a_{33} \end{pmatrix}$.

解 1.3 $\delta_{11} = \delta_{22} = \delta_{33} = 1$, $\delta_{12} = \delta_{13} = \delta_{21} = \delta_{23} = \delta_{31} = \delta_{32} = 0$

解 1.4 $\begin{pmatrix} 5 & 3 & 1 \\ 4 & 2 & 0 \end{pmatrix}$

解 1.5 (1) $a = \pm 1$, $b = 0$, $c = \pm 2$ （複号任意）

(2) $a = b = c = \pm\dfrac{\sqrt{2}}{2}$

解 1.6 (1) $\begin{pmatrix} 2 & 3 & 4 \\ 3 & 4 & 5 \\ 4 & 5 & 6 \end{pmatrix}$ (2) $\begin{pmatrix} 1 & 2 & 3 \\ 2 & 4 & 6 \\ 3 & 6 & 9 \end{pmatrix}$

(3) $\begin{pmatrix} 1 & -1 & 1 \\ -1 & 1 & -1 \\ 1 & -1 & 1 \end{pmatrix}$ (4) $\begin{pmatrix} -1 & 1 & -1 \\ 1 & 1 & 1 \\ -1 & 1 & -1 \end{pmatrix}$

解 1.7 (1) ${}^tA = A$ が成り立つ正方行列 A を対称行列という.

(2) (ア) $a = 0, 1$

(イ) $a = 0, \pm 1$

解 1.8 (1) $i\delta_{ij} (= j\delta_{ij})$

(2) $\delta_{i+1,j}$

(3) $\delta_{i,j+1}$

解 1.9 $m \neq n$ のときは積和の公式, $m = n$ のときは半角の公式を用いて計算する.

§2の問題解答とヒント

解 2.1 $\begin{pmatrix} 12 & 22 \\ 16 & 26 \\ 20 & 27 \end{pmatrix}$

解 2.2 (1) $\begin{pmatrix} 14 & 11 \end{pmatrix}$

(2) $\begin{pmatrix} 3 & 6 \\ 4 & 8 \end{pmatrix}$

(3) 83

解 2.3 3乗すると零行列となる.

解 2.4 (1) A, B をともに n 次の正方行列とする. $AB = BA$ が成り立つとき, A と B は可換であるという.

(2) $a = 0, \pm 1$

解 2.5 (1)〜(3):交換子の定義を用いて直接計算する.

解 2.6 行列の演算の定義を用いて直接計算する.

解 2.7 (1) ${}^tA = A$ が成り立つ正方行列 A を対称行列という.

(2) ${}^tA = -A$ が成り立つ正方行列 A を交代行列という.

(3) (ア) $X = \dfrac{1}{2}(A + {}^tA)$, $Y = \dfrac{1}{2}(A - {}^tA)$

(イ) ${}^tX = X$, ${}^tY = -Y$ を示す.

解 2.8 仮定より, $AB = BA$ で, また, ある自然数 m に対して, $B^m = O$ である.

§3 の問題解答とヒント

解 3.1 $\begin{pmatrix} 2A & O_{k,n} \\ O_{m,l} & -C \end{pmatrix}$

解 3.2 $\begin{pmatrix} E_m & 3A \\ O_{n,m} & E_n \end{pmatrix}$

解 3.3 2 次の正方行列 A, B, C を $A = \begin{pmatrix} 0 & -1 \\ 1 & 0 \end{pmatrix}$, $B = \begin{pmatrix} -1 & 0 \\ 0 & 1 \end{pmatrix}$, $C = \begin{pmatrix} 0 & -1 \\ -1 & 0 \end{pmatrix}$ により定め，I, J, K を A, B, C を用いてブロックに分割する．

解 3.4 $O_{3n,3n}$

解 3.5 $AX = XA$ より $aX_{12} = bX_{12}$, $bX_{21} = aX_{21}$ となる．

解 3.6 E_n を列ベクトルを用いてブロックに分割し，AE_n を計算する．

§4 の問題解答とヒント

解 4.1 (1) 階数標準形：$\begin{pmatrix} 1 & 0 \\ 0 & 1 \\ 0 & 0 \end{pmatrix}$, 階数：2

(2) 階数標準形：$\begin{pmatrix} 1 & 0 & 0 \\ 0 & 1 & 0 \\ 0 & 0 & 0 \end{pmatrix}$, 階数：2

(3) $a = 1$ のとき，階数標準形：$\begin{pmatrix} 1 & 0 & 0 \\ 0 & 0 & 0 \\ 0 & 0 & 0 \end{pmatrix}$, 階数：1

$a = -2$ のとき，階数標準形：$\begin{pmatrix} 1 & 0 & 0 \\ 0 & 1 & 0 \\ 0 & 0 & 0 \end{pmatrix}$, 階数：2

$a \neq 1, -2$ のとき，階数標準形：$\begin{pmatrix} 1 & 0 & 0 \\ 0 & 1 & 0 \\ 0 & 0 & 1 \end{pmatrix}$, 階数：3

解 4.2 ① 第 1 行 − 第 2 行 × a　② 第 1 行と第 2 行の入れ替え
③ 第 3 行 × a　④ 第 3 行 × $(1 - a^2)$　⑤ 第 2 行と第 3 行の入れ替え　⑥ 2
⑦ 第 3 行 × $\frac{1}{a(a^2-2)}$　⑧ 3

解 4.3　(1) $\begin{pmatrix} 0 & 0 \\ 0 & 0 \end{pmatrix}$, $\begin{pmatrix} 1 & 0 \\ 0 & 0 \end{pmatrix}$, $\begin{pmatrix} 1 & 0 \\ 0 & 1 \end{pmatrix}$

(2) $\begin{pmatrix} 0 & 0 \\ 0 & 0 \end{pmatrix}$, $\begin{pmatrix} 1 & * \\ 0 & 0 \end{pmatrix}$, $\begin{pmatrix} 1 & * \\ 0 & 1 \end{pmatrix}$

解 4.4　$\operatorname{rank} A = 1$ より，$\mathbf{0}$ ではない A の列ベクトル $\boldsymbol{a}$ が存在し，他の列は $\boldsymbol{a}$ のスカラー倍となる.

§5 の問題解答とヒント

解 5.1　(1) 解は存在しない．係数行列の階数：2，拡大係数行列の階数：3

(2) $x_1 = 1 + c,\ x_2 = -1 + c,\ x_3 = c$　(c は任意の定数)

係数行列の階数：2，拡大係数行列の階数：2

(3) 解は存在しない．係数行列の階数：2，拡大係数行列の階数：3

解 5.2　$x_1 = c_1 + 10c_2,\ x_2 = -2c_1 - 7c_2,\ x_3 = c_1,\ x_4 = c_2$　(c_1, c_2 は任意の定数)

解 5.3　$p + q + r = 0$

解 5.4　$A = \begin{pmatrix} 0 & 1 \\ -a_2 & -a_1 \end{pmatrix}$

§6 の問題解答とヒント

解 6.1　(1) 逆行列をもつ正方行列を正則であるという.

(2) (ア) $\begin{pmatrix} 1 & -a & ac - b \\ 0 & 1 & -c \\ 0 & 0 & 1 \end{pmatrix}$

(イ) $\begin{pmatrix} 3 & -1 & -1 \\ -1 & 0 & 1 \\ -1 & 1 & 0 \end{pmatrix}$

解 6.2　(1) $\begin{pmatrix} A_{11}X_{11} + A_{12}X_{21} & A_{11}X_{12} + A_{12}X_{22} \\ A_{22}X_{21} & A_{22}X_{22} \end{pmatrix}$

(2) $A^{-1} = \begin{pmatrix} A_{11}^{-1} & -A_{11}^{-1}A_{12}A_{22}^{-1} \\ O & A_{22}^{-1} \end{pmatrix}$

解 6.3　(1) $E_n - A^m$

(2) 何乗かすると零行列となる正方行列をべき零行列という．

(3) 仮定より，$A^m = O$ となる自然数 m が存在する．

解 6.4 ① 同次 ② 自明 ③ 背理法 ④ i_0 ⑤ $\leq$ ⑥ $<$
⑦ $|x_{i_0}|$ ⑧ 0

解 6.5 $\left\{E_n + (E_n - A)(E_n + A)^{-1}\right\}^{-1} = \dfrac{1}{2}(E_n + A)$

§7の問題解答とヒント

解 7.1 (1) $\sigma\tau = (\ 1\quad 2\ )$, $\tau\sigma = (\ 2\quad 3\ )$

(2) $\sigma\tau = \begin{pmatrix} 1 & 2 & 3 & 4 \\ 4 & 3 & 2 & 1 \end{pmatrix}$, $\tau\sigma = \begin{pmatrix} 1 & 2 & 3 & 4 \\ 2 & 1 & 4 & 3 \end{pmatrix}$

解 7.2 (1) -1

(2) 1

解 7.3 (1) $f_\sigma(x_1, x_2, x_3) = x_1 + 2x_2 + 3x_3$

(2) $f_\sigma(x_1, x_2, x_3, x_4) = (x_4 - x_2)(x_1 - x_3)$

(3) $f_\sigma(x_1, x_2, x_3, x_4) = 1 + x_4 + x_1x_3 + x_2^3$

解 7.4 $i = 1, 2, \cdots, n$ とし，次の (1)〜(3) の場合に分けて $(\sigma\tau)(i) = (\tau\sigma)(i)$ を示す．

(1) $i \neq k_1, k_2, \cdots, k_r, l_1, l_2, \cdots, l_s$ のとき

(2) ある $p = 1, 2, \cdots, r$ に対して $i = k_p$ となるとき

(3) ある $q = 1, 2, \cdots, s$ に対して $i = l_q$ となるとき

§8の問題解答とヒント

解 8.1 (1) 1

(2) $a^3 - 3a + 2$

(3) 24

解 8.2 $a = -3, 1$

解 8.3 (1) ${}^tA = -A$ が成り立つ正方行列 A を交代行列という．

(2) 行列式の性質を用いて $|A| = -|A|$ を示す.

解 8.4　(1) 逆行列をもつ正方行列を正則であるという.

(2) $|P^{-1}(AP)| = |(AP)P^{-1}|$ を用いる.

解 8.5　$AA^{-1} = E$ の両辺の行列式をとる.

解 8.6　(1) 何乗かすると零行列となる正方行列をべき零行列という.

(2) A を自然数 n に対して $A^n = O$ となるべき零行列とすると, $|A^n| = |O|$.

解 8.7　$A^tA = E$ の両辺の行列式をとる.

解 8.8　微分の基本的性質 $\dfrac{d}{dx}(f(x) + g(x)) = \dfrac{d}{dx}f(x) + \dfrac{d}{dx}g(x)$ や積の微分法を用いる.

§9の問題解答とヒント

解 9.1　$a_{12}\tilde{a}_{12} + a_{22}\tilde{a}_{22}$ を計算する.

解 9.2　(1) 0

(2) 200

解 9.3　(1) A の第 i 行と第 j 列を取り除いて得られる $(n-1)$ 次の正方行列の行列式に $(-1)^{i+j}$ を掛けたものを A の (i,j) 余因子という.

(2) (i,j) 成分が A の (j,i) 余因子の n 次の正方行列を A の余因子行列という.

(3) $\begin{pmatrix} \tilde{a}_{11} & \tilde{a}_{21} & \tilde{a}_{31} \\ \tilde{a}_{12} & \tilde{a}_{22} & \tilde{a}_{32} \\ \tilde{a}_{13} & \tilde{a}_{23} & \tilde{a}_{33} \end{pmatrix}$

(4) ① O　② 0　③ 0　④ $|\tilde{A}|$　⑤ n

解 9.4　(1) $(a^2 + b^2 + c^2 + d^2)^2$

(2) $\boldsymbol{x} = \dfrac{1}{a^2 + b^2 + c^2 + d^2}\begin{pmatrix} a \\ -b \\ -c \\ -d \end{pmatrix}$.

解 9.5　n を 2 以上の自然数とし, $A = (a_{ij})_{n \times n}$ を n 次の対称行列とする. A の第 i 行と第 j 行を取り除いて得られる $(n-1)$ 次の正方行列を A_{ij} とおくと, A は対称行列なので, ${}^tA_{ij} = A_{ji}$ となる.

§10 の問題解答とヒント

解 10.1 (1) 2

(2) $(n-1)!(n-2)!(n-3)!\cdots 2!$

解 10.2 (1) $(x-a_1)(x-a_2)\cdots(x-a_n)$

(2) $(n-1)!$

解 10.3 ① 1 ② 1

③ 第 2 列 − 第 1 列，第 3 列 − 第 1 列，⋯，第 $(k+1)$ 列 − 第 1 列 ④ k

⑤ 第 1 行 ⑥ 1 ⑦ 1

解 10.4 (1) 2 次の交代行列は $\begin{pmatrix} 0 & a \\ -a & 0 \end{pmatrix}$ と表される．

(2) 4 次の交代行列は $\begin{pmatrix} 0 & a & b & c \\ -a & 0 & d & e \\ -b & -d & 0 & f \\ -c & -e & -f & 0 \end{pmatrix}$ と表される．

解 10.5 題意をみたす f を定数 a_1，a_2，⋯，a_n を用いて $f(x) = a_1 + a_2x + \cdots + a_{n-1}x^{n-2} + a_nx^{n-1}$ と表しておくと，$y_i = f(x_i) = a_1 + a_2x_i + \cdots + a_{n-1}x_i^{n-2} + a_nx_i^{n-1} \quad (i = 1, 2, \cdots, n)$.

§11 の問題解答とヒント

解 11.1 $\begin{pmatrix} 3 & -6 & 3 \end{pmatrix}$

解 11.2 1

解 11.3 $|(b-a)(c-a)(c-b)|$

解 11.4 (1) 3 重積を行列式を用いて表し，行列式の交代性を用いる．

(2) 成分を用いて計算する．

解 11.5 (1) $x = 1 + 5t,\ y = 2 + 3t,\ z = 3 + t$

(2) $x = 3 + 6t,\ y = 2 + 4t,\ z = 1 + 2t$. または，$x = 3s,\ y = 2s,\ z = s$.

解 11.6 (1) $x + y + z = 6$

(2) $x - 2y + z = 0$

解 11.7　等式 $\boldsymbol{a}^t\boldsymbol{x} = \langle \boldsymbol{a}, \boldsymbol{x} \rangle$ に注意する.

§12 の問題解答とヒント

解 12.1　(1) $\begin{pmatrix} 1 & \lambda & \frac{1}{2}\lambda^2 \\ 0 & 1 & \lambda \\ 0 & 0 & 1 \end{pmatrix}$

(2) $E + \dfrac{e^n - 1}{n} A$

解 12.2　$\begin{pmatrix} e^\lambda & e^\lambda \\ 0 & e^\lambda \end{pmatrix}$

解 12.3　${}^tA = -A$ および行列の指数関数の性質を用いる.

解 12.4　①　(i,i)　②　$a_{ij}b_{ji}$　③　BA　④　$(AB)B^{-1}$　⑤　A

解 12.5　(1) $\begin{pmatrix} e^a \cos b & e^a \sin b \\ -e^a \sin b & e^a \cos b \end{pmatrix}$

(2) $(\exp A)(\exp B) = \begin{pmatrix} 0 & 1 \\ -1 & 1 \end{pmatrix}$, $\exp(A+B) = \begin{pmatrix} \cos 1 & \sin 1 \\ -\sin 1 & \cos 1 \end{pmatrix}$

(3) $\exp A = \begin{cases} E & (m \text{ は偶数}) \\ -E & (m \text{ は奇数}) \end{cases}$

解 12.6　$k = 0, 1, 2, \cdots$ とすると, $A^{2k+2} = (-1)^k r^{2k} A^2$, $A^{2k+1} = (-1)^k r^{2k} A$.

§13 の問題解答とヒント

解 13.1　(1) 和やスカラー倍に関して閉じているベクトル空間の空ではない部分集合を部分空間という.

(2) (a) $\mathbf{0} \in W$ (b) $\boldsymbol{x}, \boldsymbol{y} \in W$ ならば, $\boldsymbol{x} + \boldsymbol{y} \in W$ (c) $c \in \mathbf{R}$, $\boldsymbol{x} \in W$ ならば, $c\boldsymbol{x} \in W$, の 3 つである.

(3) (ア) $\mathbf{0} \notin W$ である.

(イ) $\begin{pmatrix} 1 \\ 0 \end{pmatrix} \in W$ の -1 倍を考える.

解 13.2 (1), (2)：部分空間となるための 3 つの条件を確認する.

解 13.3 部分空間となるための 3 つの条件を確認する.

解 13.4 $C = O$ のとき

解 13.5 W は $M_n(\mathbf{R})$ の部分空間ではない.

解 13.6 対偶を示す.

§14 の問題解答とヒント

解 14.1 (1) $\boldsymbol{x}_1$, $\boldsymbol{x}_2$, $\cdots$, $\boldsymbol{x}_m$ が自明な 1 次関係しかもたないとき, $\boldsymbol{x}_1$, $\boldsymbol{x}_2$, $\cdots$, $\boldsymbol{x}_m$ は 1 次独立であるという. $\boldsymbol{x}_1$, $\boldsymbol{x}_2$, $\cdots$, $\boldsymbol{x}_m$ が 1 次独立でないとき, $\boldsymbol{x}_1$, $\boldsymbol{x}_2$, $\cdots$, $\boldsymbol{x}_m$ は 1 次従属であるという.

(2)（ア）1 次独立

（イ）1 次従属

解 14.2 1 次従属

解 14.3 (1) V の部分集合 $W_1 + W_2 = \{\boldsymbol{x} + \boldsymbol{y} | \boldsymbol{x} \in W_1, \ \boldsymbol{y} \in W_2\}$ を W_1 と W_2 の和空間という.

(2) 和空間の定義と W_1, W_2 の条件を用いる.

解 14.4 (1) $\boldsymbol{x}$, $A\boldsymbol{x}$, $A^2\boldsymbol{x}$, $\cdots$, $A^{m-1}\boldsymbol{x}$ が自明な 1 次関係しかもたないことを示す.

(2) $B = \begin{pmatrix} \boldsymbol{x} & A\boldsymbol{x} & A^2\boldsymbol{x} & \cdots & A^{m-1}\boldsymbol{x} \end{pmatrix}$ とおき, $\boldsymbol{y} \in \mathbf{R}^m$ についての同次連立 1 次方程式 $B\boldsymbol{y} = \mathbf{0}$ を考える.

(3) $\begin{pmatrix} 0 & 1 & 0 \\ 0 & 0 & 1 \\ 0 & 0 & 0 \end{pmatrix}$

§15 の問題解答とヒント

解 15.1 解空間の次元：2, 基本解：$\left\{ \begin{pmatrix} -1 \\ -1 \\ 1 \\ 0 \end{pmatrix}, \begin{pmatrix} -1 \\ 1 \\ 0 \\ 1 \end{pmatrix} \right\}$

解 15.2　$\begin{vmatrix} \boldsymbol{a}_1 & \boldsymbol{a}_2 & \boldsymbol{a}_3 \end{vmatrix}$ を計算する.

解 15.3　$a = -3, 1$

解 15.4　(1) $\dim W = \dfrac{n(n+1)}{2}$，基底：$\{E_{ii}\ (i = 1, 2, \cdots, n),\ E_{ij} + E_{ji}\ (1 \leq i < j \leq n)\}$

(2) $\dim W = \dfrac{n(n-1)}{2}$，基底：$\{E_{ij} - E_{ji}\ (1 \leq i < j \leq n)\}$

(3) $\dim W = \dfrac{n(n+1)}{2}$，基底：$\{E_{ij}\ (1 \leq i \leq j \leq n)\}$

(4) $\dim W = n^2 - 1$，基底：$\{E_{ij}\ (i \neq j),\ E_{ii} - E_{nn}\ (i = 1, 2, \cdots, n-1)\}$

解 15.5　(1) $\Leftrightarrow$ (2)，(2) $\Rightarrow$ (3) および (3) $\Rightarrow$ (2) を示す.

§16 の問題解答とヒント

解 16.1　$-\dfrac{1}{2}, \dfrac{1}{2}, \dfrac{3}{2}$

解 16.2　$\dfrac{1}{12}\begin{pmatrix} -9 & 6 & 3 \\ 10 & 0 & 6 \\ 7 & 6 & 3 \end{pmatrix}$

解 16.3　① P　② Q

③ PQ

④ $Q^{-1}P^{-1}$

解 16.4　(1) $\boldsymbol{v}$ を $\boldsymbol{v} = x_1\boldsymbol{a}_1 + x_2\boldsymbol{a}_2$ と一意的に表したときの x_1，x_2 を基底 $\{\boldsymbol{a}_1, \boldsymbol{a}_2\}$ に関する $\boldsymbol{v}$ の成分という.

(2) 等式 $\begin{pmatrix} \boldsymbol{b}_1 & \boldsymbol{b}_2 \end{pmatrix} = \begin{pmatrix} \boldsymbol{a}_1 & \boldsymbol{a}_2 \end{pmatrix} P$ をみたす 2 次の正方行列 P を基底変換 $\{\boldsymbol{a}_1, \boldsymbol{a}_2\} \to \{\boldsymbol{b}_1, \boldsymbol{b}_2\}$ の基底変換行列という.

(3) $y_1 = -1$，$y_2 = 2$

解 16.5　(1) $\begin{pmatrix} 1 & 2 & 3 & 4 \\ 0 & 5 & 6 & 7 \\ 0 & 0 & 8 & 9 \\ 0 & 0 & 0 & 10 \end{pmatrix}$

(2) $|P| \neq 0$ である.

§17 の問題解答とヒント

解 17.1 線形写像の定義を確認する．

解 17.2 $\mathrm{Im}\, f_A$ の基底：$\left\{ \begin{pmatrix} 1 \\ 1 \\ 0 \\ 0 \end{pmatrix}, \begin{pmatrix} 0 \\ 0 \\ 1 \\ 1 \end{pmatrix} \right\}$，$\mathrm{Ker}\, f_A$ の基底：$\left\{ \begin{pmatrix} 0 \\ -2 \\ 1 \\ 0 \end{pmatrix}, \begin{pmatrix} 0 \\ 0 \\ 0 \\ 1 \end{pmatrix} \right\}$，
$\mathrm{rank}\, f_A = 2$，$\mathrm{null}\, f_A = 2$

解 17.3 $\boldsymbol{x}_1$，$\boldsymbol{x}_2$，$\cdots$，$\boldsymbol{x}_m$ が自明な 1 次関係しかもたないことを示す．

解 17.4 (1) $\mathrm{Im}\, f = W \Leftrightarrow$「$\mathrm{Im}\, f \subset W$ かつ $W \subset \mathrm{Im}\, f$」である．

(2) 核の定義および線形写像の性質を用いる．

(3) 任意の $\boldsymbol{x}, \boldsymbol{y} \in W$ および任意の $c \in \mathbf{R}$ に対して，$f^{-1}(\boldsymbol{x}+\boldsymbol{y}) = f^{-1}(\boldsymbol{x}) + f^{-1}(\boldsymbol{y})$，$f^{-1}(c\boldsymbol{x}) = cf^{-1}(\boldsymbol{x})$ が成り立つことを示す．

解 17.5 $\mathrm{Im}\, f \subset \mathrm{Ker}\, f \Leftrightarrow$「$f(\boldsymbol{x}) \in \mathrm{Im}\, f\ (\boldsymbol{x} \in V) \Rightarrow f(\boldsymbol{x}) \in \mathrm{Ker}\, f$」である．

解 17.6 (1) $f+g \in V^*$：任意の $\boldsymbol{x}, \boldsymbol{y} \in V$ および任意の $c \in \mathbf{R}$ に対して，$(f+g)(\boldsymbol{x}+\boldsymbol{y}) = (f+g)(\boldsymbol{x}) + (f+g)(\boldsymbol{y})$，$(f+g)(c\boldsymbol{x}) = c(f+g)(\boldsymbol{x})$ が成り立つことを示す．
$cf \in V^*$：任意の $\boldsymbol{x}, \boldsymbol{y} \in V$ および任意の $d \in \mathbf{R}$ に対して，$(cf)(\boldsymbol{x}+\boldsymbol{y}) = (cf)(\boldsymbol{x})+(cf)(\boldsymbol{y})$，$(cf)(d\boldsymbol{x}) = d(cf)(\boldsymbol{x})$ が成り立つことを示す．

(2) ベクトル空間となるための 8 つの条件を確認する．

(3) f_1，f_2，$\cdots$，f_n が 1 次独立であることと V^* が f_1，f_2，$\cdots$，f_n で生成されることを示す．

§18 の問題解答とヒント

解 18.1 $\begin{pmatrix} -9 & -20 & 5 \\ 5 & 10 & -1 \end{pmatrix}$

解 18.2 $A+B$，cA

解 18.3 BA

解 18.4 (1) 背理法により示す．

(2) $\boldsymbol{a}_1$，$\cdots$，$\boldsymbol{a}_r$，$\boldsymbol{b}_1$，$\cdots$，$\boldsymbol{b}_r$ が自明な 1 次関係しかもたないことを示す．

(3) $\dim V = 2r$ で，$\boldsymbol{a}_1$，$\cdots$，$\boldsymbol{a}_r$，$\boldsymbol{b}_1$，$\cdots$，$\boldsymbol{b}_r$ は V の 1 次独立な $2r$ 個のベクトルである.

(4) $\begin{pmatrix} O & O \\ E & O \end{pmatrix}$

§19 の問題解答とヒント

解 19.1 部分空間となるための 3 つの条件を確認する.

解 19.2 固有値：0，3. 固有値 0 に対する固有ベクトル，固有空間はそれぞれ $\begin{pmatrix} -1 \\ 1 \end{pmatrix}$，$\left\{ c\begin{pmatrix} -1 \\ 1 \end{pmatrix} \middle| c \in \mathbf{R} \right\}$，固有値 3 に対する固有ベクトル，固有空間はそれぞれ $\begin{pmatrix} 1 \\ 2 \end{pmatrix}$，$\left\{ c\begin{pmatrix} 1 \\ 2 \end{pmatrix} \middle| c \in \mathbf{R} \right\}$.

(2) 固有値：-1，2，5. 固有値 -1 に対する固有ベクトル，固有空間はそれぞれ $\begin{pmatrix} 2 \\ -2 \\ 1 \end{pmatrix}$，$\left\{ c\begin{pmatrix} 2 \\ -2 \\ 1 \end{pmatrix} \middle| c \in \mathbf{R} \right\}$，固有値 2 に対する固有ベクトル，固有空間はそれぞれ $\begin{pmatrix} 2 \\ 1 \\ -2 \end{pmatrix}$，$\left\{ c\begin{pmatrix} 2 \\ 1 \\ -2 \end{pmatrix} \middle| c \in \mathbf{R} \right\}$，固有値 5 に対する固有ベクトル，固有空間はそれぞれ $\begin{pmatrix} 1 \\ 2 \\ 2 \end{pmatrix}$，$\left\{ c\begin{pmatrix} 1 \\ 2 \\ 2 \end{pmatrix} \middle| c \in \mathbf{R} \right\}$.

(3) 固有値：1，4. 固有値 1 に対する固有ベクトル，固有空間はそれぞれ $\begin{pmatrix} 1 \\ 0 \\ -1 \end{pmatrix}$，$\left\{ c_1\begin{pmatrix} 1 \\ 0 \\ -1 \end{pmatrix} + c_2\begin{pmatrix} 0 \\ 1 \\ -1 \end{pmatrix} \middle| c_1, c_2 \in \mathbf{R} \right\}$，固有値 4 に対する固有ベクトル，固有空間はそれぞれ $\begin{pmatrix} 1 \\ 1 \\ 1 \end{pmatrix}$，$\left\{ c\begin{pmatrix} 1 \\ 1 \\ 1 \end{pmatrix} \middle| c \in \mathbf{R} \right\}$.

解 19.3 $\begin{pmatrix} 2 & 99 \\ 1 & 5 \end{pmatrix}$

解 19.4 (1) 任意のベクトルを零ベクトルへ対応させる線形写像を零写像という.

(2) $\boldsymbol{x}$ を固有値 λ に対する f の固有ベクトルとし，$f^m(\boldsymbol{x})$ を計算する.

解 19.5　A の固有多項式 $\phi_A(\lambda)$ に対して，$\phi_A(1) = -\phi_A(1)$ を示す．

§20の問題解答とヒント

解 20.1　表現行列：$\begin{pmatrix} 1 & 1 & 0 \\ 0 & -1 & 2 \\ 0 & 0 & 1 \end{pmatrix}$，固有値：$-1$，$1$，固有値 -1 に対する固有空間：$\{k(1-2t) \mid k \in \mathbf{R}\}$，固有値 1 に対する固有空間：$\{k \mid k \in \mathbf{R}\}$．

解 20.2　(1) 部分空間となるための 3 つの条件を確認する．
(2) W が E_1，E_2 で生成され，E_1，E_2 が 1 次独立であることを示す．

解 20.3　表現行列：$\begin{pmatrix} 3 & \frac{1}{2} & \frac{1}{3} \\ 0 & 2 & 0 \\ 0 & 0 & 2 \end{pmatrix}$，固有値：2，3．

解 20.4　① 表現　② 正則　③ $\mathbf{0}$　④ A^{-1}　⑤ $\mathbf{0}$　⑥ 自明

解 20.5　$\dim V = n$ とする．V の基底を選んでおき，f，g の表現行列をそれぞれ A，B とする．このとき，f は同型写像なので，A は n 次の正則行列で，B は n 次の正方行列である．

§21の問題解答とヒント

解 21.1　(1) A は 2 個の異なる固有値 $\lambda = -1, 4$ をもつので，定理 21.3 より，A は対角化可能．
(2) $\begin{pmatrix} 3 & 1 \\ -2 & 1 \end{pmatrix}$

解 21.2　① 固有値　② 正則　③ 0　④ 0　⑤ 零

解 21.3　(1) 固有空間の次元の和が A の次数に等しいことを示す．
(2) $\begin{pmatrix} 1 & 0 & 1 \\ 0 & 1 & 1 \\ 0 & -1 & 0 \end{pmatrix}$

解 21.4　$b \neq 0$ のとき，固有値は a で，固有空間の次元は 1 となる．

解 21.5　(1) $r = 0$ のとき，$A = O$ である．
(2) $r = n$ のとき，$A = E$ である．

(3) 各 $i = 1, 2, \cdots, r$ に対して，ある $\boldsymbol{b}_i \in V$ が存在し，$\boldsymbol{a}_i = A\boldsymbol{b}_i$ と表される．

(4) $\boldsymbol{a}_1$，$\boldsymbol{a}_2$，$\cdots$，$\boldsymbol{a}_n$ が自明な 1 次関係しかもたないことを示す．

(5) (4) より，A は n 個の 1 次独立な固有ベクトル $\boldsymbol{a}_1$，$\boldsymbol{a}_2$，$\cdots$，$\boldsymbol{a}_n$ をもつ．よって，定理 21.2 より，A は対角化可能である．

§ 22 の問題解答とヒント

解 22.1　内積空間となるための 4 つの条件を確認する．

解 22.2　第 1 式では (1)，(2)，第 2 式では (1)，(3) を用いる．

解 22.3　標準内積を行列の転置や積を用いて表すとよい．

解 22.4　(1) W が V の和およびスカラー倍により，ベクトル空間となるとき，W を V の部分空間という．

(2) (a) $\mathbf{0} \in W$ (b) $\boldsymbol{x}, \boldsymbol{y} \in W$ ならば，$\boldsymbol{x}+\boldsymbol{y} \in W$ (c) $c \in \mathbf{R}$，$\boldsymbol{x} \in W$ ならば，$c\boldsymbol{x} \in W$，の 3 つである．

(3) (2) の 3 つの条件を確認する．

(4) $\boldsymbol{x} \in W \cap W^{\perp}$ とし，$\boldsymbol{x} = \mathbf{0}$ を示す．

(5) $\left\{ c \begin{pmatrix} 1 \\ 1 \\ 1 \end{pmatrix} \middle| c \in \mathbf{R} \right\}$

解 22.5　内積となるための 4 つの条件を確認する．

§ 23 の問題解答とヒント

解 23.1　$\boldsymbol{b}_1 = \dfrac{1}{\sqrt{3}} \begin{pmatrix} 1 \\ 1 \\ 1 \end{pmatrix}$，$\boldsymbol{b}_2 = \dfrac{1}{\sqrt{6}} \begin{pmatrix} -2 \\ 1 \\ 1 \end{pmatrix}$，$\boldsymbol{b}_3 = \dfrac{1}{\sqrt{2}} \begin{pmatrix} 0 \\ -1 \\ 1 \end{pmatrix}$

解 23.2　(1) ${}^tAA = E$ をみたす正方行列 A を直交行列という．

(2) ${}^t(AB)(AB) = E$ を示す．

(3) $A^{-1} = {}^tA$ となる．

解 23.3　2 次の直交行列を $\begin{pmatrix} a & b \\ c & d \end{pmatrix}$ とおくと，$\begin{pmatrix} a & c \\ b & d \end{pmatrix} \begin{pmatrix} a & b \\ c & d \end{pmatrix} = \begin{pmatrix} 1 & 0 \\ 0 & 1 \end{pmatrix}$．

解 23.4　A が直交行列であると仮定する．A を $A = \begin{pmatrix} \boldsymbol{a}_1 & \boldsymbol{a}_2 & \cdots & \boldsymbol{a}_n \end{pmatrix}$ と列ベクトルに分割しておくと，$\begin{pmatrix} {}^t\boldsymbol{a}_1 \\ {}^t\boldsymbol{a}_2 \\ \vdots \\ {}^t\boldsymbol{a}_n \end{pmatrix} \begin{pmatrix} \boldsymbol{a}_1 & \boldsymbol{a}_2 & \cdots & \boldsymbol{a}_n \end{pmatrix} = E$.

解 23.5　$j = 1, 2, \cdots, n$ とし，$\boldsymbol{b}_j = \sum_{k=1}^{n} p_{kj}\boldsymbol{a}_k$ と表しておくと，$\langle \boldsymbol{a}_i, \boldsymbol{b}_j \rangle = p_{ij}$，$\sum_{k=1}^{n} p_{ki}p_{kj} = \delta_{ij}$.

§24の問題解答とヒント

解 24.1　(1) $P = \dfrac{1}{\sqrt{5}} \begin{pmatrix} -2 & 1 \\ 1 & 2 \end{pmatrix}$ とおくと，P は直交行列で，$P^{-1}AP = \begin{pmatrix} 2 & 0 \\ 0 & 7 \end{pmatrix}$.

(2) $P = \begin{pmatrix} -\frac{2}{\sqrt{5}} & -\frac{3}{\sqrt{70}} & \frac{1}{\sqrt{14}} \\ \frac{1}{\sqrt{5}} & -\frac{6}{\sqrt{70}} & \frac{2}{\sqrt{14}} \\ 0 & \frac{5}{\sqrt{70}} & \frac{3}{\sqrt{14}} \end{pmatrix}$ とおくと，P は直交行列で，$P^{-1}AP = \begin{pmatrix} 0 & 0 & 0 \\ 0 & 0 & 0 \\ 0 & 0 & 14 \end{pmatrix}$.

解 24.2　A を直交行列とし，$\boldsymbol{x}$ を固有値 λ に対する A の固有ベクトルとすると，$A\boldsymbol{x} = \lambda\boldsymbol{x}$．このとき，${}^t\bar{\boldsymbol{x}}\boldsymbol{x} = |\lambda|^2\,{}^t\bar{\boldsymbol{x}}\boldsymbol{x}$ を示す．

解 24.3　${}^t\boldsymbol{x}A\boldsymbol{x} = 0$ であると仮定する．A の固有値を重複度も込めて λ_1，λ_2，$\cdots$，λ_n とする．A の固有値はすべて 0 以上なので，次の (1)〜(3) のいずれか 1 つがなりたつとしてよい．

(1) $\lambda_1 = \lambda_2 = \cdots = \lambda_n = 0$
(2) $\lambda_1, \lambda_2, \cdots, \lambda_r > 0$，$\lambda_{r+1} = \lambda_{r+2} = \cdots = \lambda_n = 0 \quad (0 < r < n)$
(3) $\lambda_1, \lambda_2, \cdots, \lambda_n > 0$

参考文献

線形代数を本格的にまなぶには,

［佐武］佐武一郎,『線型代数学』(新装版), 裳華房（2015 年）

を勧めたい.

微分積分を本格的にまなぶには,

［杉浦 1］杉浦光夫,『解析入門 I』, 東京大学出版会（1980 年）

［杉浦 2］杉浦光夫,『解析入門 II』, 東京大学出版会（1985 年）

を勧めたい. また,

［藤岡 1］藤岡　敦,『手を動かしてまなぶ 微分積分』, 裳華房（2019 年）

は本書の姉妹書であり, 微分積分の入門書である.

集合や写像などについてまなぶには,

［藤岡 2］藤岡　敦,『手を動かしてまなぶ 集合と位相』, 裳華房（2020 年）

［内田］内田伏一,『集合と位相』(増補新装版), 裳華房（2020 年）

を, 群や加群などについてまなぶには,

［堀田］堀田良之,『代数入門—群と加群—』(新装版), 裳華房（2021 年）

を, 常微分方程式についてまなぶには,

［森浅］森本芳則-浅倉史興,『基礎課程 微分方程式』, サイエンス社（2014 年）

をあげておこう.

索引

あ

(i,j) 成分　(i,j)-component　3
(i,j) 余因子　(i,j)-cofactor　81

い

1 次関係　linear relationship　134
1 次結合　linear combination　28, 134
1 次従属である　linearly dependent　135
1 次独立である　linearly independent　135
1 対 1 の写像　one-to-one mapping　166
一般固有空間　generalized eigenspace　199

う

ヴァンデルモンドの行列式　Vandermonde determinant　91
上三角化可能　upper triangularizable　118
上三角化される　upper triangularized　118
上三角行列　upper triangular matrix　5
上への写像　onto mapping　166
well-defined　37, 67, 147, 202

え

n 次行列　matrix of order n　5
n 乗　n-th power　18
n 文字の置換　permutation of n characters　61
(m,n) 型の行列　matrix of type (m,n)　2
$m\times n$ 行列　$m\times n$ matrix　2
m 行 n 列の行列　m by n matrix　2
エルミート内積　Hermitian inner product　224

か

解空間　solution space　131
階数　rank　36, 173
階数標準形　rank canonical form　37
外積　exterior product　102
階段行列　echelon matrix　38
ガウスの消去法　Gaussian elimination　34
可換　commutative　16
可換図式　commutative diagram　167, 184
可逆　invertible　51
核　kernel　171
拡大係数行列　augmented matrix　34
型　type　2

き

奇置換　odd permutation　68
基底　basis　144
基底変換行列　transition matrix between two basis　158, 183
基本解　fundamental solutions　149
基本ベクトル　elementary vector　135
基本変形　elementary operation　34, 36
逆行列　inverse matrix　51
逆写像　inverse mapping　167
逆置換　inverse permutation　64
逆ベクトル　opposite vector　127
行に関する基本変形　elementary row operation　34
行ベクトル　row vector　8
行列　matrix　2
行列式　determinant　72
行列多項式　matrix polynomial　197
行列単位　matrix unit　148

く

偶置換 even permutation 68
グラム - シュミットの直交化法
Gram-Schmidt orthogonalization 235
クラメルの公式 Cramer's rule 87
クロネッカーのデルタ
Kronecker delta 6
群 group 241

け

係数行列 coefficient matrix 28
ケイリー - ハミルトンの定理
Cayley-Hamilton theorem 21, 197
計量ベクトル空間
metric vector space 224

こ

交換可能 commutative 16
交換子積 commutator product 20
広義固有空間
generalized eigenspace 199
合成写像 composite mapping 167
交代行列 skew-symmetric matrix 14
交代性 alternativity 21, 75
交代律 alternative law 104
恒等置換 identity permutation 63
恒等変換 identity transformation 169
互換 interchange 66
コーシー - シュワルツの不等式
Cauchy-Schwarz inequality 228
固有空間 eigenspace 192, 193
固有多項式 eigenpolynomial 194, 201
固有値 eigenvalue 191–193
固有ベクトル eigenvector 191–193
固有方程式 eigenequation 194, 201

さ

サイズ size 2
差積 difference-product 92
サラスの方法 Sarrus' rule 73
三角不等式 triangle inequality 228
3 重積 triple product 105

し

次元 dimension 147
次元定理 dimension theorem 153, 173
指数関数 exponential function 114
指数法則 exponential law 18
下三角行列 lower triangular matrix 5
実行列 real matrix 222
実正方行列 real square matrix 222
自明な解 trivial solution 46
写像 mapping 165
巡回置換 cyclic permutation 65
初等変形 elementary operation 34

す

推移律 transitive law 212
数ベクトル numerical vector 8
数ベクトル空間
numerical vector space 125
スカラー行列 scalar matrix 5
スカラー倍 scalar multiple 12, 124
スカラー倍の結合律 associative law of scalar multiple 13, 124

せ

正規化 normalization 236
正規直交基底 orthonormal base 233
斉次 homogeneous 46
生成される generated 138
正則 regular 51
正則行列 regular matrix 51
正値性 positivity 224
成分 component 155
正方行列 square matrix 5
積 product 15, 63
跡 trace 118

積の結合律
associative law of product　17
線形空間　linear space　124
線形結合　linear combination　28
線形写像　linear mapping　168
線形性　linearity　224
線形変換　linear transformation　169
全射　surjection, onto mapping　166
全称記号　universal quantifier　189
全単射　bijection　167

そ

像　image　171
相似である　similar　212
双線形性　bilinearity　227
双対基底　dual basis　178
双対空間　dual space　178
双対ベクトル空間　dual vector space　178
添字　index　2
存在記号　existential quantifier　189

た

第 i 行　the i-th row　3
対角化可能　diagonalizable　212
対角化される　diagonalized　212
対角行列　diagonal matrix　5
対角成分　diagonal element　5
退化次数　nullity　173
第 j 列　the j-th column　3
対称行列　symmetric matrix　8, 243
対称性　symmetricity　224
対称律　symmetric law　212
多重線形性　multiple linearity　75
たすき掛けの方法
cross-multiplcation method　73
単位行列　unit matrix　6
単位置換　unit permutation　63
単射
injection, one-to-one mapping　166

ち

値域　range　165
置換　permutation　61
中線定理　parallelogram law　229
直積集合　direct product set　234
直和　direct sum　153
直交行列　orthogonal matrix　80, 238
直交群　orthogonal group　241
直交する　orthogonal　230
直交直和　orthogonal direct sum　232
直交変換
orthogonal transformation　237
直交補空間
orthogonal complement　232

て

定義域　domain　165
転置行列　transposed matrix　7, 19

と

同型　isomorphic　177
同型写像　isomorphism　177
同次　homogeneous　46
特性多項式
characteristic polynomial　194
特性方程式
characteristic equation　194
閉じている　closed　129
トレース　trace　118

な

内積　inner product　99, 224
内積空間　inner product space　224
内積を保つ線形変換　linear transformation preserving inner product　237
長さ　length　228

に

2 次曲線　quadratic curve　251

の

ノルム　norm　228

は

掃き出し法　row reduction　34
張られる　spanned　138
反射律　reflexive law　212
反対称行列　antisymmetric matrix　14
反対称性　antisymmetricity　21

ひ

非可換　non-commutative　17
等しい　equal　4
表現行列　representation matrix　180
標準基底　standard basis　145
標準形　normal form　251
標準内積　standard inner product　224

ふ

符号　sign, signature　66
部分空間　subspace　128
ブロック　block　23
分配律　distributive law　13, 17, 104, 124

へ

べき等行列　idempotent matrix　220
べき零行列　nilpotent matrix　18
ベクトル　vector　124
ベクトル空間　vector space　124
ベクトル積　vector product　102
変換　transformation　165

ほ

法線ベクトル　normal line vector　108
法ベクトル　normal vector　108

み

右手系　right-handed system　103

む

無限次元　infinite dimension　147

や

ヤコビの恒等式　Jacobi identity　21, 109

ゆ

有限次元　finite dimension　147
ユニタリ変換　unitary transformation　237

よ

余因子　cofactor　81
余因子行列　cofactor matrix　85
余因子展開　cofactor expansion　83

ら

ラグランジュの公式　Lagrange's formula　109
ラプラス展開　Laplace expansion　83

れ

零行列　zero matrix　4
零空間　null space　126
零写像　zero mapping　169
零ベクトル　zero vector　9, 124
列ベクトル　column vector　8
連立1次方程式　simultaneous linear equations　27, 41

わ

和　sum　12, 124
和空間　sum space　132
和の結合律　associative law of addition　13, 124
和の交換律　commutative law of addition　13, 124

著者略歴

藤岡　敦（ふじおか　あつし）

1967 年名古屋市生まれ．1990 年東京大学理学部数学科卒業，1996 年東京大学大学院数理科学研究科博士課程数理科学専攻修了，博士（数理科学）取得．金沢大学理学部助手・講師，一橋大学大学院経済学研究科助教授・准教授を経て，現在，関西大学システム理工学部教授．専門は微分幾何学．主な著書に『手を動かしてまなぶ 微分積分』，『手を動かしてまなぶ ε-δ 論法』，『手を動かしてまなぶ 続・線形代数』，『手を動かしてまなぶ 集合と位相』，『手を動かしてまなぶ 曲線と曲面』，『具体例から学ぶ 多様体』（裳華房），『学んで解いて身につける 大学数学 入門教室』，『幾何学入門教室 ―線形代数から丁寧に学ぶ―』，『入門 情報幾何 ―統計的モデルをひもとく微分幾何学―』（共立出版），『Primary 大学ノート よくわかる基礎数学』，『Primary 大学ノート よくわかる微分積分』，『Primary 大学ノート よくわかる線形代数』（共著，実教出版）がある．

手を動かしてまなぶ　**線形代数**

2015 年 11 月 25 日　第 1 版 1 刷発行
2024 年 9 月 30 日　第 7 版 1 刷発行

検 印
省 略

定価はカバーに表示してあります．

著作者　藤　岡　　敦
発行者　吉　野　和　浩

発行所　東京都千代田区四番町 8-1
電　話 03-3262-9166（代）
郵便番号 102-0081
株式会社　裳　華　房

印刷所　中央印刷株式会社
製本所　牧製本印刷株式会社

一般社団法人
自然科学書協会会員

ISBN 978-4-7853-1564-1

記号一覧

$O_{m,n}$	(m,n) 型の零行列 (p. 4)
O	零行列 (p. 4)
E_n	n 次単位行列 (p. 6)
E	単位行列 (p. 6)
${}^tA$	行列 A の転置行列 (p. 7)
$\mathbf{0}$	零ベクトル (p. 9)
$\operatorname{rank} A$	行列 A の階数 (p. 36)
ε	恒等置換 (p. 63)
$\operatorname{sign} \sigma$	置換 σ の符号 (p. 66)
S_n	n 文字の置換全体の集合 (p. 69)
$\tilde{a}_{ij}$	行列 $A = (a_{ij})_{n \times n}$ の (i,j) 余因子 (p. 81)
$\tilde{A}$	正方行列 A の余因子行列 (p. 85)
$\langle \boldsymbol{a}, \boldsymbol{b} \rangle$	ベクトル $\boldsymbol{a}$ とベクトル $\boldsymbol{b}$ の内積 (p. 99, p. 102)
$\\|\boldsymbol{a}\\|$	ベクトル $\boldsymbol{a}$ のノルム，長さ (p. 99, p. 102, p. 228)
$\exp A$	正方行列 A の指数関数 (p. 114)
$\operatorname{tr} A$	正方行列 A のトレース (p. 118)
$\mathbf{R}$	実数全体の集合 (p. 123)
$\mathbf{C}$	複素数全体の集合 (p. 124)
$M_{m,n}(\mathbf{R})$	実数を成分とする $m \times n$ 行列全体の集合 (p. 125)